Novelty

创新

一部新事物的历史

A History of the New

[美] 迈克尔·诺斯——著

赵海峰——译

海南出版社
HAINAN PUBLISHING HOUSE

NOVELTY: A History of the New
by Michael North
Licensed by The University of Chicago Press, Chicago, Illinois, U.S.A

版权合同登记号：图字：30－2018－041 号

图书在版编目（CIP）数据

创新：一部新事物的历史 /（美）迈克尔·诺斯著；赵海峰译．-- 海口：海南出版社，2018.6

书名原文：NOVELTY：A History of the New

ISBN 978-7-5443-8269-4

Ⅰ．①创… Ⅱ．①迈… ②赵… Ⅲ．①创造学－思想史－世界 Ⅳ．① G305-091

中国版本图书馆 CIP 数据核字 (2018) 第 078987 号

创新：一部新事物的历史

作　　者：（美）迈克尔·诺斯
译　　者：赵海峰
监　　制：冉子健
责任编辑：孙　芳
执行编辑：谌紫灵
责任印制：杨　程
印刷装订：北京天宇万达印刷有限公司
读者服务：蔡爱霞　郄亚楠
出版发行：海南出版社
总社地址：海口市金盘开发区建设三横路 2 号　　邮编：570216
北京地址：北京市朝阳区红军营南路 15 号瑞普大厦 C 座 1802 室
电　　话：0898-66830929　　010-64828814-602
投稿邮箱：hnbook@263.net
经　　销：全国新华书店经销
出版日期：2018 年 6 月第 1 版　2018 年 6 月第 1 次印刷
开　　本：880mm × 1230mm　1/32
印　　张：9.5
字　　数：212 千
书　　号：ISBN 978-7-5443-8269-4
定　　价：52.00 元

NOVELTY
A HISTORY OF THE NEW

目 录

作者寄语

我非常高兴看到这本书翻译成汉语，它所处的语境和英文原版已经非常不同。书中的想法都是基于欧美的文化史，我特别感兴趣的是：它在中国能引起什么样的反响。一些理论家相信，庞杂的系统更容易产生许多反常的现象，从而使新事物应运而生。如果这是真的，那么现代中国就尤其应该产生许多创新。新事物极少产生于胡思乱想，而更多的是来自于过去的传统，旧有的元素经过重新排列而焕发出新的生命，这也是千真万确的。因此，拥有漫长而繁杂传统的那些国家也会发现：许多东西确实是可以推陈出新的。

在此，我希望本书的主题和关于创新的内容能够特别吸引中国读者的兴趣。

同时，我也希望在中国这片拥有悠久历史的传统土地上，能够萌发越来越多让世界惊艳的新事物。

迈克尔·诺斯

2018 年 5 月

译者序

创新，是21世纪的关键词——“科技是国家强盛之基，创新是民族进步之魂”“大众创业，万众创新”等类似的口号在我们的时代不绝于耳。正是当今这样的新时代，我们遇到了一本探讨“创新”之内涵，探寻“新事物”之历史的国外著作。

新事物的本质究竟是什么？新事物为什么变成了旧事物？创新是相对的还是绝对的？关于创新，关于新事物，我们很多观点都是似是而非的、糊涂的。感谢迈克尔·诺斯教授，以他渊博的知识，横跨哲学、科学、艺术等各个领域，穿透历史和现实，为我们梳理了一部围绕着“新”这个核心词汇而生发的观念史。关于新事物的性质、对它的产生和消亡的解释模式，关于各个领域的思想家、科学家和评论家们对“新”这个词的不同理解，此书都给出了富有洞察力的说明。

这部书并不是一部面向少年儿童的科普著作，读者需要有一点哲学史和科学史的背景知识才能理解。但我觉得这些背景知识并不构成阅读此书的障碍。即便对专业的知识不甚了了，读者也可以在书中抓住作者所要表达的东西。读罢此书，给我最大的感受是：

新和旧、激进与保守之间的区分不是绝对的，而是相对的；新事物早晚有一天会变成旧事物，旧事物内部也会有新的生机；传统未必是那么可憎，新事物也未必都那么可爱。未来依然会在新与旧的张力之中存在，这个张力会永远存在，这正是我们人类得以生存的基本处境之一。认识到了这一点，那么我们就会明白，创新也不能完全和旧事物决裂，“旧瓶装新酒”可能是事物进化的必经之途、根本之道。我们就可以在“新事物”和“旧事物”之间建立共通的桥梁。流水不腐、户枢不蠹，有生命的东西必然会持续，人类必然会走向“日日新、又日新”的未来。

本书的语言并不算晦涩，但是译者能力有限，对自己的翻译总是不大自信的。对于几个关键词的译法也有点拿不准，其中重要的一个原因是：这些词汇太常见了。the new、newness、novelty、innovation 这几个词的中文意思差不多，我一般是强行地把 the new 翻译成“新事物”，把 newness 翻译成“新的性质”或“创新性”，novelty 一般译为“创新”，有时候也译为“创新性”或“新事物”，innovation 一般翻译成“革新”，但是这几个词的区分没有那么大，经常是通用的。在书名 *Novelty: A History of the New* 上出现的核心词汇 novelty，翻译成“创新”总是不那么贴切，尤其是在讨论古希腊哲学的时候，因为“创新”明显是个现代词汇，其意涵特别指人的发明创造之类，而古希腊时期即便有类似 novelty 的概念，一般都是指自然界出现的新事物，不会有那么强的现代含义。请各位读者们不要拘泥于这些词汇的区别，在心里把它换算成“新”或“新事物”就可以，但是书名不能这么译，如果按照字面意思翻译成《新：新的历史》，这种名字一定会让中国读者一头雾水。另外，此书涉及到我很不熟悉的一些领域，在专业内容的理解上如果有问题，敬请方家指教。

首先要感谢诺斯教授，我在翻译过程中遇到的一些疑问，他都在通信中给予了及时的解答。还要感谢张琮卉、张智宏、罗跃军、马建为、张鹤、许宏等朋友们的帮助和支持，感谢家人对我工作的支持和关怀。当然，翻译中出现的所有问题都由我本人负责。

导 言

既然现代英语中特别缺乏一个恰当表达新事物的词汇，那么这种关于新近发生的、不熟悉的状态，或者不同于过去的状态，实际上有点难于谈论。这种新的特性足（newness）以在关键时刻有效，但是它看起来会令人觉得尴尬不安。当我们使用“新的”（novel）这一形容词的时候是稍稍带有那么一点贬义的，但当做名词使用的时候，则带着很有限的意义。“创新”（the new）一词颇有一种可疑的名声，使人想到廉价商店、不流行的老歌、作弄人的把戏。这种关于新事物（the new）的最普通的词语居然这么难以使用，这意味着什么？做一件新衬衫，交一个新朋友，这种正面的经验一旦抽象化，怎么就变成了近乎不好的意义？虽然我们很难作出新发现、并难以为它命名，但这种与人们从前经历相区别的东西，对我们来说显然是非常重要的。不过，我们为新事物寻找一个合适的名称所经历的语言尴尬，几乎必然标志着为之下出一个定义的极度困难。如果使用英语的人称呼一个东西为新东西的时候，都能非常确定他们所表达的意思，那么也许会有一个比“创新”更好的名词，这是毋庸置疑的。填补这个空白，给“创新”一词以更加明确的含义，这就是本书的目标。

现在，当首轮放映的电影马上要被翻拍或者出续集的时候，当新的通俗歌手都成了模仿过去唱法的专家，当怀旧病在这几十年里越来越盛行，以至于马上要追上当下的时尚时，那么，创新作为一种价值，其地位似乎就不会特别高。的确，某个消费者营销公司早在 1991 年就认定“新事物通常自身具有声望，不会有更多的东西了”。[1] 在艺术领域，至少从 20 世纪 60 年代以来，对新事物无动于衷就已经是一种通行的姿态，在那时，罗伯特·史密森断定“不存在新东西，但旧东西也不存在”。[2] 整个现代主义艺术和 20 世纪 60 年代之后艺术之间的区分曾经看起来是如此的划时代，这其实是基于一个明显的分歧，这就是关于新事物的可能性，和采用诸如原创性、自主性这样的相关性质之间的分歧。当安迪·沃霍尔把金宝汤罐头从超市推销到艺术画廊之时，所有这一切看起来都已随风而逝，如同尘烟。

然而，人们对新事物的渴望似乎仍是相当持久的人性品质，人们对新事物的兴趣一直持续至今，即使在艺术和时尚的世界中，新事物所扮演的角色之后也是如此。计算机和消费性电子产品工业领先于所有其他事物，它一直追逐着普遍流行的发明创造主题，正如电影产业迅速地超越了那些寻找英雄的旧漫画书一样，相当多的学术研究把目标确定为对革新性的商业战略进行界定，以使它们能被人模仿。在科学中、尤其在生物学中，革新同样是令人关注的，进

[1] Elizabeth E. Guffey, *Retro: The Culture of Revival* (London: Reaktion, 2006)

[2] Nancy Holt, ed., *The Writting of Robert Smithson*(New York: New York University Press, 1979), 51, 49. 参见 Guffey, *Retro*，85

化创新的性质是发展心理学家和传统分子生物学家最主要的争执点之一。这些争论使得在一个世纪以前短暂流行过的层创进化概念再次复兴，并被认真对待，此概念不仅用来解释生物学的创新性，而且用来解释物理学、系统论中的创新性，以及像曼努尔·德兰达（Manuel De Landa）这样的当代理论家的著作中的创新性。[1] 正是在欧洲大陆哲学，尤其是吉尔·德勒兹和阿兰·巴迪欧之后的哲学中，因为这些思想家充分论述了世界如何产生革命性的创新性，所以他们的观点引出很大的争议。[2] 虽然德勒兹为免受嘲笑而充分关注了他的著作和“传播学”之间的明显相似性，但在这种哲学和商业革新的研究之间当然也只存在着非常少的共性。[3] 尽管会遇到些反感，但如今创新的问题和可能性还是会受到来自不同学科的大量关注。

尽管大家如此关注它，但是在界定何为新事物的本质这个问题上，依然存在着许多的不自信。例如，现代关于商业革新的研究始于经济学家约瑟夫·熊彼特所奠定的一个信条：“发动和保持资本主义引擎持续运转的基本动力来自于资本主义企业创造的消费品、新的生产方式和运输方式、新的市场和新的产业组织形式”。[4] 虽

[1] Manuel De Landa, *Philosophy and Simulation: The Emergence of Synthetic Reason* (London: Continuum, 2011)

[2] Sam Gillespie, *The Mathematics of Novelty: Alain Badiou's Minimalist Metaphysics* (Melbourne: Re Press, 2008)，Simon O'Sullivan and Stephen Zepke, eds., *Deleuze, Guattari and the Production of the New* (London: Continuum, 2008).

[3] Alberto Toscano, "In Praise of Negativism," in O'Sullivan and Zepke, *Deleuze, Guattari*, 56-59.

[4] Joseph E. Schumpeter, *Capitalism, Socialism, and Democracy* (1950), 117; quoted in Everett M. Rogers, *Diffusion of Innovations*, 5th ed. (New York: Free Press, 2003), 136.

然熊彼特看起来很坚持新事物的必然性，虽然社会学、人类学、社会心理学、传播学中关于革新的研究有着这样的根深蒂固的支持创新的倾向，它预示着一个“类似于‘母性’或者‘爱国主义’”的象征，[1]但这个领域内的基本术语似乎依然或多或少地保持原样，尚未被更深入的研究揭示。关于“革新之扩散”的标准文本把革新定义为“一种观念，一种实践或一个对象，它被个人或者其他采用它的单位感知为新的东西”。它直接宣称：就人类行为而言，一种观念是否“客观地”是新的，这无关紧要，从它第一次被使用或者被发现开始，它就受到时间的检验。[2]既然存在着“首次使用或发现”，创新就被设想为一种本体论的可能性，但其客观地位相当难以理解，以至于必须加上着重引号。

无论如何，革新（innovate）一词在拉丁语中的意思是更新、改革，而不是重新开始，虽然它在英语的用法中暗示着在特定环境中引入某些新东西。然而在这个意义上，既然革新被定义为“某物因为移动到一个不熟悉的环境中而成为新东西”，那么“革新之扩散”就成了某种累赘的表达。那就是说，扩散就等同于革新。但这个定义带来的一个问题就是，扩散也就意味着接受创新，因而也会导致创新的消散。甚至于当我们把“革新之扩散”简化为革新的时候，实际的创新仅仅存在于其巅峰状态之中，也就是仅仅存在于从引入到接受之间那一段很短的时间。既然作为问题的创新究其本性

[1] Rogers, *Diffusion of Innovations*, 110（为了区别 novelty 和 innovation，我把前者翻译为创新，后者翻译为革新，下文揭示了这两个概念的矛盾，一旦创新被定义为突发性的，那么当它被大面积推广的时候，就走向了创新的反面，这也就产生了悖论。——译者注）.

[2] Ibid., 11.

而言是个纯粹主观的事情，它依赖于新听众对于它的相对陌生感，那么它一旦被确认，在很短时间内就会迅速消失。

因而，革新这个名词浓缩了资本主义发展过程中无望的、单调的工作，这种工作甚至在马克思之前就遭到了批评，它被创新这一既是必要的也是不可以有的双重约束激励着。[1] 在这样一个体系中，创新只有在遇见阻力和不能扩散时才能得以维持，这是相当古怪的。这也部分地解释了，人们为什么总是认为，先锋派是对它所想要反对的稳定秩序的必要补充，艺术革新的社会学和商业革新的社会学为什么具有极强的相似性。例如，经济学家大卫·格兰森（David Galenson）有个有意思的计划，他试图把主要的现代艺术家们的相对重要性进行量化并加以比较，把创新作为艺术成就的确定特征。他展示了大量的艺术作品报价，这是艺术家们自己经常用的标准。举个例子，乔里-卡尔·于斯曼（Joris-Karl Huysmans）称赞埃德加·德加是一位“不继承任何人，也不和任何人相似，并带来了全新的艺术风格、全新的创作技法的画家”。[2] 然而，不管于斯曼头脑中想的是什么，“全新的”都表明了一种非常难以捕捉的品质。

事实上，格兰森回避了新事物本身，把“创新”这个术语限定在明显的、令人吃惊但缺少持久力量的发展上，集中在革新活动上，但是他将之定义为“一种实践中的变化，而被其他艺术家所广

[1] Elisabeth Grosz, *The Nick of Time: Politics, Evolution, and the Untimely* (Durham, NC: Duke University Press, 2004), 37.

[2] David W. Galenson, *Painting outside the Lines: Patterns of Creativity in Modern Art* (Cambridge, MA: Harvard University Press, 2001), 42.

泛接受”[1]。如此说来，就正如人类学家格列高里·贝特森（Gregory Bateson）所主张的那样，一次革新就成为了一次创新，这种界定制造了一个差别。这就是社会学中的创新推广理论之悖论的格兰森版本，既然革新看起来几乎成了创新的对立面，一次革新的重要性就依赖于它被接受的程度和持久性，而不是依赖于上述差别。根据格兰森自已提供的证据显示，艺术家抗拒创新的双重约束，他们赞美新事物并作出更多的创作。就像一个中世纪手工业行会的成员保守其秘密一样，乔治·修拉试图阻止其他人盗用他的技法：“我们的人越多，我们拥有的原创性就越少，当每个人都使用这种技法的时候，它就不再有任何价值，人们就会寻找已经发生的更新的东西。”[2]革新一旦被定义为被广泛接受的改变，就变成了新事物的敌人，即便它代表的是新事物的必要性。

这些例子里面的麻烦看来是来自于相对创新和绝对创新之间的吊诡关系，因为相对创新实际上不是绝对创新的一个中庸版本，而是其对立面。说一个事物对某人来说是新的，就是在某些地方给常规的现实、宇宙中稳固的部分带来了新意。在科学领域内，一次真正的创新不管怎样都是对宇宙的一次大的扰动、一次认识的发展、或是生命自身的成长。这种创新是进化生物学的常态，进化本身就是被最为广泛地接受了的、绝对意义上的创新。然而，关于什么应该算是进化的创新，在生物学家中依然存在着大量的争论，在这个领域中，关于界定创新的标准和方法，仍然存在着大量的令人困

[1] Ibid., 32.
[2] Ibid., 42.

惑的反思。一般来说，在例如生物化学家尼克·莱恩（Nick Lane）的《生命的跃升》中，他戏剧化地把进化描述为一系列辉煌的“发明”，比如视觉和性；[1] 但是实践生物学家有时候会发出警告说，这样的发展太普遍了，因而不能被认为是具体的进化的创新。正如鸟类化石学家乔尔·克拉克拉夫特（Joel Cracraft）所说的，“类型学的概念——被限定在它们能告诉我们的东西上，它所描述的过程实际上是进化的创新得以发生和维持的根源”[2]。也就是说类似视力这样的东西根本不是简单的“发明”，而是一系列的基因改变和发展性适应的总和，这个过程能够导致从一个物种到另一个物种的显著差异，比如章鱼眼睛和黑猩猩眼睛的差异。但克拉克拉夫特的怀疑主义遗留下来的问题就是如何找到并非“类型学概念”的进化革新，以及在离散的基因改变和总体的显性外观之间的复杂关系之中，怎样找到定义新事物的标志。

简单地说，创新是一个不可或缺的概念，是一个重要的问题，它不仅仅体现在一个学科里，而是体现在许多学科中。它的意义在于假定了一个相当发达的、可以评论这个概念的传统，一个离开了特殊领域的实际规定的、持续的关于创新的抽象讨论。但是它并未认真思索，所谓的创新传统根本是不存在的，既没有标准的文本，也没有总体的历史。虽然“新”这个概念自身无论如何也不是新的，它作为第一个给人类意识制造麻烦的思想概念，似乎已经没有

[1] Nick Lane, *Life Ascending: The Ten Great Inventions of Evolution* (New York: Norton, 2009).

[2] Joel Cracraft, “The Origin of Evolutionary Novelties: Pattern and Process at Different Hierarchical Levels,” in *Evolutionary Innovations*, ed. Matthew H. Nitecki (Chicago: University of Chicago Press, 1990), 24.

了过去，它每一次仿佛都是无中生有。当然，如此的创新早已被讨论过无数次，从巴门尼德到怀特海，其中一些讨论首先要回到他们开始讨论前的过去。20 世纪初，威廉·詹姆斯和亨利·柏格森在怀特海思想的基础上添加了重要的工作，此时关于新事物的哲学评论具有了自我意识，这并不奇怪。但是，这些的确丰富了新事物的历史，而不是关于它的评论，虽然只有这 3 位哲学家把创新看作是现代思想中的一个重大的未解决的问题。

很显然，创新包含着现代性本身，而且，新事物对现代概念的普遍有效性意味着什么样的威胁，我们并不确切地知道。这里，主要的标志是埃兹拉·庞德著名的口号："日日新"（Make It New），这种精神普遍存在，既表示了创新概念是时代的中心，也表示人们对此并没有真正的关注。一个最近的恰当例子是学者、批评家杰德·拉舒腊对现代人需要新事物的出色研究，他直接把它叫做"日日新"。[1] 如同很多重新使用庞德这个口号的人一样，拉舒腊为"使什么东西新"反复思考，这个"东西"看起来确有所指，又十分模糊。出乎意料的是，他对这个口号真正的主旨"新"并无疑惑，这对他来说是"似乎也具体而清楚的"。[2] 既然口号中最重要的部分无需定义，那么一个又一个的作者便可直接声称她或者他的作品是绝对全新的、毋庸置疑的。

拉舒腊可以想当然地使用他的资料，对此并未作界定，这件事也很难被指责。文学理论家、批评家特里·伊格尔顿在评论一个

[1] Jed Rasula, "Make It New," *Modernism/Modernity* 7 (2010): 713-733.
[2] Ibid., 713.

最近的艺术家宣言时说："对这些艺术家来说，没有什么比对创新的愚蠢赞美更典型的了——草率地确信他们处在一个绝对全新的时代……一个人如何考虑给绝对创新下定义，是一个阻止不了的逻辑问题"。[1]关于本世纪稍后的先锋作曲家团体，哲学家斯坦利·卡维尔有一次说到："首先，有一种对新事物本身的迷恋……我想起没有人把它当作一个问题来研究，而是作为或许是希望、或许是失望、或许是暴怒、或许是兴奋的一个原因。"[2]这些关于现代主义作品的第一手描述中，这个运动最重要最突出的性质是什么，依然是未经考察和定义的。

简要地说，创新在自然科学、社会科学、艺术领域中是一个关键性的模糊术语，对创新进行定义是一件跨学科的任务，它超出了特定领域的兴趣和抱负。也许它不那么奇特，因而在创新领域的专业研究上没有太多发现。基于同样的理由，在社会学、哲学、生物学以及美学的前沿问题上，我们每年对创新的概念作出的总体报道就更少，对非专业人士来说更是令人气馁。对任何人来说，研究一个涉及面如此广的问题的确够愚蠢，然而很快就会看出，这种坚持的可贵之处不在于对新事物的定义——因为这个定义总是难以得到——而是在于创新的例子对解决这个问题是有益的。每个领域内的严肃工作者都会回头总结，用同样极少的方法把创新概念化，而使我们能够总结创新的历史。

下面所要说的，不是对创新这个主题相关的一切都作出全方位

---

[1] Terry Eagleton, "Fast Forward," *Times Literary Supplement*, March 25, 2011, 3.

[2] Stanley Cavell, *Must We Mean What We say?* (Cambridge: Cambridge University Press, 2002), 185.

的描述，或者说是对最优秀的创新活动的描述，而是描述一个关于创新的基本的概念模式的历史，它使得我们可以思考创新这个看起来不可思考的问题。这些模式之所以有必要存在，正是由于在柏拉图之前就已经形成了一些没有变化的基本形式。本书第一章的目的就是展示创新的可能性在哲学上有两种怀疑式的思路。第一条路是循环重现（Recurrence），这看起来有利于保留自然的性质，但不利于任何实质的创新；第二条路是重新组合（Recombination），看起来是提供无限的创新，但是仅仅是在已经存在的元素之间确立前所未有的关系，从而把它们当作真正的创新。不谈这些模式的模糊性质，这两条道路实际上导致了欧洲历史上对创新进行概念化的主要方式——改革、复兴、革命、发明——这些是第二章要描述的主题，概括地说是这些事物的发展和分化，以及从政治上和智识上对它们之间差异的暗示。

追根溯源，现代实验科学是基于古代原子论的一种复兴，借助于它的光芒，重新组合这个概念解释了自然的创造性，也描述了科学研究自身的本性。20世纪，托马斯·库恩降低了这种科学的地位，认为这种科学上的辉煌进展和发现已经达到了总体的革命。但是在进化论生物学中，科学自身已经在循环重现和重新组合之间达到了高度复杂的共生关系，这就是第三章的主题。它看起来很好地描述了，创造性变化的最有影响的现代模式应该成为两种古代先驱的微妙结合。达尔文把进化描述成人类思想的革命，远远地超越了过去的模式，进化成为一种新的混血儿，从祖先那里得到了最辉煌的优势。

第三章的另外一个目的是展示进化如何形成自然的创新，如何在科学和哲学问题上重新点燃兴趣，而不是仅仅跟随前苏格拉底时代以来的哲学讨论。为了研究达尔文遗留下来的主要问题中的一个——进化性创新的实质，后期的生物学家召唤了许多其他的学科。第四章的目的是展现概率论、统计力学、信息论如何结合在一起，这不仅仅塑造了20世纪后期的生物学，也提供了信息时代最有影响的创新模式。在20世纪50年代和60年代，控制论、系统论和信息处理看起来就像新的学科，这一部分原因是它们运用了新事物作为原材料，并且有些自相矛盾地承诺了新产品的自动产生。

这些例证属于本体论的创新，它当然是创新问题最令人迷惑的部分，因为物理学法则看上去不可能长久地统摄这些新事物。转向认识论意义的创新看起来会更容易些，因为每个人似乎每天都有些新点子、新经验。相对的创新和主观的创新必定是很普通、容易定义的。这是后面3章的问题，然而事实绝非如此。事实上，回到柏拉图的《美诺篇》，哲学家们已经被一个原始的悖论所困扰：我何以能够发现我要知道的东西，除非我已经对它足够有所知、有所认识？在《美诺篇》中，这个论辩带有明显的诡辩意味，我们可以不必理睬它，因为我们已经知道什么是重要的东西，因而学习是真正的回忆。[1] 换句话说，柏拉图解决了这个问题，他证明了没有新的事物存在。如果他是对的，那么现代的科学研究就既不必要，也无可能了，但是一些现代的科学哲学家已经相信，在科学研究中，先入之见不可避免地占据了一个首要位置。实际上，根据最有影响的现代科学发现，“特定的实验室操作，都预设了一个在知觉上和概

[1] Michael Wellbourne, “Meno’s Paradox,” *Philosophy* 61 (1986): 229-243.

念上都已经以某种方式划分过的世界”。[1] 如果是这样，那么得到一个新的想法和得到一块崭新的物体的难度是一样的。

这并不令人惊讶，在科学领域中对新思想的有影响力的现代性解释应该非常密切地追随物理世界中创新的古典模式。第五章沿着托马斯·库恩作品中的相似之处，即新事物的旧模式在实际上的展示，虽然他明显地依赖革命的修辞术。库恩的特殊道路把重新组合和循环重现统一在一起，成为一个自我保持的循环，这要明显地归功于达尔文，但它也有着和控制论工程的高度相似性，当库恩出版他的大作的时候，它达到了其荣誉的顶点。因而这一章论述了库恩和诺伯特·维纳有趣的相似性，尤其是他们尝试说明在自我保持的知识体系内的科学发现和进展，而这种知识体系在某种程度上不受变化的影响。

库恩和维纳尝试用不同的方法解释一个体系如何达到使新事物既保持常规性又具有革命性。与此同时，现代主义文学和艺术的批评家们面对着一个相似的困境：如何使现代主义转型为当代生活的稳定事实。他们纠结于一个“新事物的传统”能否存在。回答这个问题的第一步是界定现代主义者所指的是哪一种新事物，这无论如何都不是一个简单的任务。第六章将指出，20 世纪早期的作家和艺术家在创新的主题上持有相当不同的看法，其中一些人的看法是相当负面的。甚至支持新事物的人也有着非常多的不同的办法来描述这个理想。实际上，看起来唯一的原因是，对于

---

[1] Thomas S. Kuhn, *The Structure of Scientific Revolutions*, 4th ed. (Chicago: University of Chicago Press, 2012),129. 参见库恩《科学革命的结构》，金吾伦，等译，北京大学出版社 2003 年版，第 117 页。

现代主义的杂音而言，在这方面的任何秩序都被历史提供的创新模式限制住了。换句话说，现代主义没有它自已的创新理论，部分原因是没有任何创新理论能被现代艺术家和作家们所普遍赞同。甚至明显的“日日新”的简练口号也被揭示出了很多层次，这意味着要从头讲述创新的历史。

在对庞德口号进行的严肃研究之中，发现的最有趣的事情之一就是，直到20世纪50年代和60年代早期，它都还不是个口号。这句话现在被普遍用来概括现代主义艺术家和作家的雄心，可在文学学者和批评家休·肯纳在《哈德逊评论》上使这句话出名之前，其意义一直很模糊。它变得众所周知不是因为它概括了现代主义者自身的抱负，而说是因为它帮助批评家和学者们在严肃的讨论中探讨实质性的问题。20世纪60年代，随笔家和视觉艺术批评家克莱门特·格林伯格和波普艺术家、极简主义艺术家、概念艺术家们之间发生的争论在很大程度上涉及到了创新问题。在格林伯格的批评之中，很多的争执是在现代主义艺术的必要创新和随之而来的显然是假的艺术创新之间发生的。第七章讨论如下对比：一方面是由格林伯格、斯坦利·卡维尔和现代主义批评家、艺术史学家迈克尔·弗里德诠释的新事物的传统；另一方面是格林伯格所诅咒的20世纪60年代的“新艺术”运动，这些运动依然集合在谩骂式的标题“新先锋派”之下。[1]

被格林伯格和卡维尔所设立和捍卫的新事物传统和库恩和维纳

[1] Peter Burger, *Theory of the Avant-Garde*, trans. Michael Shaw (Minneapolis: University of Minnesota Press, 1984), 58.

在科学中发现的剧变和重新整合的循环模式非常相似，有一部分原因是上述论证的一致性。这种相似性可以被进化的例子解释，即使离这些模式很远，相似性都是清晰可辨的，这更多地应归于库恩和卡维尔的友谊。这份友谊的知识成分基于对后期维特根斯坦所表述的问题和可能性的共同兴趣，尤其基于隐藏的生活形式概念，库恩把它叫做范式。一方面，被大家分享的维特根斯坦所探索的语言习俗是灵活的、开放的，这些习俗看起来有着无限的创新可能性。另一方面，不存在范式之外的思想，也不存在从超出范式之外的有利位置来检查范式之权威性的方法。结果就是，创新性总是在旧事物的限度之内被划定范围。

结论部分将根据创新的普遍历史来重新审视这个悖论。这个历史也可能更加阐明这个令人困扰的事实，即许多20世纪科学和艺术领域内革新的提倡者都已被视为压制创新的传统主义者。时间的流逝是否让库恩这样的激进的思想者看上去是在为现状辩护吗？伟大的现代主义者会秘密地倾向于保守吗？甚至当他们在从事革新时也是如此？也许在创新自身的结构中就存在着某些东西会解释这样的事实：为什么在20世纪的艺术和思想中，变化和连续会如此紧密地联系在一起？或者，也许在我们关于新事物的思想中存在着张力，导致一种持续挫败的期望模式。如果这样，就有可能通过研究它们的历史而实现我们的期望，达到对创新之可能性和不可能性的更好的估计。

第一部分

新事物如何降临世间

Novelty:
A History of the New

| 第一章 |

新事物的降临

新事物的激情

当小说《撒旦诗篇》中的主人公萨拉丁·萨姆查和吉百列·法利什达从爆炸的飞机“波斯坦号”上坠落之时，叙述者萨尔曼·拉什迪提出了小说里的永恒问题：“新事物如何降临世间？”[1] 对这两个人来说，这是一个恰当的问题，他们需要迅速地长出翅膀，否则就会摔死在下面的海滩上；当他们奇迹般地活下来之后，问题变得更加有意义了，因为他们经历了一系列神奇的变形。这个问题也是典型的现代问题，不仅仅体现在新事物被赋予的价值上，也体现在我们对新事物的信心上。当叙述者急忙询问新事物如何降临之时，他忽视了安置它的到来。但是他问问题的特殊方式的确对新事物的定位提出了疑问。我们期望新事物“降临世间”，很明显它是来自于外部的，似乎不属于我们已知的世界。用威廉·詹姆斯的十分奇

[1] Salman Rushdie, *The Satanic Verses* (New York: Viking, 1988), 8. 霍米·巴巴对这个问题的讨论也使它成为后殖民主义讨论的中心：*The Location of Culture* (London: Routledge, 1994), 224.

怪的隐喻来说就是：创新的蓄水池偶尔会“泄漏”到我们的空间之中。[1]这个隐喻意味着创新根本不属于这个世界。在这里，滴落的小水珠很快变干，不再是新东西了。

拉什迪的叙述者和他的角色终于花了一些时间来纠结新事物的问题，从卢克莱修到达尔文，他们筛选了、但没有真正弄清楚——很少追问——原初的问题。在对新事物最迫切的需求中，它愉快地假定在某处存在着一个新事物的仓库，关于新事物的来源、地位和本性，它只有矛盾而模糊的了解，拉什迪的问题正好代表了现代性的态度，创新一直被认为是现代性最本质的属性。不论人们所设想的现代性何时开始，现代性总是标志性地出现在新事物从一个对性的术语变为绝对价值之前。在某些地方，平凡而琐碎的新鲜事物经历一段时间，变成了新事物自身（novum），现在也变成了新时代（Neuzeit）——一个和其他时代比起来并不那么激进，但是又因不同而变得更好的时代。[2]在创新成为“现代性的本质”之前，它已经把自身变成了本质。一系列新的影响和风格上神奇的变化，自然之谜和科学的发现、发明和革新，这些聚集在一起成为一个抽象的

[1] William James, *Writing 1902-1910*, ed. Bruce Kuklick (New York: Library of America, 1987), 1049.

[2] Reinhart Koselleck, *Futures Past: On the Semantics of Historical Time*, trans. Keith Tribe (Cambridge, MA: MIT Press, 1985), 203, 238; Antoine Compagnon, *The Five Paradoxes of Modernity*, trans. Franklin Philip (New York: Columbia University Press, 1994), 4; Peter Osborne, *The Politics of Time: Modernity and Avant-Garde* (London: Verso, 1995), 9-20. 关于反对把新事物作为现代性的唯一证明的论证，见 Hans Blumenberg, *The Legitimacy of the Modern Age*, trans. Robert M. Wallace (Cambridge, MA: MIT Press, 1985), 尤其是 99 页。

范畴，这范畴解释和提升了所有这一切的意义。[1]就此而言，“日日新”首先坚持现代性程序的命令行，因为它把一切事物转化为一种现代性可用的格式。在其模糊性之中，庞德的格言指示了一些比把“它”变成新版本还要宏大、还要抽象的东西。这个口号在一个单一的、无所不包的范畴中为每个特殊事物列表，它使一切发生的事物都综合成一个单一的东西：新事物。

然而，想要一切事物都一劳永逸地变成全新的，究竟有多大意义？甚至当每个平凡地声称自己是相对新的东西都非常容易地引起争议的时候，追求全新事物似乎尤其像一个无用的野心。仅仅在经验术语中，对任何时代或运动下具有“绝对开端性意义”的赞颂都很容易地遭到反驳，因而走向现代的转折点被远远地推回到文艺复兴，它作为“早期现代”，曾经被视为伸展着的暂时的荒原、黑暗时代的一部分，现在被当作一系列初步复兴。[2]如果乔治·波阿斯是对的，而且“我们叫做‘时代’的东西只是在……历史中持续发生的有影响的一系列革新的名字”，那么对于有关创新的不可避免的争议是每个时代都有的弱点，因而便失去其概念上的独特性。[3]事实上，“日日新”本身就是一个古老的格言，而不是 1914 年新流通的铸币，这就是一个过去必然优先现在的最好例子，这种旧事物

---

[1] Maria de Grazia, “The Modern Divide: From Either Side,” *Journal of Medieval and Early Modern Studies* 37 (2007): 454; Niklas Luhmann, *Art as a Social System*, trans. Eva M. Knodt (Stanford, CA: Stanford University Press, 2000), 200.

[2] Blumenberg, *The Legitimacy of the Modern Age*, 184; de Grazia, “The Modern Divide,” 457; Compagnon, *The Five Paradoxes of Modernity*, 5.

[3] George Boas, “Historical Periods,” *Journal of Aesthetics and Art Criticism* 11 (1953): 253-54; quoted in Erwin Panofsky, *Renaissance and Renascences in Western Art* (New York: Harper&Row, 1969), 1. 省略号是潘诺夫斯基加的，见他的讨论，1-2 页。

支配新事物的悖论或许意味着一切现代性的境况之所以不稳定，其原因正是基于缺乏先例。[1]

如果对每一时代、每个运动、学派或者趋势的相对创新性都放开讨论，如果任何特定的创新总是服从不可避免的证据，即发现和革新都是可以预期的，那么创新范畴自身到底有什么意义？在这样的创新概念之中存在着这些历史困难是否证明了一个更为普遍的问题呢？当然，甚至抽象地说，创新依赖某些预先存在的东西，依赖着它声称要摧毁的连续性。[2]如果分辨新事物的标准是看它和之前事物的差异，那么如果不考虑和它不相容的过去，就不可能确立这种意义上的创新。[3]很久之前，乔塞亚·罗伊斯说过，这意味着任何新东西的新颖性不能在它自身中被理解，也不能被一般化、抽象化。他说，任何特殊环节的明显的创新性“既不是通过我们对事物分类的过程而得到充分表达，也不能……被任何感性的、感觉的材料充分呈现。因为感性材料或当下的感觉不能立即向你展示出它自身的独特性。”[4]如果罗伊斯是对的，那么界定现代性可能出现的问

[1] 更详细的讨论见第六章。

[2] Panofsky, *Renaissance and Renascences in Western Art*，2；Paul de Man, *Blindness and Insight: Essays in the Rhetoric of Contemporary Criticism*, 2nd ed. (Minneapolis: University of Minnesota Press, 1983), 151, 157.

[3] 弗兰克·科尔莫德说：“如果没有先决条件，教派分裂是无意义的；绝对的新事物是无法理解的”。*The Sense of an Ending: Studies in the Theory of Fiction* (1966; reprint, Oxford: Oxford University Press, 2000), 116.

[4] Josial Royce, “The Reality of the Temporal,” *International Journal of Ethics* 20 (1910): 267. 另一方面，赫尔曼·明科夫斯基坚持认为“我认识到我又看见的东西，这是完全自然的，正如我找到新的东西首次在我的眼前出现，也是完全自然的，就是说，我有了‘从未看见或未曾看见’这个概念。”见明科夫斯基的*Lived Time*，in *The Human Experience of Time: The Development of Its Philosophic Meaning, ed. Charles Sherover* (Evanston, IL: Northwestern University Press, 2001), 505.

题不管何时提出，都会从一个基础问题开始，即创新的一般概念是什么，它和任何特殊的新事物的不同在哪里。

还有，几个世纪以来，新事物在科学家和艺术家面前涌现，这是一个不同于特殊发现、发明、艺术创作的目标。汉娜·阿伦特认定绝对创新性的欲望始于启蒙运动，尤其是法国和美国的革命者，他们坚持“他们看到之前从未看到的事物，思想到之前从未思想过的思想”。[1] 阿伦特在两本书中指出这种“创新之奇怪的激情”（pathos），这个术语和它所表达的感觉同样奇怪。因为 pathos 的意思是“激情”，当卡尔·雅斯贝尔斯创造“新的存在者的激情”（*Pathos des Neuen*）这个术语的时候，他的意思是很明显的。[2] 但是阿伦特用的不仅仅是激情的这种含义，还把它延伸到“我们从美国和法国革命中找到的巨大的激情，一直重复地坚持在整个人类有记载的历史上，没有东西在壮丽和重要性上能够与之相比”。[3] 甚至对阿伦特本人来说，如此奇怪之处正在于激情一词所包含的痛苦之意导致的对绝对原创性的自夸。

阿伦特这句话意味着对新事物的希望总是不能满足，而且对绝对创新的要求总是退化，因为这种要求必然变为相对的现实。但这句话也可能意味着相反的东西，即，对绝对新事物的无法满足的渴求，它会否定所有那些最小化差异性的经验所提供的相对乐趣。因为新东西作为一种理想，本来就是不可接近的，它一旦实现，它前

[1] Hannah Arendt, *The Human Condition* (Chicago: University of Chicago Press, 1958), 249.

[2] Karl Jaspers, *Descartes und die Philosophie* (Berlin: de Gruyter, 1966), 57. See Charles Whitney, *Francis Bacon and Modernity* (New Haven, CT: Yale University Press, 1986), 102.

[3] Hannah Arendt, *On Revolution* (New York: Viking, 1965), 27.

所未有的本质属性也就随之毁坏了。乌托邦的欲望指向的是永远后退的未来，它会被无止境的延迟增强，但是创新的激情依赖的是没有过去的当下，经过一秒钟，它就会变得忧郁。因而，“日日新”可以成为使自己变得自相矛盾和最终失望的好办法。

于是，“创新的激情”便与一个更一般的观念发生冲突：西奥多尔·阿多诺在维克多·雨果那里找到的概念“新事物的颤栗”（Frisson Nouveau），在新事物中，历史和社会的变化预示了一个前所未有的无穷的感觉序列，它总是充满着新生的颤栗。然而对于阿多诺和阿伦特来说，通过相对的新事物的颤栗达到绝对的新事物的颤栗，这个过程使得创新的经验膨胀了，同时也使之处于危险之中，会给他以一种激情的忧郁。正如阿多诺在《美学理论》中说：“新事物渴望新事物，而不是它自身。这是一切新事物的诅咒”[1]。如同他在同一部书的另外一个地方所说，如果“新事物的隐秘的无法理解性”[2]构成了它的吸引力，那么每个现实的新东西都是对这个范畴的否定，从而是情感的失望。渴望新事物的激情总是反转成痛苦，这是因为这种欲望被它自身的不可实现性刺激。

那么，对阿多诺来说，新事物“是一个盲点，空洞而完美”[3]。然而，吸引探索者、科学家、艺术家追求新事物的力量，是一种凝视着这个盲点的迟钝欲望——不是寻找一些新事物，不仅仅是暂时的革新，而是在其抽象性中寻找创新性。这是不可能的，因为阿多

[1] Theodore Adorno, *Aesthetic Theory*, trans. C. Lenhardt (New York: Routledge & Kegan Paul, 1984), 47.

[2] Ibid., 30.

[3] Ibid.

诺说，意识“能梦想新事物，但是不能梦见新之本身”。[1]尽管如此，他还承认，对新事物自身进行必要的抽象，会使个人行为、发现、艺术工作脱离其被降格的地位（即工具性存在），而使之达到自由的境地。这就是说，离开不可能实现的创新性的刺激，就不会有任何偶然的创新把进步的人生和空洞的、永存的连续性区分开来。虽然相对创新和绝对创新之间似乎存在着一种绝对的分裂，但后者看起来至少也是前者的心理学预设。

因而，创新“在本体论上是无意义的，某物存在着，虽然因为在之前它并未存在”。[2]如果罗伊斯是对的话，这也许是经验上的无意义，因为他坚持认为，之前并不存在的性质也是不可以感知的。从皮埃尔·杜恒的时代开始，科学哲学家就已经认为概念的创新就是一个悖论，科学思想的大变化实际上可能已经先行于那些表面上支持它们的经验证据。[3]一些哲学家对逻辑的创新持比较谨慎的态度，从传统的逻辑上讲，如果我们掌握了逻辑联系，那么结论已经隐含在先于它们的前提之中了。[4]为什么极少有人去尝试明确表述创新的严密定义，在哲学讨论中，创新的特征又为什么如此稀少，它又在什么地方习惯跟随并附属于更大、更重要的时间问题或者运动变化问题之上，也许答案都在这里。但是，如果创新不能被定义，甚至不能被概念化，它还会明显地被作为模型；哲学和人类

---

[1] Ibid., 339.

[2] Luhmann, *Art as a Social System*, 199.

[3] Maarten Van Dyck, “The Paradox of Conceptual Novelty and Galileo’s Use of Experiments,” *Philosophy of Science* 72 (December 2005): 864-875.

[4] 关于细节的分析和对这个观点的否定，见 Morris R. Cohen and Ernest Nagel, *An Introduction to Logic*, 2nd ed. (Indianapolis: Hackett, 1993), 173-80.

实践的历史充满着可用于这个问题的结构性的隐喻，或者甚至被这些隐喻所定义。

阿多诺发现了一个最令人绝望的问题，他总是用创新来代表机械生产的否定的反讽效果："在其原始的经济环境中，创新性只是消费品的特征，消费品被当作完全一样的总供给的一部分，这激励着消费者决定服从于资本的需要"。[1] 在这里，创新模式也许是在最普通的意义上使用，和其他工业制成品一样，新事物重复生产了一次又一次。[2] 绝对创新的本体论悖论不再是哲学的麻烦，实际上这成了它在资本主义体系中起作用的基础，在这其中，任何一个真实的产品都是破碎的版本，新事物总是在销售中，但永远没有实际的用途。这种创新就是自动的自我取消：生产得越多，创新就越少。但是，既然在这种情况下和其他情况下一样，稀缺推动了需求，那么确定性的新东西的缺席反而会助长消费者的欲望。

无论新事物可能拥有什么样的审美吸引力，几乎都被这个创新模式的影响给毁掉了，它依赖于不可否认的道理：新事物是被出售的最终极对象，然而实际上它不能被配送。[3] 甚至阿多诺也没有仅仅限制在这个模式上，《美学理论》经常惊异于对创新性的肯定处理，创新性常有的特质是资本主义最明显的谎言。实际上，机械生产的模式从西方哲学史的开端时期就已经有了，它只是证明这个模式具有影响力的一个最近的例子。某种结构的隐喻很有助于在两种新事物之间做中介，一方面是作为本体论上无意义的新事物，一方

---

[1] Adorno, *Aesthetic Theory*, 31.

[2] Compagnon, *The Five Paradoxes of Modernity*, 60.

[3] Ibid., 59.

面是作为实践可能性的新事物。为了回答“新事物是无意义的”这个第一哲学宣言，那些最持久的创新模式的基本概貌在最早的时候就已经存在。

无中不能生有

就创新而言，最持久的共识看来还是《圣经·传道书》表达得最好：“已有的事，后必再有；已行的事，后必再行。日光之下，并无新事。岂有一件事是能被指着说这是新的？哪知，在我们以前的世代早已有了”（传道书 1：9-10）。但是《传道书》简单宣告创新不存在，并不是本体论的不可能，或者是逻辑的不连贯。这些更极端的问题将留给哲学。根据汉斯 - 格奥尔格·伽达默尔的说法，格言“无生于无”（无中不能生有，ex nihilo nihil fit）——这个规则把所有创新判定为不合法，因为新事物必须来自于某些自身没有的东西，他说此格言表达了“我们在经验世界中定位的最高原则”。[1] 这句话的真理可以被“无中不能生有”所表达，这也就是哲学史的终点。

最终，维特根斯坦的《逻辑哲学论》这部终结了西方哲学的书提出了这样的命题：“如果事物能在其事件中发生，则这种可能性应该早已包含在事物本身之中”，[2] 这个终结性的工作似乎已经实践

[1] Hans-Gerog Gadamer, *The Beginning of Philosophy*, trans. Rod Coltman (New York: Continuum, 1998), 115.

[2] Ludwig Wittgenstein, *Tractatus Logico-Philosophicus*, trans. D. F. Pears and B. F. McGuinness (Atlantic Highlands, NJ: Humanities Press, 1961), 6.

了上千年。至少在表面上，这似乎是维特根斯坦对古代哲学的陈词滥调“结果隐藏在原因中”的一种复述。它似乎是对休谟怀疑主义的一种明显挑战，休谟怀疑原因和结果之间的必然联系。它似乎也是对詹姆斯这样的实用主义者的一种维护，詹姆斯认为在这种关系中，信念使得真正的创新变得不可能了。[1]维特根斯坦关心的不是形而上学而是逻辑，但是关于后者，他坚持“不可能出现意外”。[2]维特根斯坦清除了所有旧的三段论的空话，以及仅仅是偶然的关系，用逻辑句法取而代之，表达了在逻辑自身的概念中隐含的有效性。一旦这个结构处在适当的位置，就“不可能在后来找到新的可能性”。[3]《逻辑哲学论》依然结束于一些来自世界之外的有利位置的半神秘的暗示，它把自己封闭在思想的规则之中。它允许客体是“固定的东西，存在的；它们的形状是变化的，不固定的”。[4]如果我们确实不能对我们的思想感到惊讶，那么我们就不能思想。也就是说，我们至少可以稍微把我们的思想装置以自娱自乐。

如此激进的节制行为意味着清除掉几个世纪以来的哲学混乱，它非常类似于混乱开始之前那走出哲学的第一步，这并非是纯粹偶然的巧合。实际上，维特根斯坦第一步的命题“世界是事实的总和”[5]似乎是自身已经排除了新事物，其实这个命题在 2 500 年前已

---

[1] James, *Writing 1902-1910*, 1081-83. 关于英国实用主义者对这个问题的看法，见 F. C. S. Schiller, “Creation, Emergence, Novelty,” *Proceedings of the Aristotelian Society*, n.s. 31 (1930-31): 25-36.

[2] Wittgenstein, *Tractatus Logico-Philosophicus*, 63.

[3] Ibid., 6.

[4] Ibid., 8.

[5] Ibid., 5.

经提出，当时，智慧女神对巴门尼德说“存在之物是不生不灭、完整唯一的、永恒完美的”。[1]至少在表面上，巴门尼德的这首哲学诗是关于宇宙论的，因为他关于“何物存在”的问题是关于大地、太阳和星辰的问题。[2]但对伯特兰·罗素而言，读这首诗和读一篇逻辑学论文一样是容易的，存在之物也是属于思想对象的属性，是“属于在一切命题中发生的或真或者假的事物，也属于所有这些命题本身”。[3]这样，他把西方哲学史的开端与其结论相联系，使巴门尼德思想看上去非常像维特根斯坦。[4]

宇宙论或者逻辑学的完整性使接受新的事物成为不可能，因为这会触及巴门尼德设立的首要法则：无中不能生有。根据亚里士多德，“这是使初期的哲学家们感到最惶恐不安的观点”。[5]这一论题被解释成一个关于物理存在的陈述：除了先在的事物，无物能被生成；也可以被解释为一个关于因果律的陈述：每一事物必有一原因，这原因或是在感觉上存在的，或是隐含存在的；或者被解释为一个认识论、句法学、逻辑学的陈述，其大意是：从无中产生的东西是不可思议的、

[1] A. H. Coxon, *The Fragment of Parmenides: A Critical Text with Introduction and Translation, the Ancient Testimonia and a Commentary*, rev.ed. (Las Vegas: Parmenides, 2009), 64.

[2] Gadamer, *The Beginning of Philosophy*, 117-18.

[3] Bertrand Russell, *Principles of Mathematics* (Cambridge: Combridge University Press, 1903), 449.

[4] 见罗素《西方哲学史》对巴门尼德的解释。*History of Western Philosophy* (New York: Simon&Schuster, 1972), 49.

[5] *The Complete Works of Aristotle*, ed. Jonathan Barnes (Princeton, NJ: Princeton University Press, 1984), 1: 519. 关于巴门尼德在这个方面的优先性，见 Alexander P. D. Mourelatos, “Pre-Socratic Origins of the Principle That There Are No Origins from Nothing,” *Journal of Philosophy* 78 (1981): 649-665.

不可言说的、非逻辑的。[1] 在这些情况下，这个命题正如亚历山大·穆雷拉托斯所说的“关于生成的全面禁令”。[2] 但巴门尼德令其他早期哲学家惊恐的是，这个对新事物的禁令似乎也是另一种非法的变化。正如辛普里丘的推论：“如果某事物变化，它的所是就消失了，那个‘不是’就生成了，”这样，宇宙的连续性和统一性就遭到了破坏。[3] 看起来变为有生灭之物的东西，要么是一个错误，因为我们不可能总是感觉到表面上不同东西背后的连续性；要么是一个错觉，这其实也是巴门尼德哲学诗中第二部分所批评的观点。[4]

从时间上的在先性和理智上的影响看，“无中不能生有”被认为是西方哲学的基础性前提，如果不是不可反驳的话，其长期的地位则是基于其强硬的逻辑和反直觉的令人不愉快的内涵。[5] 巴门尼德开始于所有可能的前提之中最为简单的前提，即“存在（是）”，他提出了一个结论，似乎把所有的实际经验都投入了疑问之中。生成和变化因此成为早期希腊哲学的永恒问题，因为巴门尼德，此问题也不再像是明显的日常生活的事实了。[6] 与此同时，巴门尼德的例子被用来界定哲学，在科学和其他系统性的思想之中，都意味着

---

[1] R. J. Hankinson, “Parmenides and the Metaphysics of Changelessness,” in *Presocratic Philosophy: Essays in Honor of Alexander Mourelatos*, ed. Victor Caston and Daniel W. Graham (Aldershot: Ashgate, 2002), 79; Mourelatos, “Pre-Socratic Origins,” 651-652.

[2] Mourelatos, “Pre-Socratic Origins,” 652.

[3] Simplicius, *Commentary on Aristotle's “On the Heavens,”* in *The First Philosophers: The Presocratics and Sophists*, trans. Robin Waterfield (Oxford: Oxford University Press, 2000), 86.

[4] Gadamer, *The Beginning of Philosophy*, 120; Jaap Mansfeld, “Aetius, Aristotle and Others on Coming-to-Be and Passing-Away,” in Caston and Graham, *Presocratic Philosophy*, 274-275.

[5] 卡尔·波普尔把它称为“关于世界的第一个假说—演绎的理论”。Karl Popper, *The World of Parmenides: Essays on the Presocratic Enlightenment* (London: Routledge, 1998), 17.

[6] Waterfield, *First Philosophers*, 52.

不变性。他的哲学诗里提出了真理之路和意见之路的根本区别，为他自己和后来的哲学家留下的东西就是——持续和变化之间的差异。这样，不变性是最基本的，创新和变化仅仅是稍纵即逝的现象，这一假定自身就把西方哲学开端的巴门尼德和结尾处的维特根斯坦联系在一起。[1]

巴门尼德这个区分的影响，在柏拉图身上体现得尤其显著。在《泰阿泰德》中，苏格拉底承认“巴门尼德是伟大的领袖，既可敬，又可畏”，可敬之处在于巴门尼德是唯一的一个在辩论中打败过他的人。[2]巴门尼德的基本前提“存在，它不能不存在”（是，它不能不是）令人印象深刻，这也成为柏拉图本体论的基本前提。在《蒂迈欧篇》中，他把真实存在定义为“保持自身恒常不变，既不是生成的，也不是可以毁灭的，既不从外界接纳任何东西到它身上，自身也不参加到任何别的东西里面去”。另一方面，呈现在感觉之中的东西，因为它在时间中变化，所以仅仅是意见的对象。[3]柏拉图对经验世界做了最小的让步，承认不同的性质都是修饰存在的；但是这些性质，如白或者大，本身都是不可变的本质，每一个都具有巴门尼德的“存在”的不变的稳定性。[4]

那么，根据《蒂迈欧篇》的“理念的模型永远不变”，变化就

---

[1] Popper, *The World of Parmenides*, 148.

[2] B. Jowett, trans., *The Dialogues of Plato* (New York: Oxford University Press, 1892) 4: 244; Charles H. Kahn, “Parmenides and Plato,” in Caston and Graham, *Presocratic Philosophy*, 82-83.

[3] Plato, *Timaeus*; quoted in Catherine Wilson, *Epicureanism at the Origins of Modernity* (Oxford: Clarendon Press, 2008), 45.

[4] Coxon, *The Fragment of Parmenides*, 27-28.

只是一种幻象，创新则是绝对不可能的。[1]对柏拉图来说，对创新的本体论禁令既是出于哲学的需要，也是出于政治上的便利。根据《理想国》，政府的目标在于维护社会秩序，治国者必须保证国家善治的基础，只要基础是好的，就不能被变化所扰乱。甚至“音乐和体育都应该保持着纯真质朴的形态，不能随意变动……当音乐风格发生改变，国家的基本原则总是会随之改变”。[2]这就是哲学家应该做国王的原因，因为意见世界中的人总是会奖励“歌手们唱最新的歌”，而“哲学家的心灵总是爱知识，知识具有永恒的性质，没有生灭变化”。[3]在理想状态中，理想的国王治理着国家，因而没有变化，那么关于革新的记忆也就褪色了，如同一种痛苦最终平息一样。

这样，虽然柏拉图给“存在”这个原初的公理加上了很多新的内容，他还是尽力保持了巴门尼德体系那种令人敬畏的单纯性。在另一方面，对于亚里士多德而言，虽然这个公理是足够真实的、抽象的，但它在实际中并无特殊的用途。当他如此评价麦里梭和巴门尼德“我们认为他们不是在谈论自然”时，他便很温和地把他们放在一边，仿佛对待昂贵的古董一样。[4]他的意思是，对任何对自然感兴趣并且持续观察的人来说，永恒不变是一种哲学的矫揉造作。现象的世界可能误导人，但是对亚里士多德来说，定义是不会错的，因而我们在自然界中看到的变化“都是如他们显示出来的一样

[1] Jowett, *The Dialogues of Plato*, 3: 457.
[2] Ibid., 3: 112.
[3] Ibid., 3: 112, 181.
[4] Coxon, *The Fragment of Parmenides*, 118.

'真实'"。[1]说某物在变化，相当于说某物在持续，因为必然有什么东西在经历着变化，所以"质料的存在和'变化'的存在一起出现，一起消失"。[2]然而，承认了这些，亚里士多德如何避免下一步，即承认所有变化中只有唯一的东西存在呢？这就是巴门尼德打开的逻辑漩涡里的最后一步。

在《物理学》和《论生成与毁灭》中，亚里士多德花费了很多时间来思考这一步，即生成此物和彼物之间的差别，如衰老的过程，在自身中生成相反的事物，以及生成的过程。后者的真实存在，即真正的新事物而不是简单的变化支撑着现实世界的多样性，保障着不同的事物存在于它自身之内，而不是一个事物带有的不同方面。虽然如此，亚里士多德也必须承认，"总有一些东西支撑着变化的东西，生成的东西所由之而来的东西，例如动物和植物由种子生成的"。[3]如果总是这样，可是，生成不就成了一个简单的变化吗？创造难道是在一些基础的、无差别的材料之中的各种差异性的现象吗？在传统上，这个材料叫做原初质料，然而专家们在争论此概念在亚里士多德体系中如何起作用，以哪些方式起作用，因为逻辑上的方便，这个概念延续了几百年，便也在暗中保证了事物生成链条里某物的原初存在。[4]

---

[1] Christian Wildberg, "*On Generation and Corruption* I. 7: Aristotle on *Poitein* and *Paschein*," in *Aristotle: On Generation and Corruption, Book I, Symposium Aristotelicum*, ed. Frans de Hass and Jaap Mansfeld (Oxford: Clarendon Press, 2004), 219.

[2] Barnes. *Complete Works of Aristotle*, 1: 513.

[3] From the *Physics*; quoted in Christopher Shields, *Aristotle* (London: Routledge, 2007), 55.

[4] Sarah Brodie, "*On Generation and Corruption* I. 4: Distinguishing Alteration—Substantial Change, Elemental Change, and First Matter in *GC*," in de Haas and Mansfeld, *Aristotle: On Generation and Corruption*, 125; Lynn S. Joy, "Scientific Explanation from Formal Causes to Laws of Nature," in *The Cambridge History of Science*, ed. Katharine Park and Lorraine Daston (Cambridge: Cambridge University Press, 2006), 3: 97-99.

显然，另外的选择就是在巴门尼德关于无中生有的禁令周围寻找一些确定的道路，而亚里士多德永远不会逃避它，哪怕只是一点点："我们也肯定，无物能够产生，除了来自于非存在的特定情况。然而，我们坚持在特定情况下，如偶发性的情况下，事物可以从非存在产生"。[1] 亚里士多德描述了许多种某物从无中产生的情况：某物的质料在变化之前不可感知，但在变化之后可以感知；某物完全失去了它的性质，但是获得了另外的新性质。虽然第一种情况似乎只是现象，但第二种似乎涉及到了新的实体的形式。[2] 但仍然难以设想，离开了先在的形式，一种形式如何生成，也难以设想质料如何进入存在。虽然亚里士多德使用了一些强大的方法来拯救真正的变化，使之不致于降级为意见世界的现象，但他的方法依然稳定在一个坚固不变的基础上。许多世纪以来，他的基础性前提，像原初质料或是它的对立面"第一推动者"，既构成了一个哲学、科学、宗教史上的传统权威学说，也支持了一个反对新事物的内在传统。

苏格拉底之前的解答

亚里士多德巨大而复杂的思想似乎都显示了不可能想出一条道路来避开巴门尼德开创的反对创新和变化的传统。实际上，令人

[1] From the *Physics*; quoted in Shields, *Aristotle*, 55.

[2] Mansfeld, "Aetius, Aristotle and Others," 285; Richard Sorabji, *Time, Creation and the Continuum: Theories in Antiquity and the Early Middle Ages* (Ithaca, NY: Cornell University Press, 1983), 246-248.

头疼的芝诺悖论似乎也显示出，不可能用一种单一的方法来做这件事。很明显，这些悖论意在展示巴门尼德存在论无可辩驳的单一性和连续性，以及把存在分成部分的荒谬性，这甚至继续困扰着现代哲学家们。[1] 即使是对巴门尼德的结论提出质疑，也经常意味着要接受他的一些前提，因而他至少是成功地提出了一些哲学家必须回答的问题。苏格拉底之前的哲学家通常接受这些思想，正是像柏拉图一样接受巴门尼德的智慧，而不是像亚里士多德那样构造一个与之对抗的完整体系。他们确立了一些最为稳固的思想模式，把明显的变化的事实和存在的表面的单一性相调和。

恩培多克勒开始接受所有巴门尼德的基本设定，同时也加上了逻辑的不相容的复杂性。他也写了类似巴门尼德的哲学诗，他认为存在事实上是一，然而还有两个原理，即友爱和争吵；还有“四根”，即土、气、火、水。然而，除了这个基本的节目外，剩下的就是无，在总数上加上无、或者减去无：“在元素之外没有什么东西产生，元素也不消灭。因为元素如果逐渐消灭，就不会存在了。有什么东西能够增加这个整体呢？它能从何而来呢？”。[2] 世上各种各样的事物都是来自于这些基本元素的聚集和消散，循环往复，友爱把它们聚集在一起，争吵使它们分散：“这一切在受争吵的支配时，形状不同，彼此分离；然而在友爱之中，却结成一体。因为

---

[1] 罗素、詹姆斯、怀特海对芝诺的回应的讨论，建立在现代物理学基础上的反驳，参 见 Adolf Grunbaum, “Modern Science and Zeno’s Paradoxes of Motion,” in *The Philosophy of Time*, ed. Richard M. Gale (Atlantic Highlands, NJ: Humanities Press; Sussex: Harvester Press, 1968), 422-501.

[2] Empedocles, in Waterfield, *First Philosophers*, 148.《西方哲学原著选读》，上卷，商务印书馆，2014 年，第 43 页。

从这些元素中能生出过去、现在、未来的一切事物”。[1]

既然巴门尼德的影响看来无可避免，恩培多克勒确立了两种方法来应对巴门尼德的智慧，后者的影响看来是无可避免。他使自己适应存在的单一性，把存在分为几个部分，每一个部分都和原始存在一样是永恒不变的，他把变化限制在一个循环之中，来保留巴门尼德体系在时间上停滞的特点。一方面，存在的单一性受到一点限制，以便使其永恒性得到保存；而另一方面，永恒性被轻微地调整了，以便存在能保留在单一性的状态之中。[2]总有一个时刻，单一性和时间上的持续性聚集在一起，宇宙在其最完美状态之中，这时存在是“结成一体的”；对恩培多克勒来说，这似乎是一个在历史性的时间中的现实时刻，而不仅仅是辩论中的一个逻辑阶段。我们所知道的自然的多样性可以这样解释：我们生活在一个远非单一性的循环运动中。这样，亚里士多德留下了一个影响深远的对恩培多克勒的批评，换句话说，他的意思是“在争吵中的宇宙和之前在友爱之中的宇宙处于同样的状态”[3]。

在希腊哲学中，循环重现的观点甚至比恩培多克勒还早，它大致体现为地球和太阳系其他星球的节律。[4]当然，一个特别有影响的说法是柏拉图《蒂迈欧篇》中的“大年”，其他说法则出现在西方哲学和宗教之中，其影响甚至延伸到奥古斯丁在《上帝之城》中对此提出的反驳之后。这些说法在细节上有很多的变

[1] Ibid.《西方哲学原著选读》，上卷，商务印书馆，2014 年，第 44 页。

[2] Coxon, *Fragments of Parmenides*, 23.

[3] Aristotle, On Generation and Corruption, in *First Philosophers*, 150.

[4] Mircea Eliade, *Cosmos and History: The Myth of the Eternal Return*, trans. Willard R. Trask (New York: Harper&Row, 1959).

化：一些人承诺了完美的重复过程，其他人说这仅仅是循环重现，一些人认为时间自身是重复的，另一些人仅仅认为是事件在时间中重复。[1] 恩培多克勒提出了一个特别简朴、具有内在一致性的说法，对亚里士多德所反对的观点影响很大。他的说法异常清晰地显示出了循环重现和创新概念之间令人着迷的双重关系。。

对恩培多克勒和巴门尼德来说，暂时发生的事件带来的表面混乱不是一个幻象，而是有害的东西，这一点似乎是很清楚的。使新事物出现的力量是争吵的力量，它破坏并分解了由友爱所造成的原始统一。这样，存在的牢固的统一和我们看到的混乱现象之间的巨大差别，就是衰败的结果；新事物就是衰败的标志，每一次革新只不过是离开原始幸福状态的一步。然而从另一方面来说，在上升的阶段，循环运动使事物重新回到了原始的完美状态，第一阶段重新发生了，新的开端出现了。换言之，在循环结束时所承诺的东西，就是分离的第一步，也就是重新开始。当然，用悲观的语言说，循环重现的过程仅仅承诺了旧事物一而再的重复，就如同《传道书》表述的一样；但是用乐观的语言说，它承诺的是同样的新东西，循环往复，每一刻都是新的。

虽然恩培多克勒的“四元素”构成了循环重现的体系的本质部分，如果离开了他当时的论证，也可以理解为一种不同的创新模式。四元素是希腊哲学的一个共同特性，一个基本的、连续性的、完整性的存在被分成 4 个部分。当然，一旦我们开始拆分，便很难停留在 4 种事物上，虽然“4”是一个神秘的权威数字。柏拉图方

[1] Sorabji, *Time, Creation and the Continuum*, 182-186.

便的时候，也会运用“四元素”理论，但他最后把事物分为两种三角形，由它们来构成一切。[1]作为一个平面的、不能再简化的基本代表，三角形可以设想为一个三维物体的单位，一个建造所有可见事物的基础材料。存在被感知为三角形构成的海洋，巴门尼德把存在设想为一个球体，二者是不可调和的，在柏拉图看来，三角形可以随意搬动，构成无限量的组合体，组成整个世界。虽然三角形自身是始终如一的、不变的，但它们的生成物也会显示出新的特征。

柏拉图的三角形与德谟克利特和留基伯提出的原子之间有许多共同点，其都是把巴门尼德的真理和现实可感事物相协调的努力。巴门尼德通常被解释为提出了一个整体宇宙的构想，这是单一的实在，是没有部分、没有空间，也没有供部分在其中运动的虚空。如果把这个概念叫做反直觉的话，都有轻描淡写之嫌，因为它和人类感官接触的世界完全不相似。要弥补概念和感知之间这个惊人的鸿沟，一个办法是假定这个不变的宇宙不符合人的感官，因为构成它的永恒元素太小，肉眼不能看到。这些元素是不能被创造，不能被毁灭，也不能变化的，这符合巴门尼德对存在的描述。在宇宙中存在着的运动的可感事实使得第一代原子论者提出了虚空概念，物体可以在其中移动，元素可以结合起来，形成不同的外观。变化是存在的，并采取了组合和重新组合的形式；但宇宙的基本一致性也保留下来，和巴门尼德的巨大的、无特征的球体同样都是不变的。[2]

像伊壁鸠鲁这样的原子论者和巴门尼德一样都坚定地相信无

[1] Jowett, *Dialogues of Plato*, 3: 473.

[2] Waterfield, *First Philosophers*, 164; Popper, *World of Parmenides*, 17-18.

中不能生有，他发展的哲学体系被卢克莱修在一部长诗《物性论》（*De rerum natura*）中大力宣扬。卢克莱修在诗中更加有力地解释道："假如一切都可以从无中生出，则任何东西都能从任何东西产生，而不需要一定的种子"。[1] 卢克莱修提出了一个箴言式的说明，用有趣的文字描写了人类来自海洋、而鱼类来自大地的图画，整个创造过程看起来似乎是无规律的，混杂着植物和动物。但是因果联系的逻辑原则在世界上的作用就如同生物学的原理一样，同类事物生出同类事物能防止出现任何混乱和突发性事件。即使世界只是在虚空中旋转的颗粒云团，其尺寸、形状、一致性、发展模式都是混杂的、永恒的：

> 质料的堆积不可能或者是比现在更坚实的结合，或者是比现在更稀少。它既不增多，也不减少。这样，最终颗粒的运动一定和过去相同，将来也是如此。已经产生的事物会在同样的条件下继续产生，每个事物都存在、生长、繁荣，只要他们被自然的法令所允许。[2]

但至少在表面上，这个宇宙对新事物的态度不像巴门尼德的整体宇宙那么充满敌意，更不用说它还包含更多的部分。

事实上，卢克莱修似乎把创新限制在原子碰撞的早期阶段，也就是当原子依然在自行分类、按照自身形状寻找最佳的结合方式的

---

[1] Lucretius, *On the Nature of Things*, trans. Martin Ferguson Smith (Indianapolis: Hackett, 2001), 7. 也参见弗格森・史密斯的导论，25 页。

[2] Lucretius, *On the Nature of Things*, 43.

时候，是有新事物产生的。那时候原子没有自我意识，也没有受到更高智慧的指引，只是在简单地互相乱撞，“被风所冲击和推动”，直到形成最终的形状。[1]这些原子就这样形成了我们所知的世界。世界上的变化可以这样解释：各种形状的物体都在分崩离析、重新组合，事物灭而又生；一点也不必为此忧虑，从最小的部分和运动开始，世界一次又一次的重建，这个过程之中，畸形的东西被甩掉。然而，新的组合物超出了第一次大的宇宙发展时期所生成的东西，因而是不能存活的、必须消亡的。卢克莱修还批判了那些为“创新这个空洞的词汇”（novitatis nomine inani）着迷的人，他们认为这个世界一直都在创造自然所不允许的东西。[2]

有了这些限制，恐怕现代读者很难理解原子论怎样和千百年后的知识无政府主义联系起来，且不说大家错以为伊壁鸠鲁支持无神的快乐主义。作为一种行为哲学，伊壁鸠鲁主义实际上是教人对待新事物漠不关心，把它和人生的其他方面同样看待：“显然，事物的新状态必然会使不满足于旧事物的人高兴；但是当一个人因为时光流逝而没有感到苦恼，而是走向快乐生活的话，是什么力量能够点燃创新的激情呢？”[3]能激发科学上的蔑视和道德上的非难的，是细微的、偶然的、不可或缺的运动，这被称为偏斜（clinamen），或忽然转向。伊壁鸠鲁认为宇宙是持续的原子雨，从一个方向穿过虚空而下坠，他用偏斜来解释下落的平行线如何会相交。一个随机的、

[1] Ibid., 30.

[2] Gordon Campell, *Lucretius on Creation and Evolution: A Commentary on "De Rerum Natura" Book Five, Lines* 772-1104. (Oxford: Oxford University Press, 2003), 165-166.

[3] Lucretius, *On the Nature of Things*, 141.

无法解释的、向一边或另一边的迅速移动能形成生成基础材料的基础材料，它用来解释世上一切事物形成原因的结合原则的基础。

然而，并不只是这种令人绝望的必然性驱使伊壁鸠鲁提出了这个发明，而是因为纯粹决定论的体系和人类自由的事实相矛盾。正如卢克莱修所说“如果新的运动从旧事物中产生出必然的连续性，如果不存在原子的偏斜引发了运动，从而废除了天命的法令，阻止了无穷无尽的因果链条，哪里还会有地上的生物所拥有的自由意志的根源呢？”[1]虽然在卢克莱修的解释中，我们不清楚在宇宙基本元素的随机性碰撞中为什么会允许人类意志的活动，但偏斜的可能性至少会防止原子进入纯粹决定论的模式。这条织入事物之中的创新之线在人类行为中重新出现，正如汉斯·布鲁门伯格把人类能力称为“把绝对开端引入现实之中一样”。[2]正是随机性的最早引入，才保证了事物的出现，而不仅仅是原子构成的糊状物；不管人类在何时创造新事物，这种随机性都会重新出现。

对前苏格拉底原子论最著名的评论是亚里士多德提出的完全否定的评论，他收集了一些令人印象深刻的、有说服力的针对原子论基本前提的反对意见。亚里士多德不能理解世界是如何由不可感知、不可分割的事物组成，也不能理解为什么一旦开始分割事物，就会最终停止在原子的尺度上，而不再继续分割下去。他在《论天》中指出，德谟克利特和留基伯归于原子的奇特运动方式，即在无限虚空中永远下落，不像自然中现实可感的运动方式，也不像物

[1] Ibid., 41.
[2] Blumenberg, *The Legitimacy of the Modern Age*, 169.

理规律下的可理解之物。[1]他在《物理学》中提出了反对意见，认为原子不能按照任何可能的排列方式（连续、接触、承接，这三种形式适用于真实的实体或对象）彼此接近。[2]这个讨论中最重要的是，他不同意仅仅组合在一起就能生成新事物，就能和常规变化相反。[3]亚里士多德没有机会针对偏斜发言了，伊壁鸠鲁把偏斜加在德谟克利特原子论体系之中，为了限制后者的决定论倾向；但是亚里士多德的弟子们带着恐惧之情看待它，他们的老师教导他们，自然的运动是循环的、重复的、有明显原因的。[4]

当然，一旦能够观测到真实的原子，亚里士多德的很多批评意见就得到了证实；但是创新之历史的基本问题——相同的旧事物的新组合能否当作新事物——依然没有结果。但是，重新组合和循环重现一样，成了巴门尼德禁令之下极少数可以松动的少数几种基本模型之一。再生（renewal）的几个重要的历史模型——基督教的复活、复兴、革命——人类历史中创新活动的主要来源，是循环重现的不同版本，它们承诺了要在回归中重现新事物本来该有的全部荣光。许多更近的科学模型，比如当前普遍接受的进化模式，也是基于重新组合的结构，后者也是靠着重新安排原有的要素而得到的新事物。这种基础性的模式是很古老的，既然伊壁鸠鲁认为难以证实和解释现代世界有什么确定的价值，那么就只好承认在新事物的历史里实际上没有什么新的东西发生。

[1] Waterfield, *First Philosophers*, 182.

[2] Sorabji, *Time, Creation and the Continuum*, 366.

[3] Mansfeld, “Aetius, Aristotle and Others,” 276.

[4] Blumenberg, *The Legitimacy of the Modern Age*, 581-582.

既然有两种不同的方法调和了明显的经验事实和对“新事物”这个概念的禁令，那么这些模式所认可的变化就会相应地以两种不同的方式发生。正如阿伦特说的，相信循环重现是因为生和死具有明显的普遍性，是因为“人被赋予了创造新事物这种在逻辑上自相矛盾的任务，由于这些人就是新的开始，因而是开创者”。[1]但是类似的力量是这样的，它把每一个开始变成同样的开始，正如同每一天的太阳都是同一个太阳，每一个春天都是同样的春天。创新必须是独特的、原创的，但它也是回归，正如特洛伊的回归就是罗马，而罗马又在基督教会里取得了完全不同的形式。虽然这个节律属于自然，但持续回归同一点的道路认为摇摆是一种幻觉，这样，循环重现的模式就是一种隐含着的柏拉图理念论。既然变化是对不变的理想状态的脱离，又或者是向理想状态必然的回归，那么变化的质料也仅仅只是现象。然而，当新事物回归的时候，它的发生像是一个总体的、突然的、甚至是激烈的变化。[2]每一个事物都被取代了，如果存在着新的开始，这一切就必然发生。

重新组合产生了一个非常不同的时间模式。虽然它被认为是所有有机生命的原则，但从恩培多克勒之后，它却一直被认为是一个机械过程。[3]原子和另一个原子相结合，是因为形状合适，它们被物理的力量驱使，结合在一起或者呈漩涡状分离，这些力量都是

[1] Arendt, *On Revolution*, 213.

[2] Carolyn R. Miller, “The Aristotelian Topos: Hunting for Novelty,” in *Rereading Aristotle’s Rhetoric*, ed. Alan G. Gross and Arthur E. Walze (Carbondale: Southern Illinois University Press, 2000), 141.

[3] Patricia Curd, “The Metaphysics of Physics: Mixture and Seperation in Empedocles and Anaxagoras,” in Caston and Graham, *Presocratic Philosophy*, 155.

宇宙中所固有的。因而原子论者是唯物主义者，或者至少被认为是唯物主义者，他们比柏拉图更相信实际的经验事实，即便原子小到肉眼看不见的地步。因为自然以如此小的单位运动，所以变化就是逐渐发生的、零碎的，它产生的创新也就是逐渐增长的，而不是整体的创新。虽然它一次又一次地由同样的元素构成，这种创新的种类也至少每次都是潜在地产生事物，这与上文所说的回归式的创新不同，卢克莱修本人似乎不相信事物的现实性也是按照这种方式一点一点增加的。实际上，原子论者冒着失去一致性的危险做了一件非常出色的工作来解释变化。为什么原子在任何可感的形式里都是凝聚的；为什么它们留在物体之中——为什么一次次地重复这个过程？老虎依然是老虎，它们并没有长出翅膀或者螺旋桨——这些都是令早期原子论者如堕迷雾的难题。[1]

靠着修辞手法的帮助，卢克莱修开拓了深埋在拉丁语词源中的类比方法。他用同一个词来命名物理学或机械学的基本词汇，即元素（elementum），首次将之比喻为字母表中的字母。[2] 卢克莱修把他的原子叫做元素，他同时利用了语言的权威性："因此，正如许多词汇共用一些同样的字母一样，许多事物也由同样的元素组成，这比认为每一事物都无须借助最终本原而产生更有道理"。[3] 卢克莱修按照他的习惯，在长诗中把这一观点重复了很多次——但是超过了修辞学的影响力，因为语言是来自于一小部分不断重复的元素

[1] Ibid., 156.

[2] Duncan F. Kennedy, *Rethinking Reality: Lucretius and the Textualization of Nature* (Ann Arbor: University of Michigan Press, 2002), 86-87.

[3] Lucretius, *On the Nature of Things*, 8.

而产生的近乎于无限的变化，这种方式提供了一个先例，这似乎支持了伊壁鸠鲁原子论的反直觉倾向。他甚至不断重复一点，即有时那些不完全的修改都可以被认为是对他观点的隐藏解释，正如卢克莱修所强调的：诗歌自身是作为一个组合起来的体系，它也是从同样少量的基本单位组成的："相似地，通过我的诗句，虽然你们必须承认诗句和词汇在意义和共鸣的音节上有所区分，但是你们能看见许多词汇里面的共有的字母，这样有力的词句来自字母次序的变换。但是这些首要的元素具有一些其他的意义，这些元素的变化就这么创造着多样的事物"。[1] 换句话说，诗句自身的存在正是对伊壁鸠鲁体系有效性的有力辩护。

关于元素的双关语在古希腊有一个对应物，那就是希腊语"元素"(stoicheion)，这个词也用于字母、要素或整体的部分。与此相似，sullabe 一词既有音节的意思，也有复合物、合成物的意思。[2] 在哲学中明确地使用元素和字母的词源学对比方法，至少在柏拉图的《泰阿泰德》中就已经有了。苏格拉底曾详细叙述了一个梦，"所谓基本的字母或元素，就是你我和所有其他事物都由之组合而成的东西，它们没有缘由也不能解释；你只能命名它们"[3]。实际上，苏格拉底用语言学作类比，和泰阿泰德进行了一场批评性的讨论，即关于研究部分和整体之间一般关系的问题。他从"元素或字母"开始，根据不知道的梦境，转移到可以知道的"音节，或它们

[1] Ibid., 25.

[2] Myles Burnyeat, *The "Theaetetus" of Plato* (Indianapolis: Hackett, 1990), 340.

[3] Jowett, *Dialogues of Plato*, 4: 268.

的组合”。[1] 但正如苏格拉底所展示的，很难看到音节如何拥有可知的属性和其他属性，这个道理不存在于任何部分。然而同时，在某些方面看，音节必须分为部分的总和，因为其最小部分必须和正确的秩序联系起来。[2]

《泰阿泰德》中的讨论没有明确说和原子论有关，但是很明显，部分和整体的问题和他们的信念相关，即实在是由不可感的简单单元以不同方式组合而成的新实体。苏格拉底描述的梦境为这个观点提供了一个更为一般的版本，语言的例子会支持这个观点，即实在是由少数简单单元组合而成，正如字母的重新安排会造成新词汇一样。[3] 虽然苏格拉底最后简略地处理了梦境问题，但柏拉图自己用语言学作类比想要表达的是：实在是由不变的简单单元构成的。[4] 因此，当卢克莱修假定所有自然物都必须由一系列有限部分构成，正如同字母构成词汇一样的时候，他只是在依靠那些已经成为哲学常识的东西。他依赖每个人共有的经验，通过无意义的字母组合而生成有意义的例子，并假定意义是来自于字母组合。

不幸的是，语言不是这样的。字母不是逻辑单元或句法单元，语言的基础材料比字母更大。正如詹姆斯所说“并非是人第一个发明字母，根据它创造音节，然后又根据音节造词汇，根据词汇

[1] Ibid.

[2] 对来自两个选项的不可接受的后果的简明讨论，见 Timothy Chappell, *Reading Plato's "Theaetetus"* (Indianapolis: Hackett, 2004), 219.

[3] Burnyeat, *The "Theaetetus" of Plato*, 152.

[4] 例如，在《蒂迈欧篇》中，他认为四元素的概念是“第一原理和组成整体的字母或元素，但稍有头脑的人都无法从这些元素上找到与音节或最初组合物的类似之处”（Jowett, Dialogue of Plato, 3: 468）. See Burnyeat, *The "Theaetetus" of Plato*, 216.

创造句子——实际上，它们按照的是相反的次序”。[1]语言的发生不是按照逻辑次序，仿佛每个字母里封存着最小的观念，我们可以再用词汇和句子来构造大的意义单位似的，其实根本不是这样的。然而，卢克莱修错误地使用逻辑学，他共享了一个从古代开始直到现代的、关于最小意义单元的研究传统，这个研究传统从古希腊开始，一直持续到维特根斯坦和罗素的逻辑原子主义。[2]整个传统的作用体现在如下语境中，因为它总是和重新组合的物理体系相伴，例如，信息论和遗传学相联，因为它显示了语言如何在这样的体系中起权威作用，这样的体系在循环重现的情况下能自然地运转。语言成为创新的首要例子，表明了重新组合的成功，一部分是因为它看起来解决了一些循环重现模式中的逻辑困难，一部分是因为它在模式中加进了一些令人高兴的精神性内容，即别样的随机性和机械性。

古代欧洲关于创新性的最基本的观念在巴门尼德禁止生成变化的思想中已经出现了。在同语反复的存在概念和无中生有的逻辑矛盾之间，在日常经验事实和无时无刻不在生成的新事物之间，困境出现了，并由此产生了疑问。对于哲学家来说，这明显地意味着逻辑上的问题，但是并没有证据表明，缺乏创新会带来痛苦，甚至在卢克莱修那里也没有。对他来讲，和柏拉图一样，新事物的味道是平庸琐碎的。恩培多克勒和前苏格拉底原子论者的目的并不是为革

---

[1] James, *Writings, 1902-1910*, 715-716.

[2] 维特根斯坦本人也设想过《逻辑哲学论》和《泰阿泰德篇》之间的关系，见 *Philosophical Investigation*, trans. G. E. M. Anscombe (New York: Macmilian, 1968), 21. 也参见 Burnyeat, *The "Theaetetus" of Plato*, 149-164.

新打开智识的空间，而是拯救现象，从而使哲学和可感的实在相一致。这两条主要道路似乎更多的是逻辑必然性的要求，而不是鉴赏力或者野心的要求。巴门尼德冰冷的宇宙材料沿着一条时间轴线破开，因此，变化是循环发生的；或者沿着另一条空间轴线破开，原子便像雨点一样永远各自坠落。除去它们在人类经验中的类比，一方面是自然的循环再现，另一方面是语言的重新组合光辉，这些模式可能不会继续存在，这看起来不可避免。但是它们曾经存在着，它们也为现代世界提供了理解新事物如何降临这一问题的大多数解释。

| 第二章 |

新事物的两个传统：循环和组合

基督教的革新

古代反对新事物的偏见经历了一段非常长的时间，它似乎非常有约束力，甚至是对它的抗拒也采取了重复的形式，甚至当新事物成为目标，不再被视为不可能的反常事物的时候，对新事物的抱负也还会受制于在西方哲学开端时期所确立的思想习惯。文艺复兴和革命意味着前进，也意味着回归，甚至意味着它们是循环重现的旧模式的重复。进化论似乎是一种令人吃惊的革新，但是通常认为它仅仅是对伊壁鸠鲁的随机发展模式的重新包装。虽然这个规则有一个大的例外，为欧洲观念库大大地增加了关于新事物的内容，但那也是在卢克莱修的时代添加的，它悖论性的效果使得人类的创新甚至更难证实了。

从巴门尼德到卢克莱修，所有哲学家都承认的一个观念是无不能生有，这毫无疑问当然和基督教学说矛盾。上帝从无中创造世界的信条是在 1215 年第四次拉特兰公会议确定的，但是至少早在公元2世纪奥古斯丁时代就已经出现了。[1]哪一个历史更久，这也是引起一些争论的主题。属于圣经次经的犹太人著作描述了从无形式的质料之中创世（《次经·智慧篇》11：17），还有一些人认为上帝是从虚无之中创世（《次经·玛加伯书下》7：28）。[2]《创世纪》的开头没有明确地说上帝是否从虚无中创世，这便引发了后人的不同解释。一些圣经学者认为，从虚无中创世是在圣经时代后加上去的，这种意见一部分是受早期教会否定其他神、把所有力量归于上帝的鼓舞，一部分是反对诺斯替派、摩尼教以及其他异教徒把某种内在的恶也当成创世力量的做法。[3]

在这种教义中，全能的上帝超越了其他神，创造了形式和质料，精神实体和物质实体，除了上帝自己之外，都是他创造的。除了神的绝对先在性，这个教义最重要的地方是，既然质料是被上帝创造的，那也就不是内在的恶，即世界上的恶就不是质料的不变特性，而是人类自由意志的后果。[4]被创造的世界完全彻底地依赖上帝，也需要不断的支持，以免陷入非存在的虚无。这样，对许多基督教神学家而言，从虚无中创世之后，必须要持续创世，上帝维系着这个宇宙，哪里有需要，上帝就在那里继续创造活动。

虽然第一次创世被定义为一个独一无二的事件，信仰对于欧

---

[1] N. Joseph Torchia, OP, *Creation ex Nihilo and the Theology of St. Augustine: The Anti-Manichean Polemic and Beyond* (New York: Peter Lang, 1999).

[2] Richard Sorabji, *Time, Creation and the Continuum* (Ithaca, NY: Cornell University Press, 1983), 194.

[3] Paul Copan, "Is *Creatio ex Nihilo* A Post-Biblical Invention? An Examination of Gerhard May's Proposal," *Trinity Journal* 17 (1996): 77-93.

[4] Hans Blumenberg, *The Legitimacy of the Modern Age*, trans. Robert M. Wallace (Cambridge, MA: MIT Press, 1985), 132-33.

洲历史的塑造的确起到了重新勾画时间线的作用，[1]它无需在基督教神学理解的宇宙之中标出新事物的终结日。在信众的心中，各种各样的神迹包括特殊创造（Special Creation），[2]都能够补充第一次创造。如果彻底怀疑新事物和奇迹的可能性，就是怀疑上帝的全能。出于同样的原因，虽然人类也创造自身，但是他毕竟不是最终的创造者。根据奥古斯丁的理论，父母、农民以及其他人的创造活动，只是对上帝原始创造的结果进行了修改。[3]后来的神学家同意，虽然人类参与了各种方式的创造活动，但是他们不能从虚无中创造。[4]众所周知，一直到 14 世纪，似乎是经院哲学家扩大了上帝的可能性，认为上帝能创造一切，也能创造那些有创造能力的东西。然而，甚至这些激进的学者也认为人类的创造性是一种重新创造，是把上帝创造的宇宙中所隐含的潜能加以现实化的结果。[5]

上帝从虚无中创世的学说创新事物的历史中所起到的作用，要比起初想象的更模糊不清。这实际上造成了理解的困难，因为《创世纪》中直接说上帝在 7 天之内完成了创造世界的工作，几百年来，保守派认为在上帝创世之后并没有增加什么新的东西，但是全能神的永恒存在也意味着创造将继续，为什么上帝的活动只能被限制在宇宙开端的时期呢？晚到 19 世纪的科学家路易斯·阿加西斯还相信神创论，认为新物种是用来填满这个需要帮助的世

[1] Hannah Arendt, *On Revolution* (New York: Viking, 1965), 20.
[2] 也译为神创论。——译者注
[3] Sorabji, *Time, Creation and the Continuum*, 302-303.
[4] G. R. Evans, *Old Arts and New Theology: The Beginnings of Theology as an Academic Discipline* (Oxford: Clarendon Press, 1980), 184.
[5] Brumenberg, *The Legitimacy of the Modern Age*, 532-533.

界的。至少对人类来说，每个个体也拥有一个独一无二的不朽灵魂，它能出现在地球上就是一个奇迹的事件。虽然这些个体不是从虚无中生成，他们和上帝的联系有时也需要用相对的创造行为来解释。

基督教作为一个自觉的新宗教，对自身的创新性有着大致相同的理解。一个新契约的概念，类似于最后晚餐里的声明（《新约·路加福音》22：20），寓意着和旧约的联系。实际上，保罗在《希伯来书》第8章8～12节对于新契约的解释，明显是根据《耶利米书》第31章31节的预言："时日到了……我将和以色列人订立新约"。这样，即使是新事物也要建立在旧事物的权威上。旧事物可能会有错误，"那前约若没有瑕疵，就无处寻求后约了"（《新约·希伯来书》8：7）——另一方面，第一次契约在意向和整体设计上应该是善的，因为第二次契约也要复制它的基本形式。在《希伯来书》中，保罗进行了一个详尽的类比，对比了旧体系下重复进行的、为了涤罪的物质牺牲和在新约中基督的一次性的精神牺牲。新约不只是旧约的重复，而是一个彻底的提高，其目的同样是重建那失去了的与上帝合一的状态。在中世纪研究者和艺术史家格哈特·莱德纳看来，早期教会"把新事物当作重建的可能性，让人享受上帝创造的初次的荣光"。[1]

对于个体的信众来说，一种同样复杂的新事物出现了，这就是在使徒书信中反复出现的"新人"。在最世俗的层面上，创新是

---

［1］ Gerhart B. Ladner, *The Idea of Reform: Its Impact on Christian Thought and Action in the Age of the Fathers* (Cambridge, MA: Harvard University Press, 1959), 82.

皈依基督教信仰的结果，是犹太人和异教徒的和解，即“两方合而为一”(《新约·以弗所书》2：15)。在教会中的洗礼包括了脱去“旧人和旧人的行为”并且“穿上了新人”(《新约·歌罗西书》3：9-10)。但是即使皈依和洗礼代表着彻底的转变，保罗仍明确地说，新的基督徒是在重建真正自我的基础上实现了更新。完美的原初状态的随着亚当夏娃的堕落而消失，但通过基督的牺牲，又重新获得了。既然完美必须是超越时间的，这就意味着完美融进了永恒之中，它在开端之处应该永远不变，犹如上帝永远不变一样。但是洗礼也被想象为原始创造的重现，“这种重复正如人的被创造一样”。[1]这种意义上的洗礼包括许诺人们将再次经验同样的新事物，实际上在时间终结之后，新事物的另一次出现会等待着被救赎的信众。

然而根据教会的意思，这种新事物甚至会更好。既然有基督的干预，创世之初的时间就不会再次回归到同样的点上，如果回归，就一定会回归到更好的事物上。从德尔图良时代开始，教会就开始传播“更好的复兴”(in melius reformare)的教义。[2]基督已经开启了回归天堂的可能性，这个天堂甚至比亚当夏娃的天堂更好。根据奥古斯丁的解释，在这种环境下，亚当不会因为原罪而堕落；但是既然他堕落了，被救赎的基督教灵魂能回归到的完美境界就会比亚当夏娃所享受的伊甸园更为完美一些。[3]这是一个更彻底的新事物，包含着进步的含义，它来自于一个重生的模式，否则就会接近

[1] Ibid., 59.
[2] Ibid., 134.
[3] Ibid., 157.

单调的重复。

中世纪学者把基督神学分为创造的工作和重建的工作，后者主要是指圣经以及教会更紧要的工作。俗世对教会要求的主题在于创造的事务，但这些事务加在一起只占据圣经开头一两页的篇幅，教会的工作奉献给了圣经的其余部分，也就是修复这个被人类始祖的堕落而毁坏了的世界。[1]因此教会把所有暂时的繁忙的革新工作放在一边，而把眼光牢牢地盯着过去——同时建造关于复兴状态的学说体系，也就是复兴到更好的状态。[2]正如伊拉斯谟所说，“我所有的工作，我唯一的工作目标就是使人性复苏，因为人性已经几乎死去，被埋在人群之中；第二，要唤醒整个世界……一种新的、为了真正的福音宗教的热情；最后，在我们大学的学院神学中重新召回圣经内的原始精神”。[3]因为一句非常灵活的格言“不是新事物，而是新方式”（Non nova，sed nove），革新可能同时遭到反对或者支持。[4]教会以非常大而暂时的力量变为中央集权，既是被原始基督教义所认可的，也是被后者拒绝的。[5]在某种意义上，宗教改革只是追求一劳永逸地获得原始教会所具有的日常关怀。

基督教会因此发展了一个强有力的、但含义模糊的循环复归模式的版本，自从前苏格拉底哲学以来，它便在欧洲很常见。考

[1] Evans, *Old Arts and New Theology*, 167-168.

[2] James S. Preus, “Theological Legitimation for Innovation in the Middle Ages,” *Viator* 3 (1972): 5.

[3] Erasmus, *Collected Works* 8: 149-53; quoted in Joseph M. Levine, *The Autonomy of History* (Chicago: University of Chicago Press, 1999), 28.

[4] Antoine Compagnon, *The Five Paradoxes of Modernity*, trans. Franklin Philip (New York: Columbia University Press, 1994), 7.

[5] Preus, “Theological Legitimation,” 13.

虑到新柏拉图主义哲学对教父哲学的影响，这个基督教版本也和柏拉图式的、向真正本原逐级回归的模式是相似的。[1] 但莱德纳坚持认为，基督教的改革把灵魂复兴的经典模式分为几种不同路线，最为特殊的方式需要意志力的特殊作用，需要在道德自由的前提下才能得以发挥。[2] 在这个版本中，人类得到了真正的重生，而不是简单地遭受不可避免的回归；他们按自己的路回归到开端，这可能就是被叫做自身的更新。当然，这种可能性会带来傲慢的诱惑，这种危险是教会特别警惕的，在“更好的复兴”的教义中，也带有进步的诱惑，这不仅仅是一个人犯的错，也可能是教会，甚至或许是经文。[3] 教会内部的革命者，如费厄列的约阿西姆，通常从一个简单的计划开始，比如改革修道院生活，但是隐含的回到基督教重生概念的倾向总是向前推进，走向启示和未来——启示录里的新耶路撒冷，这样，改革和复兴将把欧洲带回到一个之前从未有过的源头。基督教改革的理念因而在后来成为一个参照点，它成为一种更彻底的通过回归而更新的模式。

文艺复兴

自从艺术史和文化史学者雅各·布克哈特描述了意大利文艺复

[1] Karl F. Morrison, *The Mimetic Tradition of Reform in the West* (Princeton, NJ: Princeton University Press, 1982), 41.

[2] Ladner, *The Idea of Reform*, 16.

[3] Preus, “Theological Legitimation,” 20-21.

兴的现代魅力和重要地位以来，文艺复兴（Renaissance）这个词就成了一个尊称，一般的含义是用来拔高那些引人注目的艺术行为，而不管它是否真的意在向前辈回归。因而存在着许多的复兴，上个世纪就有不少；这些复兴在某种程度上也可以和15世纪在意大利的那些前辈们相匹敌，从加洛林文化复兴到狄奥多西文化复兴，甚至追溯到把罗马当作特洛伊复兴的时代。虽然有人可能会挑剔这些文化复兴的证据，或者对谁先谁后有争议，文艺复兴的候选人的增加大概也会使本真的、原初的文艺复兴变成一个矛盾的概念。通过一次又一次的回归，文化复兴这个概念承诺了不断的复兴，而且也承认了，甚至复兴本身也是旧的事物。

Renasci这个拉丁词汇最常用于15世纪，它具有一个世俗的基础，本来是一个园艺学术语，指的是有机物每年的重新生长。但是在基督教的欧洲，这个词或类似的词很少用于世俗含义，艺术史学者厄尔文·潘诺夫斯基认为，这个词的用法指的是一种比renovatio（复兴、革新）更加意义重大的复活，“一种重生，用比《圣经》还要更彻底、更强烈的语言来表达”。[1] Renascimento这个词因而成为了固定的基督教概念，指精神的重生与重新获得，这个概念也伴随着所有隐藏的悖论。但是比较起来，宗教的原型总是比较简单的，即回归到单一的、精确的、真正空前的创造性时刻。意大利文艺复兴想要重生的是某种更为模糊的东西。

从传统角度说，关于重生有两种选择：“回到自然”和“回到

[1] Erwin Panofsky, *Renaissance and Renascences in Western Art* (New York: Harper &Row, 1969), 38. See also Ladner, *The Idea of Reform*, 20-21.

经典”——按照潘诺夫斯基所说，第一种选择在绘画和雕塑上表现得更为显著；第二种选择在建筑上更明显。[1] 14 世纪的艺术家和艺术史家乔尔乔·瓦萨里把它们融合在一起形成了一个理论，这个理论借助和万物本源更接近的古人，结合了自然的权威和文化的权威。这个聪明的折衷做法间接确立了研究自然的学术实践方法，使用的是已经被古人完善了的形式，这些古人清除了形式中所有不完善的地方，去除了其在自然状态下令人分心的纯粹偶然的性质。美学的创新就此显现出经过研究者和艺术家所加工过的令人称奇的间接形式。文艺复兴的概念以古典的形式给人造成了冲击，这种形式既是原创的也是加工过的，它不断地维持创新性，从而把重生的那一刻凝固起来。

要符合这个循环过程，也会在文艺复兴关于新事物的观念上造成另一个扭曲。如果古人是创新的根源，他们更接近自然的源泉，那么当下就会是陈旧的。文艺评论家沃尔特·佩特为几代美学家讲授文艺复兴，看见那些博物馆里面生气勃勃的白色雕像、尤其是其中几尊罗马晚期雕像的复制品，相比其他雕像，他们感觉到了悲伤和疲惫。潘诺夫斯基说，在意大利文艺复兴的早期，中世纪艺术和建筑被认为是过时的，但不是古董，因为真正古典的艺术比最近的艺术作品的过时之感会更少。“现代”这个概念在其发展的早期阶段出乎意料地和“过时”一词保持同义，现代艺术已经令人悲哀地离开了希腊人的标准。然而不久瓦萨里就向这些反常事物致敬，把古董风格和现代艺术并列，致使现代道路（Maniera Moderno）出

[1] Panofsky, *Renaissance and Renascences in Western Art*, 18-21.

现在历史的结尾之处，把旧的东西珍藏在中世纪。[1]20 世纪的美学现代主义很善于利用这个进步概念，只有把埋在刚刚消失的过去之下的原创性重新收回，现代才能成为新的事物。

正如基督教的重生和改革，复兴所承诺的事物比尊敬先辈和返回过去还要复杂得多。新事物的力量一再返回，意味着一些持续不变的东西——它的存在也许是理所当然的，是在历史时间之外的。正如潘诺夫斯基所说，这意味着在文艺复兴中，在古人和现代人之间有一个令人悲伤的距离，有一些比几年的时间差距更基本的东西把彼此切割开来。[2]它也意味着当新事物回归的时候，这个回归可能是总体的、普遍的，甚至是激烈的。当瓦萨里发现 Renascita 这个词，并把它作为集合名词来标志整个时代的文化的时候，他就定下了这个基调。革新可以是零碎的，但重生必须是整体的。当“新”作为一个理想的时候，它就像混乱的现实世界中的柏拉图式理念一样地丢失了，因此，新事物在世界上的重新显现就将是启示性的。

革　命

虽然革命（Revolution）[3]看起来理所当然不仅是总体的，也是激烈的，这个词被拓展到许多方面，其同义的表述是“任何足够引

[1] Ibid., 34-35.
[2] Ibid., 113.
[3] 也有复归、循环的意思。——译者注

人注目的变化都以比其他东西快的速度发生”。[1]与其构造相近的词汇“进化”一样，革命成为一个常用的、无处不在的词汇，它也有可能带有对其真实意义的明显嘲讽，“历史的进程突然开始变化，与之相连的是完全的新故事，这在之前从来没听说过或被讲述过，这样的新概念马上就要出现了”。[2]

也许这个明显的退化仅仅是回归到这个词汇原初的文字意义上，它和创新无关，意味着相反的方面。按照字面意义，Revolution 的意义当然是围绕轴心简单地转一圈。直到 17 世纪，这依然不是其首要意义，而只是其唯一意义：“一个完整的环形和圆圈回到其起初的位置或起初的点；它是环形运动的完成”。[3]在世界历史的大部分阶段，这个词只用于实用的几何学，它被正式的用在哥白尼于 1543 年的论文题目上：“天体运行论”（*De revolutionibus orbium coelestium*）。[4]1694 年，法国科学院词典把行星运动作为这个词的“真正的首要意义”，其意思是这个词的其他含义已经开始被侵占了。[5]

实际上，Revolutio 这个词用于比喻性的意义，这要追溯到奥古斯丁，他把同一种天意的回归叫做革新（reformatio）或者重生

---

[1] E. J. Hobsbawm, “Revolution,” in *Revolution in History*, ed. Roy Porter and Mikulas Teich (Cambridge: Cambridge University Press, 1986), 8.

[2] Arendt, *On Revolution*, 21.

[3] I. Bernard Cohen, *Revolution in Science* (Cambridge, MA: Belknap Press of Harvard University Press, 1985), 66, 引自 1611 年一部不知名的词典。

[4] Ibid., 57; Arendt, *On Revolution*, 35.

[5] Reinhart Koselleck, *Futures Past: On the Semantics of Historical Time*, trans. Keith Tribe (Cambridge, MA: MIT Press, 1985), 44.

(renascita)。[1] 在这一点上，Revolution 已经是用来表明循环回归到原初的另外一个词了，它从恩培多克勒开始已经采用了不同的形式。因而它被应用在周期性、循环性发生的所有事物，尤其是国家命运上，后者总是被看成是天命车轮的不断旋转。[2] 当然，这些丰富的用法在于反对变化原理的可能性，即认为历史的循环过程之中不会产生任何新事物。历史上地图的特殊变化总是周期性的和重复性的。[3]

政权的剧烈变动和内战，在古代和其他时候都是很普通的，但是这些都不叫革命；它们也没有给现代语境中的革命提供任何特征，以便把普通的政权倒台和革命进行区分。希腊人所用的这类概念有：运动（Metabole）以及把简单变化和循环概念联系在一起的制度的循环（Metabole Politeion）、政治变化的运动(Anakylosis)。[4] 罗马人习惯用旋转、循环、变化（Conversio）表示重新发生的在政治阶段的循环。[5] 在罗马史中有明显的例子，其造反的目标被描述为新事物（Res Novae），但是这种造反中所期盼的新事物并不是像新的权利或者新的政府结构那样，后者是经典意义上的现代革命所要求的目标。[6]

然而，甚至这些也经常被合理地化为重建或者回归的概念。议

[1] Martin Malia, *History's Locomotives: Revolutions and the Making of the Modern World* (New Haven, CT: Yale University Press, 2006), 289.

[2] Cohen, *Revolution in Science*, 55.

[3] Koselleck, *Futures Past*, 41.

[4] M. I. Finley, "Revolution in Antiquity," in Porter and Teich, *Revolution and History*, 50; Cohen, *Revolution in Science*, 54-55; Malia, *History's Locomotives*, 299-300.

[5] Cohen, *Revolution in Science*, 55.

[6] Finley, "Revolution in Antiquity," 49-50; Cohen, *Revolution in Science*, 178-179.

会对皇室“特权”的反对引发了英国内战，之后又通过君主立宪制的革新，使得被“古代制度”造成的损伤得到了修复。[1]1688 年的“光荣革命”甚至被定义为保守的革命，但它成为了后来的英国历史学家和政治家的骄傲，因为这场革命造成的变化是如此之小。[2]这种革命模式对美国革命的影响也非常大。殖民地人民在一开始就把自己的反抗行动描述为是对人权的保障，是 1688 年英国式的人权在美国的重建。[3]甚至像托马斯·潘恩那样的激进者也把法国革命和美国革命描写得史无前例，把这两场革命定义为“对事物自然秩序的一次革新”的成功。[4]

潘恩的说法认为革命概念脱离了不断重复的循环状态，首次表明了一些全新的东西，把自己变成一次真正的革新。在“革命”一词的这种含义中，体系通过循环重新回归到了出发点，不是得到了旧事物，而是使得新事物重生了。这种悖论式的创新模式的回归是依然是遵照以往的宗教改革模式，它实际上提供了一个原型，甚至可能早在中世纪的时候就激起了一场反抗。从历史上看，欧洲政治革命开始于宗教和异端的分裂，1534 年明斯特的再洗礼派革命就是显著的例子。但在历史学家马丁·马利亚看来，“教会的努力改革将产生一个对圣灵降临的千年王国的期望”也是可能的。[5]既然教会至少在理论上致力于这种重建工作，那么它就会

---

[1] Malia, *History's Locomotives*, 144.

[2] Cohen, *Revolution in Science*, 71; Arendt, *On Revolution*, 36.

[3] Malia, *History's Locomotives*, 6; Cohen, *Revolution in Science*, 65, 208; Arendt, *On Revolution*, 37.

[4] From Thomas Paine, The Right of Man; quoted in Cohen, *Revolution in Science*, 11.

[5] Malia, *History's Locomotives*, 4.

把在过去形成的全新人类的理想未来变得正当化了。这个观念在英国内战中体现得尤其明显，它预示了一个新的耶路撒冷，一个新世界里面的新人类，所有这些都在《圣经》中有明确的根据。[1]奥古斯丁把 Revolutio 和 Reformatio 相同的思想在此得到了全面继承，基督教对新事物做出的承诺，再次帮助革命的观念脱离了陈旧的古代，从而焕发出新的生命。

当美国革命的先驱把“时代的新秩序”（Novus Ordo Saeclorum）印在美国国徽上的时候，革命最终代表了一种特殊的、超越于所有原型和先例的新事物。[2]然而，汉娜·阿伦特坚持认为，对于那些保守的革命来说，这不是一个典型的象征，保守革命的意图已经被法国革命者错误地激进化了。她认为，在革命走得比任何人预料的都要远之前，甚至法国革命者也没有思考“如此等等的新事物”。[3]然而这个惊人的革命的确发生了，不可控制的事件进程给了我们一个教训：未来是不可预期的。1789 年法国革命给予革命一种新的意义，即现在向“未知的将来”开放，[4]这主要是因为政治行动的效果似乎本来就是不可知的。激进改革的传统目标，我们所熟悉的对原初权利和自由的创新，被另外一种新事物补充了，先不说内容，它自己本身就是新的。

法国的例子是把革命当作“自然的力量”[5]，但它不像天体力学，事物不会回归到出发点上。在这一过程结束时所期待的新事物具有神

[1] Ibid., 146; Cohen, *Revolution in Science*, 64.
[2] Malia, *History's Locomotives*, 163.
[3] Arendt, *On Revolution*, 37-39.
[4] Koselleck, *Futures Past*, 46.
[5] Malia, *History's Locomotives*, 256.

秘的性质，它既是不可避免的，也是未知的。所有巨大革命都有一些令人不熟悉的东西出现。然而使人不安的是，人们会把革命看做不可抗拒的力量，接受革命就如同给它赋予权威，并把它变成传统，因为传统总是把自己合法化，把自身视作是事物必要的连续性本身。自然力量也不能说是不可抗拒的——它也是不变的，或者至少在18世纪晚期的非相对性的空间中是不变的。因而，把革命视为不仅仅是周期性发生是可能的，只有在革命不再出现中断，而只会永久持续的情况下，革命的周期性才会消失。[1]对于社会主义政治家和哲学家皮埃尔-约瑟夫·蒲鲁东来说，只有一种革命，“完全相同的或永久的”革命。[2]但这似乎意味着重复过去，革命已经获得了过去的很多特征，需要扔掉那已知事物的持续性，从而确立未知事物的持续性。

无论如何，革命永远不是部分的革命，甚至在最早的革命观念中，它都是总体的变化。永久革命的观念把它的逻辑伸展到一切时代，因而革命的变化不再是一时的，而是占据了历史的整个过程。说到极致，革命的创新性似乎是对巴门尼德存在概念的完全翻转。革命把所有空间和时间完全结合为一个单一的整体，它用了巴门尼德整体宇宙的所有特征，确立了一个绝对的东西，但是用变化代替了不变性。阿伦特认为，18世纪的革命运动实际上是有意识地把他们的创新放在一个绝对的词汇之中，从而更为有效地填补由绝对君主制消失所造成的空白。[3]尽管如此，革命失去了其旧有的周期性重复的特征，变成了任意的、必需的、即刻的，这不像自然发生

---

[1] Cohen, *Revolution in Science*, 274.

[2] Pierre-Joseph Proudhon, quoted in Arendt, *On Revolution*, 44.

[3] Ibid., 207.

的事情，而更像是一个先验的真理。

通常用革命一词来描述一个突然发生的变化，如果每个发生的事物都是总体的永久革命进程中的一部分的话，这种用法或许不是误用。新闻业对这个词的滥用肯定是来自于现代社会天天发生的扰攘不休的特质。创新的模式来自于、并且支持了这种假设，这种创新模式是特有的，并且也仍然没有改变这个熟知的基本事实：万物皆变。新东西不再需要回归，因为它永远不会离开。像巴门尼德把存在比喻为一个大圆球一样，它不旋转，也不移动：它没有空间摆脱自身，也没有空间供它进入。

科学革命

在早期，革命一词的滥用导致了它即使遭到批评和怀疑，也被一直使用。很多学术性的用法，例如工业革命，都已经经历了繁殖、扩张、降级、消散的全过程，但是依然在普通用语和学院之中存在。[1]“科学革命”这个词甚至包含更为多样的用法，这个词汇可能要晚到 1939 年才出现，而且已经承载了坏名声。很多学术上的不信任已经聚集在革命一词所描述的生动画面之上，这种不信任似乎已经带来了同样的起义部队，它集合了行动者、原则和实践，并用了很长时间传播。[2]一些历史学家认为科学不仅不会、而且也不可

[1] Cohen, *Revolution in Science*, 262-269.

[2] 例如 Katharine Park and Lorraine Daston, “Introduction: The Age of the New,” in *The Cambridge History of Science: Early Modern Science*, ed. Katharine Park and Lorraine Daston (Cambridge: Cambridge University Press, 2006), 12-13.

能挑起革命，因为科学是逐渐积累式地增长，它尽可能地保存智慧。科学史家 I. B. 科恩发现，科学家广泛地持有这种信念。[1]然而，即使我们从历史上抹去科学革命，历史研究的对象依然会占据同样的知识空间，那么被历史学家和科学社会学家斯蒂文·夏平嘲笑的不一致性就会出现：“没有发生过科学革命这样的事，这是一本关于科学革命的书”。[2]

出现这种困难的一部分原因肯定是革命这个词语中蕴含的奇特历史，随着时间的流逝，它几乎和原始的意义完全相反。第一位把自己的发现描述为一次现代意义革命的科学家是安东·拉瓦锡，他的工作发生在美国革命和法国革命之间，这很难说是巧合。[3]科恩发现，在比 18 世纪更早些的时候，便有把知识发现看作是现代革命的例子：1720 年，丰特内尔把微积分的发现称为革命；1747 年，克莱罗把牛顿的发现称为革命；1751 年，达朗贝尔把笛卡尔的发现称为革命。[4]换言之，革命这个词在第一次被用于科学进步时，就把革命的意义由循环和重复变成了突然的剧变。革命概念未确定的本性在丰特内尔那里体现出来，即使他明确地认为微积分代表着一个超越过去的、不可逆的数学进步，他还是把它称为一种“一个又一个不断连续的帝国、道德、习俗和信仰的兴起和衰落”。[5]革命这个术语在过去用于描述周期性的回归，现在它的意义恰恰延伸到了反面。

---

[1] Cohen, *Revolution in Science*, 22, 277-278, 380, 574.

[2] Stephen Shapin, *The Scientific Revolution* (Chicago: University of Chicago Press, 1996), 1.

[3] Cohen, *Revolution in Science*, 230.

[4] Ibid., 158, 214-216.

[5] Ibid., 216.

甚至在18世纪，革命概念还是足够灵活的，可以覆盖各种可能的意义：完全的、不可逆的剧变，以及过去事物的重复性回归。这种强力结合的一个有影响的例子正是弗兰西斯·培根所用的“复兴”，他用了一个笨重的词汇“复兴”（Instauration）来拥护当下的回归和革新。培根骄傲地把圣经当作他的榜样，把复兴和改革的工作相比较，他捍卫科学研究，把它作为对上帝创世的模仿和重现。[1]按照这种解释，科学揭示了原创的新事物被它的第一个创造者塞进自然，正如教会也在上帝创世的影响范围之内一样。培根的观念是，人类能发现原创性的、像伊甸园一样的自然知识，并且能以此掌控自然，这些力量在17世纪和18世纪得到了广泛传播，也给了科学革命宗教般的合法性和传统上类似于天命循环般的性质。[2]科学和宗教一样，其回归起源包括了一个新的开始，它能够重新获得原始意义上的创新性。

一旦科学进步被设想为革命，那么它就会涵盖复兴和改良这些词所包含的意义，这些模式就会有意识地作为权威性的例子被用在科学上。[3]似乎通过重新发明轮子，科学革命就重新发现新事物的模糊含义。从培根以来，事物一旦被称为新的、原创性的，就会意味着否认古代的权威，从而开启新事物自己的权威。[4]如果有科学

---

[1] Charles Whitney, *Francis Bacon and Modernity* (New Haven, CT: Yale University Press, 1986), 15, 31, 110.

[2] Shapin, *The Scientific Revolution*, 139. See also Roy Porter, “The Scientific Revolution: A Spoke in the Wheel?” in Porter and Teich, *Revolution and History*, 299.

[3] 因为特别的吸引力把新科学和文艺复兴和宗教改革联系在一起，见 Theo Verbeek, “Tradition and Novelty: Descartes and Some Cartesians,” in *The Rise of Modern Philosophy*, ed. Tom Sorell (Oxford: Clarendon Press, 1993), 184-185.

[4] Whitney, *Francis Bacon and Modernity*, 95.

革命，它需要打倒的权威形象当然是亚里士多德，因为对自然世界的系统理解总是在亚里士多德的权威地位之上开始的。现代科学家主张使用观察和实验方法，而不再请教古老的书卷，这些书仅仅是在重复亚里士多德时代说过的话。[1]拥有对自然的原初关系则意味着对全新的、原初的自然拥有洞察力。

伽利略时代和达尔文时代之间的科学实践是否遵从这个原则，是科学史上最基本的争论之一。从康德以来，在先行于经验并解释经验的基本世界观上，科学中的革命性飞跃经常被定义为戏剧性的转变。[2]这种转变是激烈的和整体性的，因为它们包括完整的概念体系，而不仅仅是实践经验的堆积。从哲学家亚历山大·柯瓦雷一直到物理学家、历史学家、科学哲学家托马斯·库恩，这种科学革命的观点最终和一个人改信宗教的意义是一样的，这需要对概念进行整体的、激烈的重新定位，库恩把它比作“神经重组”。[3]虽然观察和实验显然包括在科学中，但是在经验实证意义上的变化不能来自于证据本身，必须从外部引入。新的事实不能使新的概念范式出现，但是在它们被作为事实完全接受之前，需要新范式的支持。[4]

库恩的理论破坏了启蒙科学把传统权威变为“对自然界的本真

---

[1] Julian Martin, “Francis Bacon, Authority, and the Moderns,” in Sorell, *Rise of Modern Philosophy*, 74; Cohen, *Revolution in Science*, 142.

[2] 科恩用了很少几页来表示康德并未在科学上提倡或认定一场“哥白尼式的革命”，虽然他自己倾向于一场完全的革命（*Revolution in Science*, 247）. See also Whitney, *Francis Bacon and Modernity*, 101.

[3] Thomas S. Kuhn, *The Stucture of Scientific Revolution*, 4th ed. (Chicago: University of Chicago Press, 2012), 203.

[4] Ibid., 53.

关系”的主张。在其自己的修辞中，科学革命的模式正好是由之前的革命和复兴确立起来的，它把诉诸自然和诉诸权威加以混合，把对创新的要求和要固守传统的要求加以混合。亚里士多德似乎居于现代科学家和自然之间，这不是因为自然站在周围让现代人看见，而是因为自然在人类历史的开端处，在其最纯粹的状态之中存在着，在那里，关于自然的权威研究要远远优先于希腊人的研究。这样，一个人要是认为向亚里士多德和盖伦致敬会防止建立在圣经基础之上的真正基督教科学哲学的发展，那么这也是很平常的事情。[1]伽利略自己就诉诸所罗门和摩西的权威性，认为他们“完美地知道宇宙的构成”。[2]

一些在表面上对权威的尊敬也许是策略性的，如保卫日心说的人会追溯到苏格拉底之前的时代。[3]对亚里士多德的攻击有时也会有所缓和，他们转而把所有错误都归于后来的注释者以及早期逍遥学派的诡辩家，这就正如亚里士多德自己有时也被谴责为曲解了早期希腊哲学。[4]但是其中的一些人诉诸更早的、更纯粹的科学权威，是基于真诚的信念，认为古代权威更接近自然，因而能更为透彻地理解自然。正如培根所说，既然科学“从其创始者手中得到滋养”，后来的研究

---

[1] Daniel Garber, “Physics and Foundations,” in Park and Daston, *The Cambridge History of Science: Early Modern Science*, 31.

[2] Shapin, *The Scientific Revolution*, 74.

[3] John Henry, The Scientific Revolution and the Origins of Modern Science, 2nd ed. (London: Palgrave, 2002), 17; Shapin, *The Scientific Revolution*, 67.

[4] Peter Alexander, *Ideas, Qualities and Corpuscles: Locke and Boyle on the External World* (Cambridge: Cambridge University Press, 1985), 50, 53; David C. Lindberg, “Conceptions of the Scientific Revolution,” in *Reappraisals of the Scientific Revolution*, ed. David C. Lindberg and Robert S. Westman (Cambridge: Cambridge University Press, 1990), 2.

者的目的就是去除几百年来积累的错误，从而重新获得早期权威的真正创新性。[1] 甚至勒内·笛卡尔本来也热衷于展示自己的创新，也把他的几何方法追溯到亚历山大时代的数学家，有时也并不宣称自己提出了新观念，而是强调他复活了“所有最为古老的东西”。[2]

如果按照其早期意义来理解革命，即将其理解为回归原创性，那么科学革命的概念就会更容易捍卫。在旧意义上的革命并不否认重新创造权威。其革新计划是无止境的，不是因为新的东西总是不同的，总是在时间上保持先进的，而是因为原创的真理会逐渐消失在一层层的晦涩和无知之下。直到最近，科学还会服从这种被定义了的模式，因为它宣称其发现无非是揭开了一部分自然的面纱，而自然的秘密总是一直存在，人们对它们总是无知的。虽然自然在尺度和可分性上都是无限的，它总是有更多的秘密有待于被发现，但是如果假设被科学揭露的东西总能被人注意的话，也很难说科学总是会发现新东西。但是在现代科学的初期阶段，这并不是创新行为的唯一模式，当科学能够进行发明和发现新东西的时候，那么想象新事物的方法甚至到现在也是可用的。

新科学和古代原子论

如果像培根和笛卡尔这样重要的现代科学支持者都把其发

---

[1] Shapin, *The Scientific Revolution*, 75.

[2] John Cottingham, “Cartesian Metaphysics, Modern Philosophy,” in Sorell, *Rise of Modern Philosophy*, 147.

现描述为是过去失掉了的原初创新性的复兴，那么似乎随着“科学革命”的出现，“新时代”的共同标签就应该停止使用，就应该对下列名著的自夸表示怀疑：威廉·吉尔伯特的《新生理学》(1600)，开普勒的《新天文学》(1609)，培根的《新工具》(1620)，伽利略的《两种新科学》(1638)，罗伯特·波义耳的《新实验》(1660，1665，1682)，以及弗兰西斯科·帕特里齐写的明显是野心勃勃的《宇宙的新哲学》(1591)。[1]那么培根又是如何做出这样毫不含糊的声明呢？——“科学真正合法的目标无非是人类天生具有做出新发现的能力和力量”[2]。当然，重新把事先预定的能力赋予人，也不算是难事。例如，培根也曾非难过“关于创新的极端……欲望”。[3]但是这却很难完全消除新天体和新大陆被发现，新发明被使用而聚集。

另一个术语“新科学”也常用来描述这些发展，它并不比“科学革命”更可取一些，只是比后者多了一点点的谦虚；它也基于一种不同的创新模式。革命意味着精确的、整体的，甚至是激烈的变化，新科学是一种重复的、逐渐的进步。从康德到库恩，革命的隐喻被轻描淡写地用来描述经验科学，而“新科学”则被理解为经验方法和标准的第一次明确构想。在这个意义上，革命是激烈的，它包括观念和理想的变化，新科学的进步则依靠由实践产生的发现和发明。然而，这两个模式的一个共性就是它们都是旧的。科学革命

---

[1] 关于帕特里齐，见 Ann Blair, “Natural Philosophy, ” in Park and Daston, *The Cambridge History of Science: Early Modern Science*, 376-377.

[2] Francis Bacon, *Novum Organum*; quoted in Cohen, *Revolution in Science*, 150.

[3] Francis Bacon, *New Organon*; quoted in Lindberg, “Conceptions of the Scientific Revolution,” 4.

属于回到恩培多克勒和柏拉图式的循环的一系列运动之中的一个运动，新科学也是伊壁鸠鲁派的机械原子论的明显回归。科学革命最重要的结果之一是，它是一个完全不同于革命模式的创新模式，这正如它又回到了亚里士多德的作品之上。

虽然新科学是启蒙哲学家区分现代和黑暗过去的主要特征之一，但它还是追溯了那些有影响力的先驱。例如，哲学家和数学家尼古拉斯·德·孔多塞把现代科学的开端定为失传了许多世纪的毕达哥拉斯的数学以及希腊原子论者的机械论哲学。[1]这样，新科学的两个最重要的结构性革新都已经追溯到了遥远的先驱那里。随着方程的一般理论的确立，17 世纪的数学成为整个新技术的模板和先驱；用社会学家兰道尔·柯林斯的话说，它是“一部制造发现的机器”。[2]虽然数学模型是面对未来的，但它仍然要到毕达哥拉斯或者柏拉图那里去寻找合法性，他们的哲学用来证实这样一个信念：数学实际上是宇宙的母语。[3]

如柯林斯所说，如果数学是机器，那么宇宙自身的本性也就是机械性的。这当然正是从伽利略到莱布尼茨的科学家的新意见，他们的意图是否定亚里士多德的目的论，换上一套数学的法则。[4]虽然他们的主张被科学结果所支持——这一系列著名的实验，从伽利略的斜面实验到波义耳的真空泵，它们的发生经常是戏剧性的——

---

[1] Ibid., 8.

[2] Randall Collins, *The Sociology of Philosophies: A Global Theory of Intellectual Change* (Cambridge, MA: Belknap Press of Harvard University Press, 1998), 849. See also Garber, “Physics and Foundations,” 45.

[3] Shapin, *The Scientific Revolution*, 58.

[4] Ibid., 30, 36. 见如下讨论：Collins, *The Sociology of Philosophies*, 536.

它们的权威化也会通过诉诸古人的办法，机械论哲学被认为是古人发明的。卢克莱修的《物性论》在1417年被重新发现，按照怀特海的说法，在18世纪“每个受教育的人都读卢克莱修，思考着关于原子的观念”。[1]不管是否有夸张的成分，被伊壁鸠鲁所接受，并出现在卢克莱修的诗篇中的希腊原子论，始终为在文艺复兴和启蒙运动期间得到发展的科学机械论模型提供了哲学基础和知识背景，它带来了一种非常不同的把新事物概念化的方式。

波义耳倾向于否认自己是一个伊壁鸠鲁主义者，他经常宣称自己从来不读《物性论》。如果是这样，那么他从断片材料中收集的一百多条关于伊壁鸠鲁或卢克莱修的注释，并将之用在公开发表的著作中，提出的“微粒”哲学就非常类似卢克莱修的原子论。[2]伽利略也尽力避免伊壁鸠鲁主义者的指控，因为人们怀疑他可能在讲授一种无神的快乐主义，这种怀疑是根据他对自然的最小颗粒（Particelle Minimi）的描写，这尤其像是一种原子论。[3]笛卡尔是另一个否认自己受到德谟克利特和伊壁鸠鲁影响的人，也许是因为这样一来，他自己提出的漩涡概念看起来就不那么具有原创性了。[4]甚至皮埃尔·伽桑狄，这个被认为是启蒙时代第一个复兴伊

[1] Blair, “Natural Philosophy,” 375; Alfred North Whitehead, *Science and the Modern World* (New York: Macmillan, 1944), 145.

[2] Catherine Wilson, *Epicureanism at the Origins of Modernity* (Oxford: Clarendon Press, 2008), 227. See also Lynn S. Joy, “Scientific Explanation from Formal Causes to Laws of Nature,” in Park and Daston, *The Cambridge History of Science: Early Modern Science*, 79, and Alexander, *Ideas, Qualities and Corpuscles*, 60-61.

[3] Wilson, *Epicureanism at the Origins of Modernity*, 53. See also Garber, “Physics and Foundations,” 49.

[4] Wilson, *Epicureanism at the Origins of Modernity*, 159.

壁鸠鲁原子论的人，也仔细地调整了它的规则，使得这些规则能够支持那个时代基督教的意志主义。[1]换句话说，伊壁鸠鲁原子论的影响是如此普遍，这使得新科学为其原创性而焦虑。事实上，“新哲学”作为“微粒哲学”的同义词，并不是特别新的事物，这在17世纪是个被广泛承认的悖论。[2]

在文艺复兴和启蒙运动期间的欧洲科学论争集中在伊壁鸠鲁原子论上，这可以沿着其最初的发展来回溯它的历程。基督教相信上帝从虚无中创造世界的能力，这并不使它能更容易地设想其他的进程，或者甚至不能使从无形的质料中创造新事物的过程看上去更有道理。[3]笛卡尔甚至向他的读者保证，机械因果性只是“‘无不能生有’这一公理的一个简单普遍的版本”。[4]在逻辑上，这意味着“没有先在的原因，也就没有结果”，就这样，启蒙被完全武装起来反对任何可能的创新，仿佛从来就没有过任何叫做“新科学”的东西。[5]同样的逻辑原则也适用于物理学，它决定了宇宙中的大量运动都必须是持续不断的，因此在某一点的运动必须被其相反的运动所吸收。[6]其结果便是整块的宇宙被紧紧压在一起，这类似于巴门

[1] Margaret J. Osler, “Ancient, Moderns, and the History of Philosophy: Gassendi’s Epicurean Project,” in Sorell, *Rise of Modern Philosophy*, 129-43.

[2] 威尔逊引用了化学家 Daniel Sennert 的 Epitome naturalis scientiae (1600)，大概意思是“我为原子学说被诽谤为创新而感到惊奇”“所有勤奋的哲学家都知道存在着原子，但都不谈论恩培多克勒、德谟克利特和伊壁鸠鲁”（*Epicureanism at the Origins of Modernity*, 39）.

[3] Ibid., 100.

[4] Descartes, *Discourse on Method*; quoted in Cottingham, “Cartesian Metaphysics, Modern Philosophy,” 156.

[5] Ibid., 165.

[6] Henry, *Scientific Revolution and the Origins of Modern Science*, 72-73.

尼德的存在概念，这种思想在伊萨克·牛顿那里产生了回响，牛顿把宇宙建立在上帝的基础之上，上帝是“永远持续，无处不在；而且，他总是存在于任何地方……形成了持续的时间和空间”。[1]

在连续的逻辑和变化的事实之间进行调解的许多方法之中，新科学的参与者更喜欢原子论，一部分是因为它被亚里士多德批评，科学家们希望亚里士多德的经院哲学传人离开权威，一部分是因为原子论是机械论哲学的先驱。正如培根解释原子论保持了连续性和一致性，这也是最基本粒子唯一真实的特性；原子论考虑到多样性和变化是其特性附带的现象，它仅仅是来自于感官的影响。[2]洛克随后做了同样的区分，一方面是其质料的微粒性的下层结构，即真实本质，另一方面是被观察到的现象的性质，这构成了事物的名义本质。[3]

这两者之间，波义耳、笛卡尔、伽利略、伽桑狄和牛顿发展了微粒哲学和原子论哲学，他们引用了一些最为明显的例子。波义耳的微粒是非常非常小的，而且是有限的；伽利略的微粒则是无限小的；[4]笛卡尔也相信物质是无限可分的；但是伽桑狄不同意这一点；[5]牛顿则不主张推断一些不可见的实体，他有些含糊地认为“上帝在创世时所造的物质是固体的、有质量的、坚硬的、不可穿透的、可移动的微粒，这种微粒具有尺寸、形状和一些属性，

---

[1] Issac Newton, *Principia Mathematica* (1713); quoted in Garber, “Physics and Foundations,” 55.

[2] Wilson, *Epicureanism at the Origins of Modernity*, 53.

[3] Garber, “Physics and Foundations,” 24.

[4] Ibid., 49; Alexander, *Ideas, Qualities and Corpuscles*, 62; Wilson, *Epicureanism at the Origins of Modernity*, 55, 244-245.

[5] Garber, “Physics and Foundations,” 48; Blair, “Natural Philosophy,” 396; Shapin, *The Scientific Revolution*, 47.

并占有与之相称的空间，它们中的大多数会达到上帝创造它们的目的”。[1]这就灵巧地避开了所有剧烈争论的焦点，尤其是关于真空的存在问题，不相信真空存在使得笛卡尔和大多数同时代人相对立。

这当然不是些琐碎的意见分歧，一些人所说的微粒，尤其是笛卡尔的微粒，与其他人和希腊思想模型中的微粒截然不同。但是就像机械变化一样，所有微粒和原子都分享着基本的属性，即它们能通过重新组合来组成新事物。原子自身既不能被创造，也不能被毁灭，掌控它们组合的手段和形式的法则也是固定的；但是在这个限制之内，整个系统便造成了所有事物在现象世界的出现和消失。正如波义耳所说：

> 并非真的有实体性的东西产生，而是那些物质部分的确在物质产生之前就已经存在了，它们要么分散开来，被其他物体共享；要么就是被转移了，这些部分现在聚集在一起，以必备的方式给物体定名，并把它们变成新的种类，使之属于自然物体的一个确定物种，因而便没有新的实体生成，而只有预先存在的事物获得了一个新的改变或者新的存在方式。[2]

对波义耳和培根来说，可感事物获得其特点是由于它们不同的“质地”，也就是原子的不同结构和模式，并以此来维持它们和其他事物

[1] Issac Newton, *Opticks*, ed. I. B. Cohen, 4th ed. (New York: Dover, 1952), 400; quoted in Wilson, *Epicureanism at the Origins of Modernity*, 32.

[2] Robert Boyle, *The Origin of Forms and Qualities*; quoted in Alexander, *Ideas, Qualities and Corpuscles*, 83.

的不同。[1]

原子论的复兴形式和原始形式一样，在解释事物如何形成上都有优势，它把永恒的、一致的实在和无限的球形团块结合起来。实际上，它非常好地解释了事物的区分，也解释了事物是如何变得多样化的，以及新事物是如何看起来是永不枯竭的。波义耳跟随卢克莱修认为世界的完全多样性只能解释为是由于其内在的相对特性，物体的多样性导致了性质的多样性，这种多样性是通过各种新关系的无限增加而得到的。[2]既然很小数量的微粒就能够产生出指数级别的关系的增加，一个巨大的漂浮着微粒的海洋则可以酿造整个世界所需要的新事物，并且在足够长的时间内能使创造活动持续下去。

作为一个关于宇宙实在的理论模型，原子论有许多结果使得新事物性更容易被合理化。从正面来说，至少新的科学家关注了它，它废除了所有亚里士多德的旧范畴，包括所有的原因概念，尤其是目的因，笨拙的形式和质料概念，尤其是纯质料概念。[3]这不是说微粒主义必然和亚里士多德相悖，亚里士多德认为质料分为4个基本形式，并使得关于宇宙实在是组合而成的观点成为可能。[4]但是原子论清除了大量中间步骤和明显形而上学性的实体，留下了纯粹物质性的基本粒子作为基础，这些粒子受纯粹机械的联系法则支配。即使微粒自身不能被观察到，这也招致了一些表面上来自经验主义

[1] Ibid., 60-61; Wilson, *Epicureanism at the Origins of Modernity*, 22-23.

[2] Wilson, *Epicureanism at the Origins of Modernity*, 59-60.

[3] Joy, "Scientific Explanation from Formal Causes to Laws of Nature," 71.

[4] Garber, "Physics and Foundations," 51; Blair, "Natural Philosophy," 396; Henry, *Scientific Revolution and the Origins of Modern Science*, 70.

的体系的非议，但是微粒之间的关系确实非常清楚的，其可以用数学来描述。实际上，原子的本性只能用量化的术语加以研究，作为关系的总和，这对基于由高等数学新发展上的科学来说更是有利。

旧式的伊壁鸠鲁原子论带给新科学的最重大的弱点是基本粒子的关系和结合方式具有随机性。无限的变化实际上似乎更容易在伊壁鸠鲁的基础上、而不是在像人的眼睛这样的具有单一实用结构的事物的基础上被合理化，因为纯粹的偶然性的自动偏斜很难解释像眼睛这样的根据地球生物条件进行的精确调整。伊壁鸠鲁主义的批评者，从亚里士多德到功利主义哲学家威廉·培里（Willam Paley），都注意到了这个弱点，这在某种意义上释放了原子理论的最大能量，于是便可用其来解释变化的能力以及容纳创新的能力，从而来弥补这个弱点。[1] 另一方面，伽桑狄被伊壁鸠鲁原子论吸引，是因为它包含了 Clinamen，即原子的自动偏斜，他感到这些微小的变化中所包含的纯粹随机性实际上取消了自由意志的运动，因而完全成为一种决定论。[2] 根据上述每一个优点，原子论最有特色的观点——原子的相互结合关系产生了新事物——似乎都是最容易受攻击的。

明显的解决办法就在手边。例如，随机的微粒雨和自然的有序结构之间的巨大鸿沟可以被神的力量填平。对波义耳和与其同时代的其他大多数科学家来说，物质能从所有随机的、可用的形态中形成一个最有用的形态，这就是上帝存在的强有力的证明。[3] 用同

---

[1] Wilson, *Epicureanism at the Origins of Modernity*, 83, 107; Elliott Sober, *Evidence and Evolution: The Logic behind the Science* (Cambridge: Cambridge University Press, 2008), 122-25.

[2] Osler, "Ancient, Moderns, and the History of Philosophy," 140-142.

[3] Shapin, *The Scientific Revolution*, 143.

样的还原法则，即从微粒之中派生出微粒之间的关系，这也是可能的，这就会有望轮流进入很少的范畴之中。卢克莱修自己试着提出疑问，随机结合的原子永远不能通过不同的形态把其收集在自然结构之中，比如网络或水晶。他也讲过，确定的法则把原子约束在确定的形状之中。[1] 在这里，他仅仅从观察角度出发，注意动物趋向于繁殖自身，而不是真正尝试为这种规则补充任何理由。

然而对一些新科学家说来，似乎有理由设想，如果物质只是由少量基本单元构成，它们的运动也就应该遵循一些固定的模式。例如，笛卡尔认为微粒的排列与运动和它们的形状与尺寸一样，都是一成不变的。[2] 当科学开始为宏观物体运动确立规则，当这些规则会自始至终起作用时，看上去就会容易理解了，因此最小微粒的运动实际上不是随机的，而是遵循着不变的自然法则。当然，这些法则是普遍的，它们很难解释更小结构的特殊的有机体的存在，就像眼睛那样——但是，想到存在这些法则，尤其是它们的存在似乎意味着有一个神圣的立法者，这是一个重要的安慰。[3] 卢克莱修的偶然的宇宙就这样在一个神圣的理由之下被改造了。心灵的习惯会假设物质是被统一打包的，也会把物质设想为以同样的方式存在于时间和运动之中。

原子的重新组合是可理解的，不是随机的，新科学的支持者都通过对这一观念进行证明和解释，展开了包含在古老根源中的

[1] Lucretius, *On the Nature of Things*, trans. Martin Ferguson Smith (Indianapolis: Hackett, 2001), 18; Wilson, *Epicureanism at the Origins of Modernity*, 86-87.

[2] Cohen, *Revolution in Science*, 153-54; Henry, *Scientific Revolution and the Origins of Modern Science*, 71-72.

[3] Wilson, *Epicureanism at the Origins of Modernity*, 98, 226.

旧隐喻。基督教的欧洲长期把自然视为一部书，从帕拉塞尔苏斯以来的科学家已经受到忠告去阅读这部书，而不仅仅是阅读权威的书卷。但是伽利略在说“这部大书，这个宇宙”的时候，他的想法有些不同。传统的自然之书是由许多符号组成的，其意义存在于可见的相似性之中，而伽利略的书则是“用数学语言写成，其字母是三角形、圆形和其他几何形状”。[1]这其中的基础无非是一个声明，即自然中的每一个事物都可以被测量，都可以被数字表示，伽利略的陈述也声称数学就完全具有代表性——基本的几何图形，如柏拉图的三角形，是建设宇宙最基本的砖块。在这个意义上，“用数学语言写成”也就是新事物根据数学原理，以几何形式被创造。

在伽利略的例子中，字母隐喻其实是一种幻想，“读宇宙之书”在科学的意义上不仅仅是读，因为这不是简单地将图表解码，而是从偶然的现象中逐渐区分出本质性的结构。然而，同一个科学原则的许多其他表述都似乎同样是字母式的。当培根谈论“自然的ABC”时，他谈论的不是中世纪所熟悉的占星学意义的符号，而是“简单的自然”，[2]即自然最基本的建筑之砖，只有在不能继续分解为更基本的单元的时候，它们才类似于字母。但是把字母看作是建筑的基本砖块的例子，这种看法也是很传统的，因为它们在柏拉图时代的欧洲哲学中，就已经被如此看待了。新科学发现卢克莱修第一次使用这个隐喻的理由，因为这个隐喻可以帮助解释伊壁鸠鲁原

[1] Galieo, quoted in Shapin, *The Scientific Revolution*, 69; Cohen, *Revolution in Science*, 140.

[2] Francis Bacon, *Novum Organum*; quoted in Whitney, *Francis Bacon and Modernity*, 107.

子论最重大的弱点。

例如，波义耳明确地用字母表的类比来证明少数的单一微粒是根据一些固定原则组合起来的，它可以生成巨大而复杂的事物，如同“用世界各国文字写成的所有书”。[1]这个隐喻之所以有吸引力，不仅仅是因为它看起来承诺了无限的变化和无穷的创新性，而且是因为它假设了每一个例子不管多么新颖、多么变化多端，它们都是清晰的。中世纪的自然之书吸引研究者是因为它的意义有一部分是隐藏着的；它必须被解读。字母隐喻的新形式重新向科学家证明自然是可以理解的，它可以被解读。这种可理解性也就意味着自然事物的发生不是偶然的——按照格特弗里德·莱布尼茨的说法，只是“自然的图书馆是原子在某一天偶然聚集在一起形成的”。[2]虽然莱布尼茨用这个类比反对把伊壁鸠鲁主义当成纯粹随机性的东西，他自己还是原子组合论的最大支持者：他设想了一个来自所有已知的、包罗万有知识的“人类思想的字母表”。[3]他的雄心也解释了字母表隐喻的另一个优势：传授现实可以被理解的这样一本书也应该写出来。

语言作为一个组合而成的系统，似乎为创新的模式提供了一个权威的原型，否则创新就会被误解为胡言乱语。我们熟悉的事实是，语言可以非常多样，但仍然能提供一些意义，这些意义既是有

[1] Robert Boyle, About the Excellency and Grounds of the Mechanical Hypothesis; quoted in Alexander, *Ideas, Qualities and Corpuscles*, 63.

[2] Gottfried Leibniz, Conversation du marquis de pianese et du pere emery eremite (ca. 1860); quoted in Wilson, *Epicureanism at the Origins of Modernity*, 102.

[3] Ian Hacking, The Emergence of Probablility, 2nd ed. (Cambridge: Cambridge University Press, 2006), 89.

秩序的，也是成体系的，尽管这个体系可能缺乏明显的目的，只是机械的组合。或许语言的类比也能帮助我们充分发挥原子论其他特征的优势，否则原子论带有的明显缺陷就会暴露。虽然这对于培根、波义耳或者笛卡尔来说，提出全新的科学计划是一件带有挑战性和令人兴奋的工作，但是一旦这个工作像上了发条一样继续下去，所有未来的新思想或新发现都会变成不断增加的或者添加的东西。把科学建立在可靠的基础上，意味着未来的革命不是必要的或者可能的，不管其用了多少术语。所有科学都将成为库恩所说的——他试图隐藏这种降尊纡贵的口气——“常规科学”，也就是在其范式之内很平常地不断增加材料。正如语言被限定于满足交流之需要，它总是在熟悉的参数内缓慢地发生变化，但是要保持它的主要优势，它就必然是具有社交性的。组合创新的模式所承诺的逐渐的、机械的增长和变化，远远比革命更加适合社会需要，它在语言中找到了恰当的权威原型，它是集体创造的、在公共领域中得以维持的、由多数微小变化累积而成的改变。

但是，这种语言类比可能对最难的问题，即找到新事物的问题，没有任何帮助。如果新事物是先有的元素的史无前例的组合，那么它会出现在哪里？事物的联系是一个非常难解的哲学问题，因而创新的种类只能内在于这些联系之中，要辨认这种创新性总是有点困难的。[1]所有实践中总会出现这个问题的各种表现形式，比如要在复杂的、社会性的、分散的变化过程中分辨出确切的创新步

[1] Bertrand Russell, *The Problems of Philosophy* (1912; reprint, Oxford: Oxford University Press, 1959), 90.

骤，要在一个互相交叉、形成浓密社会网络的研究工作中，指出那个真正做出新发现的人——必须指出真正的区别。发现和发明是现代社会中创新性出现的两种方式，这已经是彻底的社会现象，发现和发明的特殊时刻、特殊个人都已经成为完美的虚构。[1]这种虚构是必要的，它代表着旧的复兴和改革模式的残余力量，它是精确的、理想的、整体的，而组合模式则是渐进的和经验的。虽然库恩在常规科学和科学革命之间做出了严格区分，但他也承认常规科学可以从日常的例行公事中产生革命性的成果。自然的行为方式是通过不断增加的重复来产生根本性的新事物。从日常事务中产生革命，这个观念现在正成为创新模式的基础，这比任何其他的创新模式都更有影响。

[1] Robert Friedel, A Culture of Improvement: Technology and the Western Millennium (Cambridge, MA: MIT Press, 2007).

第三章

达尔文：革新了的新事物

进化创新的问题

当作者试图解释萨拉丁·萨姆查如何变成魔鬼的时候——也就是解释这种有些怪诞的新事物是如何进入《撒旦诗篇》的世界中的时候——穆罕默德·苏富扬求助于“伟大的查尔斯”达尔文，后者在解释变化的问题上比奥维德或卢克莱修这样的古代学者明显具有优势，因为他站在科学这一边。[2]或者更精确地说，苏富扬引用了达尔文对让-巴蒂斯塔·拉马克谨慎接受的观点，后者的环境诱变理论更适合于解释“极端情境下的突变”。[3]苏富扬的学究气使得他女儿轻蔑地翻了翻白眼，拉什迪的叙述者似乎分享了她的怀疑主义——当科学被用来解释奇幻的事情，这种反应并不过分。但是叙述者长时间地期待穆罕默德·苏富扬解释拉马克难解的思想，在《撒旦诗篇》开头中，当新事物的问题被提出来之时，拉马克的思

[2] Salman Rushdie, *The Satanic Verse* (New York: Viking, 1988), 251.
[3] Ibid.

想就被引用了；[1]苏富扬对非传统的进化论的兴趣在书的其他章节也表露出来，书中有几个地方评论了关于间断平衡的争论。在故事进程中，拉什迪不止一次提到进化论，似乎它是现代世界里解释新事物的最好方法，但是进化论已经经过修正，成为了“一个戏剧化的、累积变形的事物……是比进化更多的革命”。[2]

拉什迪对这种关于新事物的进化论的力量的矛盾心理并不比对科学自身的矛盾心理少一点。从进化论一开始成为引发知识革命的主要因素的时候，它就被认为是给世界带来的一种非常根本性的新思想，这个世界的发展在之前因为规范而停滞。根据朱利安·赫胥黎的进化生物学，进化的本质是新的可能性的现实化。[3]达尔文使生物学存在的稳定性发生变化，他给创新性赋予一种物理学的权威，就像以前的地心引力一样，他明显地转变了自然本身的动力。革新成为事物的一种内在趋势，正如女性主义理论家伊丽莎白·格罗兹所说：“生命总是受挑战而征服自身，它会发明新的方法、新的区域、新的策略、新的目标以和自身相区别，它会持续地发明一些用来解决宇宙给它造成的生存问题的方法”。[4]

尽管有了对新事物的承诺，但对进化创新的界定和解释总是能在科学之中引起最具争议的话题。正如进化生物学家阿明·莫泽克（Armin Moczek）在最近的一份报告中说：“事物新特性的起源，就

[1] Ibid., 5

[2] Ibid., 418

[3] John C. Greene, *Science, Ideology, and World View: Essays in the History of Evolutionary Ideas* (Berkeley: University of California Press, 1981), 166.

[4] Elisabeth Grosz, The Nick of Time: Politics, Evolution, and the Untimely(Durharn, NC: Duke University Press, 2004),9.

是使进化生物学更新的力量，实际上，我们对产生创新的基础性机制的理解依然是有限的。”[1]尽管经历了很多年的研究和讨论，进化创新的定义仍然是含糊的；在这个主题上有不断增加的文章、专题讨论会和论文，但这个问题仍然没有得到解决。[2]关于进化创新的形式和本质的学术论争被不断地重新提起、重新研讨，就连拉马克的思想也和过去其他的理论一样已经被彻底否定了，现在又被满怀敬意地重新探讨，这不仅仅在想象的新事物中是如此，在高级研究中更是如此。[3]如果进化不是一个理论，而是一束理论，它带有引起争议的多样性特点，甚至在拉什迪有趣的评论中也是如此，那么这里面有很大的原因是创新这个概念而带来的张力。

《撒旦诗篇》用幻想和讽刺性幽默真正反映了一个重要的难题：创新性和什么相关？因为通常对当代世界而言，而不是仅仅针对穆罕默德·苏富扬而言，进化提供了一个最有影响力的方法来解释新事物。作为一个通用的话题，进化早已经超出了生物学，出现在各种书的标题里，从《法和政治进化的根源》到《广播新闻的进化》。作为一种变化的模型，它被映射到几乎所有分阶段连续发生的事物上。[4]按照字面解释，它被用于一

[1] Armin P. Moczek, “On the Origins of Novelty in Development and Evolution,” *BioEssays* 30(2008): 432-447; 引文来自 p. 432.

[2] Gerd B. Muller, “Epigenetic Innovation,” in *Evolution: The Extended Synthesis*, ed. Massimo Pigliucci and Gerd B. Muller(Cambridge, MA: MIT Press, 2010), 308.

[3] Mary Jane West-Eberhand, *Developmental Plasticity and Evolution*(Oxford: Oxford University Press, 2003),505.

[4] “因而进化是遍及各方面的。银河系、化学元素、宗教、语言以及政治体制全都在进化。” Douglas J. Futuyama, *Evolutionary Biology* (Sunderland, MA: Sinauer, 1979), 7.

切关于人类的病因学解释上，从社会到艺术的意识。[1]在进化过程中，创新的角色仍然是一个谜，甚至对这个领域的专家来说也是如此。当进化论为变化问题提供了一个现代的科学视角，它似乎依然受制于那个最古老的哲学难题："'新'意味着什么？它是否不仅仅止于重新洗牌和重新整理？"[2]如果这仍然是个有意义的问题，那么甚至对最严肃的进化论研究者来讲，新事物又是如何降临世间的呢？

如果不用回答，讨论新事物问题的一种方式是追溯这个问题在进化生物学和进化论发展历程中出现的历史。虽然达尔文理论的一个重要部分，即共同起源的观念，在科学家中被迅速地普遍接受了，但是其主要的变化机制，即自然选择，还是不能解释极端情况下新事物的出现。因此20世纪早期的学术界则成了名副其实的各种替代理论互相竞争的动物园，每种学说都尝试修补达尔文体系中明显的缺陷。20世纪中期新达尔文主义综合挑选了这些主要的理论，但是这个过程遭到了攻击，部分原因是它的一体化使得进化创新从属于变异和适应。因此，解释彻底创新是1859年达尔文的

[1] 例如与文学有关，见 William Flesch, *Comeuppance: Costly Signaling, Altruistic Punishment, and Other Biological Component of Fiction* (Cambridge, MA: Harvard University Press, 2009), and Brian Boyd, *On the Origin of Stories: Evolution, Cognition, and Fiction* (Cambridge, MA: Harvard University Press, 2009). 在1995年首次在德国出版的《作为社会制度的艺术》中，考虑到社会科学，尼克拉斯·卢曼把进化作为一种"未经实验的理论"。这个概念在生物学之外最多用于类比性的意义，卢曼也许是对的，但是这些被列举的工作的存在，意味着他不再独自把进化一词用于生物学之外。Niklas Luhmann, *Art as a Social System*, trans. Eva M. Knodt (Stanford, CA: Stanford University Press, 2000), 214.

[2] Mathew H. Nitecki, ed., *Evolutionary Innovations* (Chicago: University of Chicago Press, 1990), 4.

《物种起源》出版以来，非正统的进化论者的惯用手段。这个争论一直存在则意味着即使是共同的假设，进化科学也不提供单一的、容易使用的创新模型，但是一系列的模型依然争着回答达尔文给现代世界提出的基本问题。

进化的进化

自然界每日都产生并更新偶然的新事物：新的个体、新的部分、新的行为和各种各样的新结果，没有比这件事看起来更为明显的事了。事实上，从所有这些创造性看来，不同寻常的是，可能性的范围实际上是如此之小，而从宇宙的视角看，在自然中的可能性又似乎是如此之多。在某种意义上，生命的真正的奇迹不是其创造性，而是其稳定的一致性。无论如何，这种情况已经延续了许多个世纪，生命的目的主要被认为是维持生命自身。正如亚里士多德所说，“没有什么比一个生命产生另一个相似的生命要更自然的事了，一个动物生成另一个动物，一颗植物生成另一颗植物，就自然的能力而言，它分有了永恒和神圣的事物”。[3] 相似事物生成相似事物这样的例子成为连续性的规范原则，自然靠着维持自身的不变来完成其固有的目的。几千年之后，伊曼努尔·康德复述了同样的论证

[3] Aristotle, *On the Soul*; 转引自 David J. Depew and Bruce H. Weber, *Darwinism Evolving: Systems Dynamics and the Genealogy of Natural Selection* (Cambridge, MA: MIT Press, 1995),37.

“就经验而言，我们所知的所有生成都是同类的生成”。[1]然而这个明显的经验事实也代表了一种逻辑的必然性，因为同类生成也包括对“首先保证有机体统一”这个内在目的的基本违背。如果有机体是统一的整体，那么就不可能出现差异；如果它有一个确定的目的，那么离开这个目的一点点，都是不可能的，或者致命的。

繁殖能力依然是生命定义中最重要的部分，繁殖被理解为“自我复制”，其趋势在于突出连续性。[2]我们很容易看到，为什么有机物的生成和繁殖会成为一些最早的创新模型的根源，这些是基于循环重现的原则。根据这些模型的最简单形式，创新就是繁殖，它基本上就是每个时刻都在复制同样的东西。也很容易看到，为什么对于科学史而言，基本的生物学问题已经提出来了，它不是进化，甚至也不是变异，而是连续。生命体一代一代维持基本形式的不可思议的能力是科学家必须解释的事情。科学家希望发现，自然一次次生成同样的结果，那可靠的复制能力，所有这些事情背后的不同的繁殖策略都依赖什么样的单一的原则或机制。[3]甚至当达尔文改变其研究计划，更多地关注生殖系统产生的变异，而不是单一性时，其基本的语境和许多的假设依然保持一致。这样，起作用的进化创新理论术语首先是被一些带有不同意图的理论使用的。

[1] Immanuel Kant, *Critique of Teleological Judgement* (1790), trans. J. C. Meredith (Oxford: Oxford University Press, 1928), 31; 引自 Michael Ruse, *Defining Darwin: Essays in the History and Philosophy of Evolutionary Biology* (Amherst, NY: Prometheus, 2009), 40.

[2] 此定义是 Depew 和 Weber 提出的：“一个系统是有生命的，当且仅当它是有结构的，其行为才是信息丰富的，并表现为自我复制的、耗散的、自动催化的循环”（*Darwinism Evolving*，467）.

[3] Francois Jacob, *The Logic of Life: A History of Heredity*, trans. Betty E. Spillmann (New York: Pantheon, 1982), 57, 73.

许多世纪以来，对生成的最有影响力的解释都是来自亚里士多德，他认为使一个有机物不同于另一个有机物的正是形式，形成是实际过程的反映，每一个有机物都带有不同的特殊功能。[1]抽象地说，由于它们各自实现各自的功能，这意味着有机物便可以分为种和属。物种不是理想的类型，而是内在的形式，被目的性的过程所维持，在这个过程中，有机体的生存要依靠部分地实现特殊功能，部分地用其他东西来更新自身，而其他东西也做着同样的事情。[2]在亚里士多德那里，这些观念是根据动物胚胎的发育而得到明显的证实，根据他的观察，胚胎发育是由无差别的一团开始，再一部分一部分地出现成年形式的过程。这个过程被众所周知地称为胚胎的渐成说，这个理论在欧洲科学中的成形要归功于医生和解剖学家威廉·哈维，他相信每一个胚胎都是一次重新创造，从最初的一团物质开始，到一个器官一个器官地形成，每个部分都是另一个部分的质料因。[3]这个发育模型，即成年生物是一步一步自己生成的模型，它更接近于现在的创新模型，一般公认这种发育模型就是进化。作为一个高级过程，进化就是每个阶段开始于旧事物，结束于新事物。

---

[1] Olivier Rieppel, "Atomism, Epigenesis, Preformation and Pre-Existence: A Clarification of Terms and Consequence," *Biological Journal of the Linnean Society* 28 (1986): 331-333.

[2] Depew and Weber, *Darwinism Evolving*, 35-42. 关于达尔文对亚里士多德的观点以及二者关系的讨论，见 Allan Gotthelf, "Darwin on Aristotle," *Journal of the History of Biology* 32(1999): 3-30.

[3] Robert J. Richards, The Meaning of Evolution: The Morphological Construction and Ideological Reconstruction of Darwin's Theory (Chicago: University of Chicago Press, 1992), 6-7. See also Rieppel, "Atomism, Epigenesis, Preformation and Pre-Existence," 333-334.

但实际上，这完全不同于生成和发育，亚里士多德完全反对的观点却首先获得了这个名字。[1]

亚里士多德的生成模型正像他的哲学一样是在反对苏格拉底之前的原子论者德谟克利特、留基伯、恩培多克勒的过程中发展起来，这些原子论者首先提出物质在本质上分为独特的实体。[2]对后来欧洲的哲学和生物学来说，这个观念最有影响的版本包含在卢克莱修的《物性论》中。和他诗歌中的原子论物理学相一致，卢克莱修提供了对生成的意见，他认为有机物“在它们的身体内隐藏着许多元素，这些元素以很多方式混合在一起，它们来自于其先祖，并从父亲传到父亲”。[3]这个思想不同于亚里士多德，把有机物和有机物进行区分的元素从时间开端之时就已存在，它们是不变的。生存着的实体的特殊形式是由这些元素随机组合而形成的，所有组合看起来发生于宇宙生命的早期，当存在的条件消除了不能发育的结果，便只剩下现存的事物了。换言之，卢克莱修不相信原始的元素可以重新组合，从而形成新的有机物种。[4]

亚里士多德和卢克莱修就此提出了相互抵触的自然物种一致性

---

[1] 关于预成说和渐成说，有用的哲学讨论对于进化论来讲完全是进退两难，参见 Jason Scott Robert, Embryology, Epigenesis, and Evolution: Taking Development Seriously (Cambridge: Cambridge University Press, 2004), 35-41.

[2] Depew and Weber, *Darwinism Evolving*, 36; Robin Waterfield, The First Philosophers: The Presocratics and Sophists (Oxford: Oxford University Press, 2000), 134.

[3] Lucretius, *On the Nature of Things*, trans. Martin Ferguson Smith (Indianapolis: Hackett, 2001), 133.

[4] Gordon Campbell, *Lucretius on Creation and Evolution: A Commentary on "De Rerum Natura"* Book Five, Lines 772-1104 (Oxford: Oxford University Press, 2003), 58, 98-99, 108.

的理论，反映了二者对有机物生成的物理元素的看法的根本差异。虽然二人都同意生成的本质是复制，同类事物总是生出同类事物，但是他们关于如何产生一致性的争论则导致了后世生物学的根本差别。正如生物学家 E. S. 拉塞尔在他的经典评论的第一页所说，原子论者有把生成当作是在质料上依赖于内在形式上的倾向，他们认为既然它在根本上就是异质的，那么在类型上就可以区分它们了。另一方面，亚里士多德相信靠着每个不同的有机物的必备功能，本来同质的质料被压入我们所见的不同种类之中。[1] 这两种模型，一个强调形式，一个强调功能，前者是原初的进化思想。

17 世纪和 18 世纪的生物科学被当时的原子论所影响，其发展的生成理论主张生成是预先存在的部分的重新组合，它从父辈的身体里抽取这些预先存在的部分传递到子孙中去。[2] 对一些早期的科学家来说，这些部分实际上是形成了的最终器官的缩微复制品。这是恩培多克勒的原创观点，他使得亚里士多德震惊的地方是，小的肢体随机舞动可以组成整个动物躯体。[3] 哲学家尼古拉·马勒伯朗士那个时代的科学家相信事物是这样的："苹果树、苹果和苹果种子是经历了无限或者几乎无限个世纪才出现的，其比例与完美苹果树和苹果树种子的比例是一样的"。[4] 直到自然学家和生物学家卡尔·恩斯特·冯·贝尔在 19 世纪早期进行胚胎学

---

[1] E. S. Russell, *Form and Function: A Contribution to the History of Animal Morphology* (New York: Dutton, 1917), v.

[2] Rieppel, "Atomism, Epigenesis, Preformation and Pre-Existence," 336; Jacob, *Logic of Life*, 73.

[3] Campbell, *Lucretius on Creation and Evolution*, 107.

[4] Nicolas Malebranche, *Recherche de la vérité*；引自 Jacob, *Logic of Life*, 60.

研究的时候，苹果树在自身之内包含无限性的问题还并没有被科学家直接面对，或者是根本不予理会。[1]但是到那个时候，大多数科学家已经开始把预先形成的复制品作为种类的代表。在恩培多克勒之后，希腊原子论者设想有生成能力的微粒能够保留一个模式，它能把形式从父辈传递给子孙；甚至被讽刺为机械预成论者的扬·施旺麦丹也明确地相信种子携带着一种“理性相似物”，它并不是完全成形的微缩体。[2]

无论如何，施旺麦丹的预成论是第一个涉及进化概念的。[3]这个术语从字面上看，似乎是把某些预先缩紧或卷起来的东西完全打开，这适合于生物学家弗朗索瓦·雅各布的理论，按照后者的理论，纸花一旦放进水里也会伸展开来。[4]按照这个过程，不可名状的、微小的、预先存在的复制品可以被压缩、被收集、被转移，然后重新构成一个活的生命。进化生物学家和科学史家斯蒂芬·杰伊·古尔德也设想过，他们这种思想也应该叫做进化论，因为它是“内在论的”，即依靠内在于每个有机体之中的特性和形式，而不是依靠外在于的力量和需要。[5]在这些事例里，进化这个概念所蕴含的东西是新的有机体的展开，直到它成为了预定的尺寸和形状。当然，这样的用法也蕴含着在其最初的最适宜用法中，进化的意义恰恰是在

[1] Russell, *Form and Function*, 114; Peter J. Bowler, *Evolution: The History of an Idea*, rev. ed. (Berkeley: University of California Press, 1989), 57-58.

[2] Campbell, *Lucretius on Creation and Evolution*, 133-34; Richards, *Meaning of Evolution*, 7.

[3] Richards, *Meaning of Evolution*, 7.

[4] Jacob, *Logic of Life*, 57.

[5] Stephen Jay Gould, *The Structure of Evolutionary Theory* (Cambridge, MA: Belknap Press of Harvard University Press, 2002), 160-161.

今天所设想意义的反面，这便是创新性的反题，而不是它的概要。[1]

解释新事物并不是科学的初始问题，因为它不相信创新可能只是一个随机的错误。某些根本不同的事物和组织得特别好的事物被认为是新物种，但这样的事物被认为是特别反常的。正如哲学家和科学史家威廉·惠威尔在1840年描述的常识："在带有创造性能量，并能在其新物种的生成中施加影响的事物所构成的现存秩序之中，找不到新东西"。[2]但是在惠威尔的语气中可以感觉到，常识已经遭致了一些反对意见，创新的问题开始把自己的影响施加到致力于解释连续性的科学之上。当胚胎学家反驳预成说，并且用一个渐进的、更接近于亚里士多德渐成说的模型来代替它的时候，进化这个术语的意义便开始改变。[3]把进化概念拓展到能表明一个大的、包括一个物种而不仅仅是个体的改变过程，它至少能通过胚胎发育和物种发展的类比显示出来。解剖学家乔汉·梅克尔发现，早期哺乳动物的鳃裂能使人想到，个体的有机物经过了漫长的进化过程才可达到其最终形式，即使这并不一定必然表明整个物种都是从遥远的过去经历这些阶段发展而来。这个发现的影响很大。[4]

---

[1] Ernst Mayr, *The Growth of Biological Thought: Diversity, Evolution, and Inheritance* (Cambridge, MA: Harvard University Press, 1982),327.

[2] William Whewell, *The Philosophy of the Inductive Science*; 引自 David J. Depew, "The Rhetoric of the *Origin of Species*," in *The Cambridge Companion to the "Origin of Species*," ed. Michael Ruse and Robert J. Richards (Cambridge: Cambridge University Press, 2009), 241.

[3] Richards, *Meaning of Evolution*, 15.

[4] Ibid., 28, 47; Russell, *Form and Function*, 92; Gregory A. Wray, "Evolution and Development," in *Evolution: The First Four Billion Years*, ed. Michael Ruse and Joseph Travis (Cambridge, MA: Belknap Press of Harvard University Press, 2009), 209-210.

当发现曾经存在、后来灭绝了的物种化石的时候，进化的可能性首先出现在一个颠倒的形式之中。在极其缓慢的过程中，事情的真相给科学施加了压力：17 世纪晚期，人们清楚了化石的确是生物的残留部分而不是某种矿物沉积；19 世纪早期，自然学家乔治·居维叶已经弄清楚了在一些化石中能辨认的物种并不同于现在已知的物种；19 世纪 30 年代，查尔斯·赖尔的《地质学原理》得出的看法是一次或更多次的灾难性洪水造成了物种的灭绝。[1] 这些事实都没有促使人们相信进化。事实上，居维叶把物种灭绝作为有力的论据来反对生物学的适应学说，赖尔使得达尔文很恼火，因为他多年抗拒达尔文的著作。[2] 但是物种在地球上消失的事实揭示了变化的可能性，至少对一些人来说，存在着物种替换的问题。如果创造总是一个完美的整体，既不浪费什么也不缺乏什么，那么旧物种一旦灭绝，就必须有新物种来进行补充。

从旧物种的残留物中可以通过某种方式产生新物种，这种观念在经历了政治革命后，似乎还可以接受。古代原子论者不相信一个物种可以转变为另一种，但是他们相信一个物种可能灭绝，生命世界里的永恒元素经过重新排列能进入后续的物种形式之中。卢克莱修用过类似的隐喻，他认为这是一场接力赛，这个隐喻在柏拉图那里就已经形成传统了，它蕴含着线性的而不是循环的变化，是替换而不是进化。[3] 当居维叶描述灭绝和替换是同一个过程的时候，他

[1] Bowler, *Evolution*, 33-34; Mayr, *Growth of Biological Thought*, 406

[2] Bowler, *Evolution*, 115-116; Jacob, *Logic of Life*, 156; Jean Gayon, "Georges Cuvier," in Ruse and Travis, *Evolution*, 500-501, 699.

[3] Lucretius, *On the Nature of Things*, 37.

用的这个词正是 Revolution。他想到的是一系列连续的灾难性变化，大的剧变尽管改变了地球，使之更类似其早期阶段，可是一些新的演员还扮演着旧的角色。[1] 换言之，他的思想是宇宙论的，而不是政治化的、更多重复的，不是进步的时间线，他像康德一样在晚年使用同样的术语。[2] 但是“自然中的革命”的观念对于政治革命是有吸引力的，尤其是居维叶在法国的对手们，他们很高兴地在自然中找到了他们希望在国家中看到的同样的变化。[3] 进化就这样成为一个完全创新的模型，它并不仅仅是对其语源学意蕴的现实化，即伴随革命意义的一个简单的变化。

达尔文的解决方案

当达尔文出版《物种起源》的时候，甚至像理查德·欧文这样谨慎的科学家都承认“物种起源是动物学问题中的问题；是最高的问题，是我们的原创性学者、最敏锐的动物学思想家以及最成功的概念普及者们不屈不挠追寻的问题”。[4] 虽然欧文用了达尔文的著作题目，但在阿尔弗雷德·拉塞尔·华莱士

[1] Gould, *The Structure of Evolutionary Theory*, 488-89. 布封也用过同样的术语，见 Mayr, *Growth of Biological Thought*, 374.

[2] Ruse, *Defining Darwin*, 41.

[3] Depew and Weber, *Darwinism Evolving*, 34, 45; Pietro Corsi, “Etienne Geoffrey Saint-Hilaire,” in Ruse and Travis, *Evolution*, 607.

[4] Richard Owen, 引自 Gould, *The Structure of Evolutionary Theory*, 327. 关于欧文论物种起源和一般进化的观点概要，参见 Nicolaas A. Rupke, “Richard Owen,” in Ruse and Travis, *Evolution*, 795-798.

同时期的论文中，这个问题表述得更为清晰，这篇论文的题目是《论规定新物种产生的法则》。在达尔文和华莱士之前，生物创新最可能的支持者就是创新活动的根源——造物主。虽然居维叶和赖尔对物种灭绝的方式持不同意见，但他们用了同样的权宜之计来替换灭绝的物种：特创论[1]。[2]居维叶和赖尔也一致反对最著名的不同意见，即拉马克的环境诱变说，后者认为物种的变化是有机物个体适应环境的结果。虽然拉马克主义因为其隐含的革命性，同时既有支持者也有反对者，但它依然能站得住脚跟，因为拉马克相信物种总是以一种持续提升的过程沿着一直向上的方向进化，现代的评论家们喜欢把这个过程比作一架站满了人的自动滚梯。[3]

稳定性问题在很多个世纪里成为了讨论的中心，生物科学也没有太多的理论储备来解释其反面。实际上，对新物种的早期解释一般都是奇迹式的解释，这表明了现代科学在这一点上为创新的有限根源所添加的内容少得可怜，在传统上，创新都是由哲学来解释的。达尔文的杰出贡献在于，他避免了从预先具有的、维持连续性的同一根源里产生新事物的难题。根据科学史家詹妮特·布朗所说，达尔文的藤壶分类研究使他相信，同一物种内的个体变异“是繁殖的自然结果”，它不需要任何特殊的条件，因为同一物种成员

---

[1] 即神创论。——译者注

[2] Depew and Weber, *Darwinism Evolving*, 45. 注意古尔德的谨慎在于居维叶没有说物种的灭绝和更换都是整体的（*Structure of Evolutionary Theory*，483）.

[3] Depew and Weber, *Darwinism Evolving*, 45-47; Gould, *Structure of Evolutionary Theory*, 180.

的差异和相似性一样，都会在常规繁殖的过程中传递下去。[1]即使繁殖是完善的，它依然会趋向于产生变异，因而保持着不断提供的差异。然而，繁殖当然不是完善的，至少对于有性生殖的有机体来说，变异不仅仅是传递，而且是通过增加、组合和重新组合，以此生成和维持着产生新变异的根源。

在这个原则之下，达尔文构造了他的理论，他倾向于把进化叫做“通过自然选择的后代渐变”，[2]他依靠的是人工选择和自然选择的类比。但是他至少不止一次改变了自己的术语，把它叫做“缓慢的、逐渐的修正，是通过遗传和自然选择的修正”，在物种渐变的过程中，他给了遗传平等的地位。[3]正如雅各布说：“进化论把生殖转变为一个机制，同时为其维持稳定的结构和变化的结构负责”。[4]达尔文反对他所说的“物种不变的一般观点”，[5]指出物种的显著变化；他反对把物种变化解释成灾难性事件或者神意的干预，主张微小的物种差异的不断复制和选择会导致足够多的变异，形成大的物种差异。这样，他提出了生物变化的模型，这个长期的维持物种的过程被视为进化转型的关键部分。

[1] Janet Browne, *Charles Darwin: Voyaging* (New York: Knopf, 1995), 512-15.

[2] descent with modification through natural selection，其中 descent with modification 也翻译成“有变化的谱系”等等。——译者注

[3] Charles Darwin, *The Annotated "Origin" : A Facsimile Edition of " On the Origin of Species"* (Cambridge, MA: Harvard University Press, 2009), 312. 这个版本是《物种起源》1859 年版的复制本。这一段见 *The Origin of Species: A Variorum Text*, ed. Morse Peckham(2006; reprint, Philadelphia: University of Pennsylvania Press, 1959)， 在 521 页，很清楚地看到达尔文没有改变他的说法。

[4] Jacob, *Logic of Life*, 190.

[5] Darwin, *Annotated "Origin,"* 312.

对达尔文理论的许多现代评论都指出，它促进了一种对变异的新态度。观察者总是注意一个到显著的事实，一个物种的个体成员在许多方面都有差异，但是这样的变异被认为是非本质的、暂时的，因为每一个真正的大的差异可能会造成个体不能独立生存，或者至少是不能生育。[1]既然变异是被偶然定义的，它也很难在任何特定的方向上积累起来。而且，达尔文保持了很多的传统智慧，他同意变异是偶然的，至少就未来的有机物个体而言是偶然的；但是他并不承认随机性控制了变异，或者使之变得平庸了，他把被自然选择所放大的变异看作是偶然差异的增大，而不是消除，直到有一天，这些变异成为了彻底的创新。

依靠预先存在的特征的随机组合，达尔文这种理论对同时代人来说似乎是过时了的原子论的现代复兴。在达尔文的晚年，他的朋友威廉·奥格勒给他送来一份亚里士多德《论动物的部分》的复印本，并且评论说："我能想象这个老的目的论者左右巡视，对他的后继者没有一点怀疑，他很震惊地找到了德谟克利特，他认为德谟克利特已经被他有效而且持久地压碎了，但是在他发现之前，德谟克利特又复活了"。[2]虽然奥格勒是达尔文的支持者，但是其和原子论的联合还是频繁地被达尔文的挑战者利用，其中就包括牧师J. 迈卡恩博士，达尔文在《人类的由来》一书中引用了他的话："老原子把自己身上的种种印记像遗产似的递交给接替它们而占有它们

[1] Timothy Shanahan, *The Evolution of Darwinism: Selection, Adaptation, and Progress in Evolutionary Biology* (Cambridge: Cambridge University Press, 2004), 21.

[2] William Ogle, 私人信件，1882；引自 Depew and Weber, *Darwinism Evolving*, 43. 关于这封信背景的讨论，见 Gotthelf, "Darwin on Aristotle."

的位置的新原子，这种说法是和感觉相矛盾的，因此，也就是不真实的”。[1]按照迈卡恩的话，达尔文主义经常被认为是卢克莱修的伊壁鸠鲁主义的一个晚近时期的变种，一个影响了欧洲科学的学说总是因为原子偏斜这种意外事件在其中扮演的角色而遭人质疑。正如科学哲学家艾略特·梭伯所说，神学设计论的经典论题总是针对达尔文的，似乎除了下坠的原子的自动偏斜之外便没有别的解释了。[2]

当然不得不说的是，自然选择在达尔文体系中扮演的角色也类似于基本的自然法在启蒙科学中所扮演的角色，它满足了最多人的需求，在古代原子论中，自然把基本元素的随机性的组合带进形式和秩序之中。达尔文以这种方式使机遇和必然性这一对两者必居其一的概念得到了和谐一致，因为变异是随机性的，而从属于必然性的力量，这是由生存条件所决定的。虽然这些原则之间的关系体现在所有对达尔文主义的评论之中，彼此意见不同的科学家如雅克·莫诺、恩斯特·迈尔、斯蒂芬·杰伊·古尔德还是都主张平衡与和谐，[3]但精确地说，达尔文还是把机遇变成了必

---

[1] J. M'Cann, "Anti-Darwinism"；引自 Charles Darwin, *The Descent of Man*(New York: Appleton, 1872), 61. 中文版见达尔文《人类的由来》，潘光旦，等译，商务印书馆，1983 年，第 126 页。

[2] Elliott Sober, *Evidence and Evolution: The Logic Behind the Science* (Cambridge: Cambridge University Press, 2008), 116, 124-25. 以及 Campbell, *Lucretius on Creation and Evolution*, 6, 和 John Beatty, "Reconsidering the Importance of Chance Variation," in Pigliucci and Müller, *Evolution*, 22-24.

[3] Jacques Monod, *Chance and Necessity: An Essay on the Natural Philosophy of Modern Biology*, trans. Austyn Wainhouse (New York: Vintage, 1972), 111-112; Mayr, *The Growth of Biological Thought*, 86, 502; Gould, *The Structure of Evolutionary Theory*, 30,1027. 以及 Jacob, *Logic of Life*, 167，and M. J. S. Hodge, "Natural Selection as a Casual, Empirical, and Probabilistic Theory," in *The Probabilistic Revolution*, ed. Lorenz Krüger, Lorraine J. Daston, and Michael Heidelberger (Cambridge, MA: MIT Press, 1987), 2: 233-270.

然性。阿尔弗雷德·拉塞尔·华莱士对达尔文体系表述了一些基本的看法，他认为变异是“一切有机体的不变的和必然的性质”，而不是像质量这样的物理性质。[1]显然，当随机性成为“不变的和必然的”，那么偶然性就可以说是被降级了，其仅仅成为支配一切的必然性的局部影响。这件事发生在达尔文体系之中，是因为自然选择决定了哪一种变异会传递下去，也决定了哪一种特点能在未来出现。[2]

进化发生了，它维持了不变的种类，也产生了新的物种，这是因为环境的必然性的压力，这种必然性不断地把其结果回馈到变异的可能性空间之中。因为达尔文强调了这种方式中的环境适应能力，因此他经常被认为是一个亚里士多德式的功能主义者，后者相信有机体的形式反映了功能的需要。但是早期的反对者认为他们在达尔文身上看见了希腊原子论的再生，后者也有这样的观点。像卢克莱修一样，达尔文把自然看作是分化了的单元的集合，因此有机体的形式大部分被限制在这些单元可能的组合之中。因为这个原因，达尔文也被认为是一个形式主义者，因为有机体的形状和结构

---

[1] Alfred Russell Wallace, Darwinism (London: Macmillan, 1889), 99; 引自 John, R. G. Turner, “Random Genetic Drift, R. A. Fisher, and the Oxford School of Ecological Genetics,” in Krüger et al., *Probabilistic Revolution*, 2:316.

[2] 达尔文本人拒绝了华莱士把变异看作一种自然的不变性、看作一种“在所有环境下的内在的、必要的偶然性”的观点（*Annotated Origin*, 43; see the *Variorum*, 117-118, 这一段在后来的版本里有点不同），他也拒绝了约瑟夫·胡克的设想，即最好把变异看作是自然的“内在原则”。见 Robert Olby, “Variation and Inheritance,” in Ruse and Richards, *Cambridge Companion to the “Origin of Species*,” 35-36. 但是他也批评之前的科学家拒绝把变异看作是一致性的真正原因，就像自然中的重力一样（Darwin, *Annotated Origin*, 482; *Variorum*, 750）。

并不是完全由功能的压力所决定的，也限于那些特定的形式。[1]

另外一种理解方式是，认为达尔文把解释自然变化的两种不同路线综合在一起，把它们变成一个循环，因此功能性的必然性决定了形式的构成，这就把它变成了由功能所需要的新的集合。这个循环没有成为一个恶性循环，因为功能决不会完全限制那些要传给后代的形式；一些特征对维持生命来说总是中性的。达尔文也打开了这个循环，使之包括许多其他的变化因素，比如性的选择和直接的环境影响。[2]但是达尔文体系本质上的"美"在于它把一对意识形态的对立面变为互相依存的一对，因此形式是遗传功能，它也能够适应特殊的自然环境。把之前的对立面转变为一个循环的是时间，它允许把形式作为功能区分并将之确立起来，当它的形式符合不同的功能需要时，就会发生变化。虽然进化论使人更容易接受物种可以变化的观念，但它自身还是依赖达尔文在历史中思考自然的意图。[3]

达尔文解决了亚里士多德和卢克莱修的旧对立，他也使得两个不同的创新模型和谐统一起来，也第一次在每个模型中都实现了意义重大的改变。像以自然为基础的其他创新模型一样，进化也包括不断的循环重现：整个过程依赖于物种一代一代重新创造自身的必然性。对达尔文来说，虽然生成的循环逃脱了把重新组合的元素再次合并的循环，但是在这其中，特殊的性质和特征从

[1] 参见关于达尔文的对于形式主义和功能主义"两极义务"的讨论，见 Gould, *The Structure of Evolutionary Theory*, 330-332.

[2] Ibid. 254-55.

[3] Ibid. 257-60.

一个包含各种变异的不断变化的仓库里选择出来。[1] 在这里，他召回了旧的原子论和随机重新排列的概念，他的模型有别于另外那些模型的地方是其重复性和回归性。根据从恩培多克勒到卢克莱修的学说，原子的舞蹈只有一次，除非是在确定的特殊环境下，自然的各种形式都是混合在一起的。达尔文把进化看作是重新组合的循环模式，那么创造一种新的创新模型，明显的唯一可能只有把两种旧模型融合在一起。

达尔文创新模型的特殊形式在很大程度上是被其遗产所决定的，达尔文把他在旧模型上引发的变化结合在一起了。因为他把自然看作是微粒状的，总是分为离散的结构、性质和特征，他倾向于把变化看作是零碎的意外。传统的功能主义者，从亚里士多德到居维叶，把每个自然结构都看作彼此精巧地互相调整与适应；1916 年，E. S. 拉塞尔发现，很难原谅达尔文把自然拆散为一些独立的点。[2] 但是对于典型的达尔文主义者来说，这是进化发生的唯一的道路，因为功能性的互相依存使一个部分很难脱离其他部分而单独变化。如果自然不是一个像古尔德所说的“马赛克”，其部分至少是半独立的，那么，它就不会被重新排列。[3] 单元越小（如原子论者认为的那样），重新排列的可能性越大——但是这种情况也意味着变化会是逐渐的、非戏剧性的。

---

[1] 虽然达尔文不同意“未知原因的内在变异性”（Olby, “Variation and Inheritance,” 43）的说法，他还是确信总是存在着“丰富的变异性”可受自然选择的影响（David Kohn, “Darwin’s Keystone: The Principle of Divergence,” in Ruse and Richards, *Cambridge Companion to the “Origin of Species,”* 91）.

[2] Russell, *Form and Function*, 241.

[3] Gould, *Structure of Evolutionary Theory*, 294.

达尔文拥抱了这种必然性，他很高兴地说，对这些“有经验的博物学家”来说，“自然在变化上是十分慷慨的，但是在革新上是十分吝啬的”。[1]不论达尔文如何友好地面对变异和变化，他都不喜欢创新，他回避了这个词，倾向于用同义词“风尚”（Fashion）表示对变化本身的喜爱。[2]这个做法一部分是基于偏爱，因为他是一个传统的人；一部分是基于确信，因为他和赖尔一样倾向于相信自然的变化是连续的、缓慢的，这种变化是由规范的法则持续作用而产生的。[3]这种确信传递给了达尔文主义的后继者，这有助于形成对戏剧性创新的怀疑，似乎后者只有在超自然手段之下才能出现。[4]

按照达尔文的节拍，这样的进化速度是很慢的，这就是它不能被立刻证实的一个原因。进化如同冰川一样是一条河，这反驳了赫拉克利特的法则，它在流动，但根本看不到它流向哪里。而且，达尔文完全满足于这个趋向稳定的变化模型，对他来说，它看来不是一个阴暗的事实，“新物种的产生总是缓慢的”。[5]如果它是缓慢的，他所设想的进化的变化也会是稳固的，因为它是一个积累的过程。正是这种方式使得达尔文创新模型中循环重现的成分弥补了纯粹重新组合模式的缺点，如果自然不存在回归和重现，那么重新组合模

[1] Darwin, *Annotated Origin*, 194; *Variorum*, 361.

[2] Charles Darwin, *The Variation of Plants and Animals under Domestication* (1868, reprint, Cambridge: Cambridge University Press, 2010), 233.

[3] Mayr, *Growth of Biological Thought*, 509.

[4] Ernst Mayr, *Evolution and the Diversity of Life: Selected Essays* (Cambridge, MA: Harvard University Press, 1976), 89.

[5] Darwin, *Variorum*, 269. 这个表述第一次出现在《物种起源》第三版。

型就会趋向自然消散。达尔文在《人类的由来》中提供了例子，说明了这个过程是如何作为文化变迁的模型而起作用的。他认为，想象“一个部落中的人比其他人更睿智，发明了一种新的陷阱或武器”，如果这些更有效，那么他的同伴就会完全出于自身利益而模仿他，这个部落的人数就会增长，就会提供更大的机遇以做出更多发明。[1]当一般的创新储备得到增长，新的发展就会帮助并保证他们生存下去。

当然，对达尔文的体系来讲完全真实的是，它可能不会把革新当作一种主要的新武器来开始他的论述。进化的过程是递增的，它更容易开始于一些偶然发生的微小调整，以此来作为维护生存之武器的一方面。因为逐渐累积变化的模型意味着所有创新，不管什么样的规模都是在非常小规模的基础上产生的。达尔文坚持认为“自然选择的发生完全是基于轻微的、连续的、可以接受的变异的不断积累，它能产生的不是巨大或者突然的改变，它只能以非常短小、缓慢的步伐前进”。[2]实际上，自然选择的确产生了很大的改变，但都是由细微的改变积累而成的。另外，达尔文模型的循环特点帮助它克服了简单的重新组合模式的一个最明显的缺陷，这个缺陷连卢克莱修都没有想到，也就是对持续的、逐渐发展的变化的解释。从达尔文的角度看，当它把许许多多之前的小步变革包含在自身之内时，一小步就能被当成一大步。

达尔文的理论通过同样的一小步得出了这样的创新模型。当

[1] Tim Lewens, *Darwin* (London: Routledge, 2007), 61.

[2] Darwin, *Annotated "Origin"*, 471; *Variorum*, 735.

然，一个仅仅是在数量上的增长是不可能被视为创新的。亚里士多德会指出，生成活动的多或者少不同于生成活动本身。原子论模型的一个最典型的缺陷是，它从时间的开端处仅仅把自然中的质进行了重新组合，因而似乎只剩下了量的差异。不同的食谱配不同的盘子，但是它们用的都是同样的材料，只是材料的比例不同。但是在达尔文的版本里，重新组合导致了回归，发生了一个辩证的转换，正如雅各布说，“质是从量之中产生出来”。[1]在量的变化序列中出现了质的差别，虽然这是很难的，按照迈尔的看法，也许甚至是不可能的，[2]但这也很难反驳这个事实：在某些地方，比如说在原生质（Urschleim）和蓝鲸之间，发生了一个很大的变化。

按照生物分类，这意味着物种和属都只是大写的变异。对达尔文来说，甚至这些辉煌的无法解释的创新（似乎总是用来辨认人类和语言这样的发展过程），都是从遥远的家族树上可见的差异开始而逐渐积累下来的结果。《人类的由来》缓慢地、持续地从其他动物的原型中引申出人类所有的精神活动，因而家养犬的忠诚和其主人的忠诚之间的差异只是程度差异，这种程度差异不知不觉地成为了种的差异。达尔文在这个发展模式上划了一条或两条分割线，一条是思维的出现，一条是生命自身的出现，他把这两者放在一边，作为“遥远的未来要解决的问题，如果人类可以解决的话”。[3]否则，这块裸露礁石上的一切物体都会被解释为无穷小的变量的循环的积累。根据这个模型，所有创新都是循环重现和重新组合这两种

---

[1] Jacob, *Logic of Life*, 153.

[2] Mayr, *Evolution and the Diversity of Life*, 91.

[3] Darwin, *Descent of Man*, 35.

模式的杂交后代，就像进化论本身就是这些经典对立面的交叉，只有不把任何一方单独撇下，才能获得有生命的解释力。

达尔文之后

对1880年的威廉·詹姆斯来说，“达尔文原创性的胜利”是建立在他所造成的区分之上，这种区分是在进化的两个方面之间，一方面是生物变异的随机原因，另一方面是这些变化被选择和保留的必然过程。[1] 詹姆斯对达尔文理论的解释允许他赞美第一部分而抛弃第二部分，他发现后者不太合适。自然选择又叫“适者生存”，成为社会达尔文主义的口号，用来维护绝对的环境决定论。对詹姆斯来说，虽然达尔文主义是一种关于偶然变异的理论，但其根源和本性是超出科学研究之外的。达尔文展示了生命的现实总是起源于偶然性，“我们长着五根手指，不是因为四根或六根并不很好，而是因为第一个由鱼类进化来的脊椎动物恰好有五根手指”，根据詹姆斯的看法，达尔文坚定地把环境放在了最重要的位置上。[2] 詹姆斯把进化看作仅仅是“自发的变异”，而不包括自然选择，他几乎拒绝了后者。

[1] William James, “Great Men and Their Enviroment,” in *The Will to Believe and Other Essays in Popular Philosophy* (London: Longmans, Green, 1896), 221. 此文最初发表于1880年的 *Atlantic Monthly*，题目为 Great Men, Great Thought, and the Enviroment。

[2] Ibid., 238.

因此，詹姆斯在达尔文理论成功的最初几十年里就已经清楚地看到了它的命运。进化被理解为自发的变异，它激发了关于创新性的新思想的爆发，这在19世纪末期成为明显的哲学事件。美国的C. S. 皮尔士和詹姆斯，[1]英国的F. C. S. 席勒和其他实用主义者，法国的亨利·柏格森，都受到了达尔文的影响，他们接受了他对创新的解释，摆脱了对随机性的旧有的恐惧。如詹姆斯所见，作为对人类行为的物理解释，进化不是逐渐减少的，而是不断扩张的：

> 新的概念、情感以及活动趋向，进化就是在这里被原创性地产生出来，以随机性的形象、幻想和偶然产生的自发变异的形式，在极度不稳定的人类大脑的功能性活动之中发生，外部环境简单地证实或反驳、接受或排斥，保存和毁灭——简单地说，由于选择中相似种类的偶然分子的属性，它也选择了形态学和社会的变异。[2]

根据詹姆斯，按照这种方式把偶然性放在自然的核心地位，这样，创新才得以可能，因为“已经存在的预先决定的必然结果”永远不会是新的事物。[3]

---

[1] See Philip R. Wiener, *Evolution and the Founders of Pragmatism* (Cambridge, MA: Harvard University Press, 1949), especially 101, 103, and Robert J. Richards, *Darwin and the Emergence of Evolutionary Theories of Mind and Behavior* (Chicago: University of Chicago Press, 1987), 427, 436, 440.

[2] James, “Great Men and Their Enviroment, ” 247.

[3] William James, *Some Problems of Philosophy*, in *Writings 1901-1910*, ed. Bruce Kuklick (New York: Library of America, 1987), 1057.

当然，从这个观点出发，自然选择只会引发尴尬。但是詹姆斯很难单独地尝试减少达尔文主义中的令人不快的赘瘤。在19世纪末，自然选择通常被认为是达尔文体系中一个主要的逻辑漏洞，永远不能接受纯粹的否定因素，更不必说用来解释进化创新了。[1]甚至在20世纪早期，拉塞尔认为达尔文主义更适于解释退化器官的持久性，而不适于解释新器官的出现。[2]虽然关于物种的渐变的力量（达尔文也曾经用来解释戏剧性变化），也存在着相当多的疑难，但是很大程度上由于自然选择的原因，"创造性"对于早期达尔文主义者来说才成为主要的科学和意识形态问题。[3]简短地说，达尔文把创新确立为科学和哲学要面对的一个主题，但是这并没有使很多人转而支持他关于创新的特殊解释。

从詹姆斯的观点看，达尔文理论的一个优美之处在于，它不能解释变异的起源和传递，因为它不包括一个特别的、可证实的遗传机制，因而这似乎把整个问题都推给了机遇。达尔文本人的理论，即被他称为芽球的微粒是在血液中累积，并一代一代地传递下去，这个理论几乎是完全推测出来的。当格雷戈尔·孟德尔的研究被重新发现，帮助了进化生物学家奥古斯特·魏斯曼、植物学家和遗传学家雨果·德弗里斯、生物学家和遗传学家威廉·贝特森开始确立

[1] Shanahan, *Evolution of Darwinism*, 120; Gould, *Structure of Evolutionary Theory*, 14, 139, 158, 381.

[2] Russell, *Form and Function*, 312.

[3] Gould, *Structure of Evolutionary Theory*, 364; Mayr, *Evolution and the Diversity of Life*, 92; Gerd B. Müller and Günter P. Wagner, "Novelty in Evolution: Restructuring the Concept," *Annual Review of Ecological Systems* 22 (1991): 229-230.

一个更加稳固的对生物延续性的解释，他们也发展了一个进化的创新理论，几乎像詹姆斯所期待的那样脱离了因果性和决定论。魏斯曼证明了，一般生理学的变化不能通过种系被记录和传递，这个证明通常被认为是对哲学家赫伯特·斯宾塞提出的适者生存概念的致命一击，因为它看来是展示了获得性的特征不能被传递到后代去。但是如果变化不能从环境中引入，就意味着它必须在某些遗传物质中产生，在这些因素中，人们开始认识了基因。大家广泛地相信，仅仅靠重新排列不能使新物种的出现变得如此戏剧性，因为极端的变异是不可避免地在相同基因的流动中被淘汰。[1]因而，创新来自于变化，是从遗传物质本身中发生的，德弗里斯把这种方式称作突变。

20 世纪头几十年，突变完全成为进化创新唯一可能的根源。[2]贝特森在纪念达尔文诞辰一百年讨论会上说，“选择决定了进化分支的发生，但不能决定哪一种创新会发生”。[3]根据德弗里斯首次对突变的解释，新物种是在遗传物质自身中发生的随机、自发的变化的结果，整个物种经历了爆发的变化，而变化集中在被传递的新

---

[1] Marjorie Grene and David Depew, The Philosophy of Biology: An Episodic History (Cambridge: Cambridge University Press, 2004), 235; Gould, *Structure of Evolutionary Theory*, 342-344.

[2] Mayr, *Evolution and the Diversity of Life*, 93; Mayr, *Growth of Biological Thought*, 548; Jan Sapp, *Beyond the Gene: Cytoplasmic Inheritance and the Struggle for Authority in Genetics* (New York: Oxford University Press, 1987), 21-22.

[3] William Bateson, “Heredity and Variation in Modern Lights, ” in Haeckel, Thomson, Weismann, and others, *Evolution in Modern Thought* (New York: Boni and Liveright, 1920), 103.

特征上。[1]突变理论所确立的创新模型是突发的、不连续的、自发的、而且显然是随机的，它从达尔文的原始理论开始，分为几个基本的方向。德弗里斯提出，新物种是“通过飞跃”而形成的，[2]生物学家们当时和现在都倾向于把“飞跃”作为一种反转的对达尔文的敬意，后者如此坚定地相信古老的科学格言：*Natura non facit saltum*（自然从不飞跃）。[3]达尔文进化论的进化概念被替代，看上去很难有权享用这个名字，因为它并未把变化看作是从隐藏根源发生的渐进展开，而是看作是或多或少从虚无中突然爆发的东西。

很容易看出，为什么飞跃创新的模型吸引了詹姆斯，为什么柏格森会发现德弗里斯的著作“引人注目”。[4]因为突变理论似乎使创新理论摆脱了许多世纪以来的压抑状态。抛弃了达尔文提出的自然选择概念，从而也抛弃了亚里士多德的功能主义的残留，进化显现为原子论的一种现代形式，旧的 clinamen，或者偏斜概念，不再是缺乏说服力的、令人尴尬的权宜之计，而是变化的一个主要动力。[5]突变总被认为是生物学的游戏或者怪论，它总是被那个时代的生物学家看作是不可接受的、或者是致命的。但是一旦它被接受，如德

[1] Bowler, Evolution, 276-277; Gould, *Structure of Evolutionary Theory*, 431.

[2] Hugo de Vries, *Species and Varieties: Their Origin by Mutation* (1905); quoted in Grene and Depew, *Philosophy of Biology*, 249, and Gould, *Structure of Evolutionary Theory*, 427.

[3] Darwin, *Annotated "Origin"*, 471; *Variorum*, 735; Gould, *Structure of Evolutionary Theory*, 151; Mayr, *Growth of Biological Thought*, 259.

[4] Wiener, *Evolution and the Founders of Pragmatism*, 101; Henri Bergson, *Creative Evolution*, trans. Arthur Mitchell (New York: Holt, 1911), 63.

[5] 德弗里斯不相信一种“物种选择”是在突变之间的斗争，达尔文不是在个体选择之中进行定义，德弗里斯不考虑“彷徨变异”之间的斗争。见 Gould, *Structure of Evolutionary Theory*, 447.

弗里斯所说："突变就是规则"，那么它就不再虚弱无力。[1] 虽然突变是随机的、自发的、没有固定方向的，但它们在解释新器官、新物种乃至新的分类单元出现时，也是足够有规律的。突变理论就这样取得了对伊壁鸠鲁原子论的数量优势，变化的可能性的戏剧性增长来自于随机性的规范化，但不服从于任何特定的规律。

突变理论也在定性意义上超越了传统原子论，因为它所设想的生物创新不是来自于存在着的特征的简单的重新组合。正如德弗里斯理解的那样，突变意味着遗传物质自身的实质性变化——而且，这种变化和任何之前的状态是不一致的。虽然他认为它"可能适合把这样的变化和化学替代反应相比较"，但他实际上不知道怎样解释这个想法。[2] 这个不一致的变化的观念不仅违反了"自然不飞跃"的法则，也违反了在其后的更大的常识：***Ex nihilo nihil fit***（无不能生有）。科学不相信自然会以跳跃的方式进步，是因为跳跃蕴含着一个鸿沟，即因果链条的破裂。跳跃所挑战的是直接的、先行的原因，而其结果是从虚无中产生的。突变理论假设自然发生着跳跃变化，而不是通过微小的一步一步达到连续，它提出了一种定性的创新，这种创新模式不可能出现在欧洲科学之前设想的任何模式之中。[3]

---

[1] Hugo de Vries, Espèces et Variétés; quoted in Jacob, Logic of Life, 222.

[2] Hugo de Vries, The Mutation Theory, trans. J. B. Farmer and A. D. Darbishire (Chicago: Open Court, 1909), 4, 32.

[3] 仅仅在过去几年里，对变异和新基因的进化的科学理解已经变得非常复杂。对遗传物质的复制、改变意图、重组、变化，从而产生新的基因，对这些问题的很多研究和讨论，见 Henrik Kaessman, "Origins, Evolution, and Phenotypic Impact of New Genes," *Genomic Research* 20 (2010): 1313-1326.

然而碰巧，突变理论既不是正确的、也不是必要的——不正确是因为德弗里斯在植物上所作的原创实验证明了基因异常的现象，[1]不必要是因为后来的遗传学家证明了小的基因改变最终如何变为大的进化创新。在进化生物学中，变化理论的连续性和不连续性之间的紧张关系依然没有消失，而且成为创新进化模型中的主要变量。[2]主要的定性的创新，如思维和语言的创新，可能被解释为遗传因素的纯粹的定量关系，从20世纪初开始它就开始成为修正了的达尔文主义者最希望的东西。

层创进化

当朱利安·赫胥黎把20世纪早期描述为达尔文主义最低谷的时候，他把这些背叛者归结为两个阵营，即贝特森阵营和柏格森阵营。[3]像很多后来的生物学家一样，赫胥黎自己更多地受后者的影响，在他的著作的第一页，他特意为柏格森写了献辞。[4]这个影响

[1] Gould, *Structure of Evolutionary Theory*, 426.

[2] Mayr, *Evolution and the Diversity of Life*, 92. 关于进化突变论之争论的叙述和解释见Gould, *Structure of Evolutionary Theory.*

[3] Julian Huxley, *Evolution: The Modern Synthesis* (New York: Harper and Brothers, 1943), 28.

[4] Julian Huxley, The Individual in the Animal Kingdom (Cambridge: Cambridge University Press, 1912), 7; Ruse, Defining Darwin, 125. 关于柏格森对赫胥黎这一代生物学家的影响，见 Michael Ruse, "Henri Bergson," in Ruse and Travis, Evolution, 446; Mayr, *Evolution and the Diversity of Life*, 357; Vassiliki Betty Smocovitis, *Unifying Biology: The Evolutionary Synthesis and Evolutionary Biology* (Princton, NJ: Princeton University Press, 1996), 111.

似乎有一点点古怪，因为柏格森不是生物学家，也很难得到和那些给遗传学命名的科学家并肩的地位。但是柏格森在哲学上和生物学上都得到了相当大的声望，贝特森当然也同样得到了这样的声望，这是因为二人都重建了进化论，重新解释了创造性。

像同时代的大多数生物学家一样，柏格森批评了自然选择，把它仅仅作为负面的力量，就像一个只能删除错误的编辑，不能解释生命新形式的进步的创造。[1]他熟悉魏斯曼和德弗里斯的研究，同意后者的意见，即普通变异的积累不足以解释进化所必需的大的创新。[2]虽然他处理了很多“我们现在听到的‘突变’”，但他感到，仅仅依赖这些突变现象，只是凸显了把生物的变化解释为各个部分的机械重组做法是多么荒谬。[3]而且柏格森还不相信从虚无中创造，也不相信他所批评的希腊哲学家。“新的事物可以加在存在的事物上，这显然是荒谬的”，这不仅仅是本体论的、也是经验主义的主张，因为这意味着思想能存在于某些没有想到的东西之中。[4]如果不可能以任何方式想象着对现实事物有所增加，那么解释创新的唯一方法就是改变算术规则，把进化变成除法和乘法一类的事物。

回到胚胎学，回到进化隐喻的最初根源，柏格森坚持说：“生命的运作不是通过各个部分的连接和相加，而是通过分解和分化”。[5]他想的似乎是一个原始的生物学的存在体，一个单一

[1] Bergon, *Creative Evolution*, 56.
[2] John Mullarkey, *Bergson and Philosophy* (Edinburgh: Edinburgh University Press, 1999), 72, 65.
[3] Bergon, *Creative Evolution*, 28.
[4] Ibid., 249; Mullarkey, *Bergson and Philosophy*, 128.
[5] Bergon, *Creative Evolution*, 89.

的复杂细胞，在无生命的、矿物的环境下，它是绝对新的事物，它自身分裂为相等的两半，等等。以这种方式，“大自然的简单活动自行分解为无数组成部分”，从这个中心向外运动，“以同心圆波纹的形式逐渐扩大”。[1]虽然没有什么东西加到生命的总和上去，但是创新的总量总是增长的，生命将自身分化为不同的复杂形式，不断分化，又不断增加。这样，生命从自身中得到更多的东西，[2]并且在性质上创新，而不用首先达到数量方面的增长。物种生命的发育是不断延续的，没有中断，没有飞跃，但是它也制造出明显的进步，并在形式和结构上达到了在初期不可能预测到的结果。

柏格森为了支撑他的观点，只是用了实际生物学发展的最一般的成果，这对他的哲学来说仅仅是提出了一个出发点；他发现，面对着物质不可避免的崩解消散的趋势，不可能相信一个纯粹的物质力量能维持这个自我分化和无限增长的过程。因而通过对生命的繁荣和增长的能力的观察，他认为一些至关重要的影响肯定是对物质重要性的反作用。这种活力论已经成为早期生物学理论的共同特点，虽然在20世纪早期还有所怀疑，但是科学家们接受了柏格森的思想，并围绕着它展开思考。其中最重要和最有影响的改编版本（尤其是对创新的历史来说）也许就是层创进化概念，它是动物生态学家、心理学家C.劳埃德·摩根提出来的。

摩根可以说是达尔文的直系传人，他担任过达尔文最亲近的

[1] Ibid., 92.
[2] Mullarkey, *Bergson and Philosophy*, 139.

学生乔治·罗曼斯的遗著保管人。[1]尽管如此，他却不相信传统的达尔文主义能解释大的进化创新，如思维和语言的创新；也不相信突变理论比那些数量累积式的重新组合模型更高级。他同意柏格森，认为为了解释整个进化过程，一些质的创新是必要的，但他尤其否认柏格森的活力论。[2]相反，摩根回到19世纪中期由哲学家约翰·斯图亚特·密尔首次提出的概念，后者指出许多意料之外的质很自然地出现在已知的量的结合之中，如潮湿来自于氢和氧的结合。[3]在某种意义上，这种创新仅仅是同一个重新组合的概念，它从古希腊原子论者开始已经为科学服务了数千年，但是摩根坚持认为新的关系不是简单地把旧的元素结合在一起就行：它们之间的关系构成了本质上的、性质上的创新。[4]这样，质的进步似乎更难解释成自然选择，像人类思维这样的发展应该被解释成为“层创进化”，其结果的达成不是靠简单的加法，而是靠乘法。

层创进化是对柏格森创造进化概念的更科学的替代品，在20世纪头几十年内产生了确定的影响。1927年，杰出的美国生物学家、美国科学促进会动物学分会的主席H. S. 詹宁斯，把层创进化作为对大范围的进化创新的最有效的解释。[5]摩根的虔诚，他对优

---

[1] Richards, *Darwin and the Emergence of Evolutionary Theories*, 332. 摩根也是T. H. 赫胥黎的学生，见Ibid., 375.

[2] C. Lloyd Morgan, *Emergent Evolution* (New York: Holt, 1926), 3, 12.

[3] David Blitz, *Emergent Evolution: Qualitative Novelty and the Levels of Reality* (Dordrecht: Kluwer, 1992), 77.

[4] Morgan, *Emergent Evolution*, 64-66.

[5] H. S. Jennings, “Diverse Doctrines of Evolution, Their Relation to the Practice of Science and of Life,” *Science* 65 (1927): 19-25. 关于詹宁斯对自然选择不满意而转向了层创进化说，见Sapp, *Beyond the Gene*, 91-92.

生学的兴趣，和他的理论中对活力论残留的怀疑，更不用说 R. A. 费雪和休厄尔·赖特的成功，后者展示了遗传变异和自然选择是如何一起作用而产生新物种的，这些因素注定使他的工作变成无关紧要的。但是层创成为了 20 世纪 70 年代最为人所知的词汇，正如计算机帮助科学家提出了自组织系统的模型，所以就产生了摩根所描述的那种创新。虽然詹宁斯提出了层创概念，把它作为一种只属于生命科学的自然现象，但是物理学的层创属性的证据帮助我们脱离一些对神秘主义的怀疑，神秘主义曾经阻碍了它的影响。[1]

古往今来，所有层创作用中最为人所熟知的是基本已经确定了的语言。甚至阿尔弗雷德·拉塞尔·华莱士都认为很难相信自然选择会带来人类交流这么复杂的结果，他用超自然的原因来解释这件事。更近一点，人类学家特伦斯·迪肯坚持认为语言不能进化，“用进化的标准含义来说，语言是不合适的。语言是‘层创的’现象，但其方式与其他生物现象不一样。”[2]不管科学的优点是什么，它都基本反映出了创新在进化论中的角色有多麻烦。进化总是暗含着把语言当作特殊的模型，只是因为进化一词的语源。虽然拉丁语 evolvere 只是展开或打开的意思，它的名词形式 evolutio 是指一种把卷轴完全展开的方式。[3]但是这个卷轴所引发的联想不仅仅是拓扑学式的。实际上，evolutio 指的是展开并阅读一个卷轴，西塞

[1] Philip Clayton, Mind and Emergence: From Quantum to Consciousness (Oxford: Oxford University Press, 2004), 67, 75.

[2] Terrence W. Deacon, “Multilevel Selection in a Complex Adaptive System: The Problem of Language Origins,” in *Evolution and Learning: The Baldwin Effect Reconsidered*, ed. Bruce H. Weber and David J. Depew (Cambridge, MA: MIT Press, 2003), 85.

[3] Richards, *Meaning of Evolution*, 5; Bowler, *Evolution*, 9.

罗的名言强调了后者的含义："阅读这些诗歌有什么愉悦"（Quid poetarum evolutio voluptatis affert）？[1]他把进化的概念当作已经潜存东西的简单证明，进化总是伴随着另一个观念，即新事物从旧事物中出现，要经历的过程类似于从没有生命力的图标里产生意义。

因此，起源于《泰阿泰德篇》的古代传统依靠简单的字母表的例子解释新事物如何从旧的已知元素的重新连接产生出来，在进化论的发展中，这个传统得到了延续。正如柏格森所说，这实际上是对西塞罗的释义："思考字母表中的字母如何进入已经写好了的文章之中：我们不能设想新字母涌现出来，加入其他字母之中，如此构成了一首新诗。但是诗人创作诗歌，人类思想就因此变得更加丰富了。"[2]诗歌就这样被用来展示新事物如何看起来像旧事物的重新洗牌。更近一点的斯蒂芬·杰伊·古尔德用弗里德里希·尼采的词句来总结他对进化论的大规模修正："存在着的每个事物，不管是怎样发生的，都不断地重新被解释、重新被需要、被变形，并指向一个新的目的。"进化就这样得到了史上的第二个含义，也是更现代的含义："它是一个持续的符号链条，持续地揭示新的解释和新的改造"。[3]其中的每个符号链条都在更改前一个符号的意义，这就是进化卷轴的修正了的生物学版本，展开这个卷轴的行为就是对不断重读自然界的拓扑学隐喻。

换言之，解释进化如何产生语言的一个办法是宣称进化实际上就是一种语言。达尔文本人喜欢这个论点的另一个更简单的版本，

---

[1] Richards, *Meaning of Evolution*, 5.
[2] Bergon, *Creative Evolution*, 239.
[3] Gould, *Structure of Evolutionary Theory*, 1216-1217.

家谱，它被更早的语文学家用作进化遗传的分叉树的原型。[1]从达尔文时代开始，进化论依靠文字类比来支持对创新的解释，根据古代的观点，语言显示了未曾预料到的性质如何从已知数量的重新组合之中产生出来。最近的类比则是由信息论提出的，它在 20 世纪 50 年代用来说明和证实由现代遗传学所确立的对生物创新的解释。伴随着影响和争论，基因遗传作为信息传递的定义开始成为一个类比，发展为一个古代的原子重新组合模式的强有力的新版本。然而这一次，社会科学和物理科学从根本上重新塑造了随机性概念，这个模型永远依赖新事物的注入。

[1] Gillian Beer, Darwin's Plots: Evolutionary Narrative in Darwin, George Eliot and Nineteenth-Century Fiction, 2nd ed. (Cambridge: Cambridge University Press, 2000), 39.

第四章

对新事物的计算和解释：概率、信息论、遗传学

可计算的机遇

根据哲学家和数学家 C. S. 皮尔士的说法，进化生物学最大的成就是确立了“在自然中的不确定的、自发性的、绝对机遇性的因素”。[1] 皮尔士反对 19 世纪流行的决定论，基于对达尔文的非常不同的解读，他为“随意的异质性”而辩护，[2] 认为事物中的这种异质性可以用来解释真正的本体论的创新。但是皮尔士的随意性版本并不如它说声称的那么开放和随心所欲，因为他在自然中看到了“一种有一些规则的自发性”。[3] 按照他的解释，“纯粹自发性”不是完全无限制的，因为它总是“被规律限制，从规律

[1] C. S. Peirce, “The Doctrine of Necessity Examined,” 最初版见 *Monist*, 1892; 引自 *Philosophical Writings of Peirce*, ed. Justus Buchler (New York: Dover, 1955), 318.

[2] Ibid., 319.

[3] Ibid., 337.

之中连续地分离出无限小的量，大的创新是很少发生的。”他认为这样的规则是“解释宇宙中所有的变化和多样性，在这唯一的意义上，解释真正独特的新事物”的唯一的道路。[1]皮尔士使自发性和它所要违反的规则变得同样规范，他的目的是在世界上证实自发性的存在和力量，但是他也意识到这种做法产生了一点悖论。皮尔士热心于抵抗决定论，抵抗机械必然性的学说，他把自发性和机遇看成同样可靠的东西。如果未曾预料到的新事物能被“用数学的精密性方法进行细节上的描绘”，那么就有可能会被预测，成为完全可期待的事物。[2]

这种说法看起来是反直觉的，可计算的机遇是司空见惯的活动、概率论的特殊范畴，也是皮尔士一生中经常写作的主题。他一度把概率 / 或然性当作一种逻辑推论问题，当作一种衡量特定论证的相对可靠性的办法。[3]这就是皮尔士对概率论的旧的传统形式的改写，它试图调和各种论点，衡量其可信程度。然而，在对物理存在的客观事实所固有的概率问题进行不同种类的研究方面，19 世纪科学给了皮尔士很强大的先例。进化生物学就是一门这样的科学，因为它试图在随机的种群中，至少在与自然选择的需求的关系上，来估计变异的影响。对于皮尔士来说，物理学提供了一种甚至更为精确的理论模型。他说，这就是“在物理学中分子学说的特殊功能为概率的计算开辟了一个大门”。[4]在这里，皮尔士把机会重

[1] Ibid., 334, 335.
[2] Ibid., 336.
[3] Ibid., 164.
[4] Ibid., 324.

新描述为一种必然性，它面对着物理学家詹姆斯·克拉克·麦克斯韦和路德维希·玻尔兹曼，他们把诸如大气温度这样的整体性质看作其组成分子的影响，只有当那些无数的分子可以在统计学上加以处理，从而提出相对频率这个概念的时候，这种做法才是可能的。

基本粒子的漩涡可以用这个方法来描述，这使麦克斯韦和玻尔兹曼成为了伊壁鸠鲁和卢克莱修的传人，但是后者对于 *clinamen* 或偏斜的说明就更加合理一些。[1]微粒的随机偏斜不再是半神话的说法，现在是可以被计算并变得可靠了。虽然麦克斯韦不可能像卢克莱修所做的那样再思考原子，但是他可以用复杂的方法来表现气体分子集合体的运动结果——因为它们在自然中呈现出概率性，所以这个方法赋予了随机性一种明显、更加科学的新基础。这种概率解释就有了一个悖论性的效果，它可以证实那些不大可能发生的事件。一旦修改了统计力学的公式用来研究群体生物学，R. A. 费雪就宣称“在进化条件下的所有因素中，机遇的影响是最可以准确计算的，因而是最不用怀疑的”。[2]生物学和物理学一样，概率赋予随机性一个合理的数学基础，使之成为真实世界中的一个稳定的东西。虽然现实事物的基本组成部分可能是同样的东西，但新的组合和新的排列也可能以一种既是非决定性的、又是绝对可计算的方式出现。科学中的概率解释就这样给了像皮尔士这样的思想家一个机会，使他们把新事物当作

---

[1] Ibid.; Ian Hacking, *The Taming of Chance* (Cambridge: Cambridge University Press, 1990), 11.

[2] R. A. Fisher, 引自 Gerd Gigerenzer et al., *The Empire of Chance: How Probability Changed Science and Everyday Life* (Cambridge: Cambridge University Press, 1989), 60.

像其他科学现象那样确定的、有把握的东西来看待。

然而，甚至是对最精通它的研究者来说，概率也是“一个困难而复杂的概念”。[1]或然性是一种逻辑推论，因而是一种主观的因素，一种人类知识能达到的极限吗？我们总能够有足够的时间和智力把或然性转化为确定性吗？或者如皮尔士喜欢假设的，它是一种存在的事实，在基本物理关系中构造世界的一种不可避免的非决定性吗？如果是的话，我们创造的是一种什么样的非确定性，是否如皮尔士所说，它是不可避免的、自发的，但又是可以被计算、可以被依赖的吗？我们能否依赖一种概率法则，它在理论上是长期可靠的，和其他事物都处于平等地位，但在具体的时间内的具体情况下又不是必然的呢？如果概率推理在19世纪科学中得到了成功，证实了皮尔士需要的创新性的真实的本体论地位的话，那么只能证明这种形式的福利不是那么容易抓住的。

事实上，科学上的概率推理自身是不可预测的。早期的概率定理使18世纪社会学得到了比以前远为准确的对人类行为的描述，但是概率论使19世纪的物理学习惯于一种不确定性，这使早期的科学家感到恐惧。通过信息论，概率使得当代世界大大扩展了，似乎使得物理实在动摇并虚无化了，因为一切事物都变成了电子化的点，它可以被发送、储存、控制。一些当代最有影响的创新模型就建立在信息论的假设上。但是当信息论改变了分子遗传学的术语之时，它在科学上的最大的早期成功经常被认为是

[1] Jan von Plato, “Probabilistic Physics the Classical Way,” in *The Probabilistic Revolution*, ed. Lorenz Krüger, Gerd Gigerenzer, and Mary S. Morgan (Cambridge MA: MIT Press, 1987), 2:380.

使生物学回归为严格的决定论，它自从社会达尔文主义之后没有出现过。概率论总是涉及创新的基本问题：未来和过去相似吗？一部分是因为概率论为这个问题提供了许许多多的不同答案，这个问题是：关于创新的现代观念是非常含糊的。

概　率

虽然概率成为了一个困难而复杂的概念，但其早期形式还是简单的。或然性的东西是寻找可靠性的最严肃的见证人。如果实在性或多或少是一致的、不变的，如果存在着良好判断力的一般概念，把或然性的东西加以界定就是相对容易的。甚至像大卫·休谟这样著名的怀疑主义者都会在论证之中借助概率推理来反对奇迹的概念。他说："睿智的人的信念符合证据"。在证据毋庸置疑的时候，他会相信。当缺少可靠性的时候，他会依赖"我们正确地称为或然性的东西"，休谟的意思是"事实和观察者的报道通常是一致的"。[1] 这些报道越是常见、越是具有一致性，其或然性就得到越多的证实。当然，整个论证的目的是批评不可能性，取消那些完全不可预期的事物。休谟考虑到了不确定性，尤其像英国天气这种单调的、日常的事件，他不相信自然的明显的一致性是由我们习惯经验之外的东西所保障的。但是完全违背这些经验的现象是不可相信

[1] David Hume, An Enquiry concerning Human Understanding, ed. Peter Millican (Oxford: Oxford University Press, 2007), 80; 也参见 Gigerenzer et al., *The Empire of Chance*, 9-10.

的，因此过去的经验给未来的经验设定了一个限制，保护它们不受激烈变化的幻觉所影响。

精明商人的一般的相对确定性可以被计算，因而合同和年金可以被公平有效地加以估计，这对于精明商人来说是有点早。[1]因此数学开始对这种概率进行估计，在合理的期望背后的理由更少地靠习俗，而更多地靠抽象计算。一旦实际事物被设想为具有一致性，这样的计算就显得琐碎。正如雅各布·伯努利在18世纪用艰深的数学推导出来的结果，常识认为，从一口缸里取出黑球和白球，其结果最终依赖于它们的比例。[2]我们真正想要知道的是，什么程度的真实存在，可以被说成是类似一口装满了黑球和白球的缸。换句话说，伯努利这样的早期概率论者希望界定的是机遇，在一个系统中的机遇比装黑球和白球的缸更加缺少限制，任何给定的观察频率都是稳定的，会在未来持续下去。复杂数学公式的应用给了拉普拉斯这样的科学家极大的信心，认为能够用这些公式来决定未来的模式；而且这些抽象的标准进入了传统上由习俗和习惯控制的舞台，这意味着过去的经验不再提供可靠的指导。伯努利和拉普拉斯都相信，机遇是无知制造出来的虚构说法，因而对现在的完全而完整的理解将给出一个非常可靠的对未来的估计。[3]但是事实是，他们不得不计算以前发生的事情，这个事实至少在某些方面显示出过去不再是现在的可靠指南。虽然18世纪的概率论否定了激烈创新的可

[1] Lorraine J. Datson, “The Domestication of Risk,” in Krüger, Gigerenzer, and Morgan, *Probabilistic Revolution*, 1:238-240.

[2] Gigerenzer et al., *The Empire of Chance*, 29-30.

[3] Ibid., 11-12.

能性，但是它的存在仍然证实了那种对传统经验形成挑战的、始料未及的、不大可能的变化。

对大数目的人群进行抽象的统计表示，在19世纪早期成为流行，这表明人们自身无法逃避无知和默默无闻，小群体内部面对面的了解让位于数值逼近方法。被传统和习俗提供的确定性在这种情况下被替换成数学的确定性，像是一个反讽式的补偿。数学家西莫恩·德尼·泊松的“大数定律”宣告了对个体案例的无知已经被纯粹的乘法所克服，由于传统没落而失去的一致性被替换为不同种类的一致性，后者只能在最大的集合中才能辨认出来。这个定律决定的是不规律性，一旦这些不规律性彼此独立，也独立于特定的决定性原因，它们就会相互抵消，产生出稳定的平均值。[1]这在实践中意味着，不同种类的社会统计学被用于维持稳定值，在这种可靠性之下，变异仅仅被认为是测量的失误。

这样的实践根本上被用于生物科学和物理科学，把机遇的可控版本引入这些学科之中，这种实践也是第一次被人类科学用来排除不确定的机遇。根据泊松，大数定律是“永不会错的经验事实”。[2]许多社会事件，如自杀的平均发生率，大体上是一个稳定值，似乎是不变的，甚至是一个常数，似乎被万有引力这样的物理规律所决定，如重力。对社会科学家诸如天文学家和数学家阿道夫·凯特勒，以及历史学家亨利·托马斯·巴克尔来说，不变性的功能就是标准，因而变异就相当于错误，完全不能作为真实的证据。[3]最终，

[1] Hacking, *Taming of Chance*, 95; Gigerenzer et al., *The Empire of Chance*, 39-40.

[2] Hacking, *Taming of Chance*, 102.

[3] Gigerenzer et al., *The Empire of Chance*, 142.

描述性的规律实际上就是算术工具，变为指定性的规则，因而其功能就是对自身的因果性的解释。[1]

统计规律是 19 世纪社会科学中影响力很大的通行规律，但它是一种特殊性的规律。哲学家伊恩·哈金指出，19 世纪概率论是最为人广泛引用的研究，第一步是由凯特勒所做的对平均数的研究，似乎平均数是真实的数字，物理存在的事实如此具体，它们不能被荒谬地看作是一个“平均的人”。[2]一个物理现象的有规律的出现似乎意味着一些固定的原因在后面支撑着，一些像重力法则一样的必然性，每个事物都必须遵守。但是统计规律在这种意义上是例外的，它们意味着因果性甚至不能说明一个间接原因。[3]一旦统计学的规则性脱离了它的计算基础，那么这就不仅仅只是数字的人工制品，而且也似乎构成了内在于自身本性的因果性。

作为应用于社会科学的数学工具，概率推理排除了新的事物，以及与其自身完全不同的事物，这就意味着它并没有超出通常观念太多。因此，数学的必然性证明了机械必然性，也就是皮尔士在 1892 年反对的正统观念，后者规定了“任何时刻的事物存在状态，伴随着不变的规律，完全决定了每一个其他时间的事物状

[1] Hacking, *Taming of Chance*, 73, 108.

[2] Ibid., 107. 凯特勒认为平均的人是一个虚构，他假定了大量平均的存在，依靠不同的语境和环境。但是随着时间的过去，凯特勒关于平均数的思想和通行的版本都已经被简化了。见 Stephen J. Stigler, *The History of Statistics: The Measurement of Uncertainty before 1900* (Cambridge, MA: Harvard University Press, 1986), 170.

[3] Gigerenzer et al., *The Empire of Chance*, 29-30.

态”。[1]一个以统计概率为基础的规律仍然包含着一定的漏洞，为不规则性、机遇甚至创新留下了空间。因为在被凯特勒或巴克尔所推断的统计学规律的后面没有真正的物理原因，因为他们倾向于把因果性概念神秘化，他们设想的必然性是抽象的、遥远的。从长期来看，一些事情绝对会发生，不等于每个苹果不可避免地要落地。哲学家昆汀·梅亚苏最近把他所谓的“休谟问题”尖锐化了，他认为，如果“从长期看”意思就是“近乎无限的时间”，那么所有没有先例的事物都有可能发生。梅亚苏把休谟反驳奇迹的论述进行了翻转，认为没有先例的事物之所以不发生，可能是因为我们的经验只能覆盖相对微小的时间和空间。实际上，他也翻转了概率推理，解释了我们的宇宙的明显的规律性：“巨大的数字鸿沟横亘在那些可以想象的可能性和已经实际经历的可能性之间”，人类经验作为整体，包含了大量的盲打误撞的运气，时空的骰子掷出幸运数字的持续趋势并不意味着它们不会在某一些无限的未来的投掷中得到厄运的结果。[2]

但是甚至在最严格、最带有决定论色彩的概率推理版本里，或然性的存在都和不可能性有着紧张关系。因为概率是比例性的事件，通常发生的和占优势的事件也总是在和不常发生的、稀有的事件中相对比才能定义。这是否意味着通常发生和不常发生的事件是相对的，正如休谟引用常识来反驳奇迹存在时会相信的那样？如果是的话，为什么这两者之间的区别在任何统计系统中都

---

[1] Buchler, *Philosophical Writings of Peirce*, 325.

[2] Quentin Meillassoux, *After Finitude: An Essay on the Necessity of Contingency*, trans. Ray Brassier (London: Continuum, 2008), 98.

是渐变的，而不是绝对的和明确的呢？或然性的事物比优势的事物有更多的可能性吗？或者比其他事物更加可能发生？似乎绝对的和明确的区分是发生在不大可能的事物和绝不可能的事物之间，它们的区别是根据统计学得出的，也就是无穷小和无法跨越之间的区别。但是概率性很少处理不可能发生的事情。虽然概率推理可能会使人对一些罕见的事物有信心，但是当没有先例的事情发生之时，概率推理也会无用武之地，因为没有此种事件先前发生的频率，也就无法计算未来它可能发生的概率。[1]

如果这些实际的困难使得任何事物的概率都降低为零，一些严肃的统计学家会不知不觉地同意梅亚苏的意见，他们设想一些概率足够大的例子，“任何令人吃惊的事物都有可能发生”。他们利用“真实的大数定律”，甚至连奇迹的可能性都可以计算。如果我们把百万分之一作为不可能的事物发生的频率，那么就会有大约 250 个美国城市在任何给定的一天内总会经验到一些不可能的事件。[2] 这样，现代概率推理就为奇迹确立了一个固定的比率，这个结论正好和休谟相反，后者则导出了一个权威的但却是简单的或然性版本。19 世纪的概率论用数学来支持常识观点，不仅仅是使它变得更加客观，更容易证实——它已经给了后来的哲学家和科学家一些工具，使他们用这些工具来证实那些剧烈创新和完全不同的事物是真实存在的。

---

[1] Elliott Sober, *Evidence and Evolution: The Logic behind the Science* (Cambridge: Cambridge University Press, 2008), 13.

[2] Ibid., 104-105.

统计力学

玻尔兹曼曾经提议把19世纪叫做达尔文的世纪，他对达尔文深深的敬意是源自后者把概率推理转变为对机械自然观的压力。[1]虽然达尔文已经明确意识到凯特勒对性别比例的研究是受了他的《人类的由来》的影响，但是并不确定的是，统计学研究直接影响到了他的工作。[2]他和凯特勒二者的统计学方法的共同点在于，集中在大数目的相对简单的个体上进行研究。当19世纪的社会学家分析现代城市人口时，达尔文分析整个物种的长期保持和改变。直到20世纪20年代，随着遗传学的进展和统计概率的研究，实际上，R. A. 费雪可以展示在任何基因库中都有足够规律性的变异，从而引发进化。费雪将进化进行了模型化的处理，进化是一种或然性的过程，它保存了很大的自由乃至机遇的因素，虽然数学公式是绝对确定的。[3]当他的生命行将结束之时，他如是说，进化总是"新的；不仅仅是时间上的新（好比新的一便士），而且是在本质上和潜能上的新"。[4]如果这不是皮尔士设想的激烈的异质性、随机性，它会把未曾预料的新事物当作物理原因的结果，而不仅仅是有

[1] Gigerenzer et al., *The Empire of Chance*, 136.

[2] Hacking, *The Taming of Chance*, 107; Stephen Jay Gould, The Structure of Evolutionary Theory (Cambridge, MA: Belknap Press of Harvard University Press, 2002), 595.

[3] M. J. S. Hodge, "Natural Selection as a Causal, Empirical, and Probabilistic Theory," in Krüger, Gigerenzer, and Morgan, *Probabilistic Revolution*, 2:265; John R. G. Turner, "Random Genetic Drift, R. A. Fisher, and the Oxford School of Ecological Genetics," in Krüger, Gigerenzer, and Morgan, *Probabilistic Revolution*, 2:325.

[4] R. A. Fisher, *Creative Aspects of Natural Law* (Cambridge: Cambridge University Press, 1950), 4.

限的人类知识的后果。

出于灵感和威望，费雪依靠统计力学的例子，把他关于基因变异的分析奠基在19世纪由麦克斯韦和玻尔兹曼所作的理想气体的研究之上。[1] 经典热力学处理一般的物理实体，把诸如热之类的属性当作似乎是真实的物理量，认为热像水一样从一处流到另一处，此时麦克斯韦和玻尔兹曼认为实体是原子的聚合，像热这样的宏观属性是原子聚合之后的性质。[2] 即使能直接观察物体的运动和位置，但也几乎不可能解释单个原子的运动和位置，而麦克斯韦和玻尔兹曼则采用平均值来进行研究。任何给定容积的气体，其分子都被认为是分散于不同的状态之中，它们可以用图表来说明，因而它们在数量上是有限的，彼此互相区分，像一张带有坐标的纸上的格子。气体分子在这些状态中的分布可以用不同的方式，用数学方法加以描述，它们和18世纪社会科学一样使用相同的公式。和现代社会的人口相类比，气体微粒大量集合起来的混沌运动明显可以用相对频率这个概念来描述。麦克斯韦和玻尔兹曼都同意的平均法则对分子是成立的，也用来描述"给定年龄的结婚率、犯罪率和自杀率"。[3] 这样，在任何时间上，气体容量的整体状态，在微观状态下个别的气体分子的许多可能的分布，都可以用或然率来表示。

经典热力学在很久以来提供了一些最深奥的讨论来反对真正新事物出现的可能性。既然最首要和最基本的物理规律决定了能量不

[1] Gigerenzer et al., *The Empire of Chance*, 160; Turner, "Random Genetic Drift," 2: 318-319.

[2] Peter Atkins, *The Laws of Thermodynamics: A Very Short Introduction* (Oxford: Oxford University Press, 2010), 8, 23, 29.

[3] Gigerenzer et al., *The Empire of Chance*, 62.

能被创造，也不能被毁灭，本体论意义上的新事物似乎就不可能出现了，除非它可以不用添加能量。[1]但是热力学第二定律甚至更加令人却步，尤其当它用概率论术语表达之时。这个定律的一种表达形式是任何孤立系统都趋向于寻求平衡，这在19世纪晚期引发了诸多不满。换言之，热的耗散会继续下去，除非达到一个固定的温度而不留任何能量。[2]这就是著名的宇宙“热寂”，相信这个概念会给颓废派提供一些伪科学的基础。玻尔兹曼用统计力学方法重新表示了这一定律，认为任何系统内的分子都趋向于在可能的状态下扩散。既然这是最有可能出现的分布，第二定律现在等于提供了一个预测，即任何孤立系统总是达到其最大的可能性。或者用另一种方式说，不大可能的事物也不大可能发生在长期存在的任何孤立系统中，创造本体论意义上的新事物是非常困难的，尤其是在宇宙自身被看作是孤立存在的情况下。

给定这些基本规律，很难看出为什么皮尔士会把麦克斯韦和玻尔兹曼看作论述创新性存在的权威，很难看出费雪怎样用他们的工作支持创造性进化的理论。第二定律尤其提升了凯特勒所观察到的社会规律性，直到它成为宇宙的一个基本的物理必然性。然而，它看起来是不能被改变的，统计力学实际上把所有关于概率推理的问题推到了极限，因此或然性事物的一些最深的悖论出现了。其中最重要的问题之一就是由玻尔兹曼发现的：如果平衡是压倒一切的可

[1] Atkins, *The Laws of Thermodynamics*, 51.

[2] David J. Depew and Bruce H. Weber, *Darwinism Evolving: Systems Dynamics and the Genealogy of Natural Selection* (Cambridge, MA: MIT Press, 1995), 261.

能性，为什么我们发现我们的世界距离平衡状态会如此之远呢？[1]实际上，为什么存在着一个世界，尤其是这个世界？从那个简单的、更缺少组织性的先行者那里却创造出了更多的复杂有机体，这个可能性似乎太小了。玻尔兹曼探索了很多方法来解决这个困难，所有方法都依赖概率力学主要的弱点之一：在任何给定时间内，一个系统的状态不需要非常接近其最可能的状态。如果我们的世界被认为恰好是一段狭长的无限的时间和空间的话，那么玻尔兹曼因此期待着梅亚苏来设想的所有不大可能的事物都有可能存在。[2]

更小的、更微妙的问题也在这些基本定律构成的决定论世界观上开辟了缝隙。统计力学为了得到结论，依赖大量的理想化的图表，这些确切的状态遭到了许多怀疑。是否可以把概率自身看作这些理想化的形式之一？分子的分布是否完全由不可动摇的定律所决定，对它的完美解释是否无需使用概率逼近这样的方法？还是说分子水平上的基本运动完全是随机的，所以概率逼近是科学所能期望的最好的方法？[3]正如麦克斯韦所说，“我们能力的局限迫使我们放弃尝试表达每个原子的历史，从而满足于估计足够大的、视觉可见的一团原子的平均值”。[4]这样，对于他来说，这个问题只剩下人类行为的不重要的局限性以及现有的低下的研究技术，因此统计学方法的可靠性只剩下权宜之计，这在理论上可

[1] Lawrence Sklar, *Physics and Chance: Philosophical Issues in the Foundations of Statistical Mechanics* (Cambridge: Cambridge University Press, 1993), 41-42.

[2] Ibid., 297-300.

[3] Ibid., 38-39.

[4] W. D. Niven, ed., *The Scientific Paper of James Clerk Maxwell* (Cambridge: Cambridge University Press, 1890), 2:253.

以达到对精确轨迹的完全计算。[1]然而从麦克斯韦自己的经验出发，皮尔士得出了另外一个结论，他把它叫作“偶然主义”，或者叫做绝对的机遇，它存在于这个宇宙的基本物理成分之中。[2]甚至麦克斯韦曾经称为“绝对完美的数据和……偶然性的无所不知者”的东西也不能满足对所有情况下的可能性进行预测。[3]

这些争论提出了一个关于概率自身的基本问题，在概率推理的历史上，这个问题可以用不同的方式提出——它是否是一种基础状态的估计方法，可以在原则上被确切地表达，或者它自身是否代表了不可排除的随机性下事物状态的最大可能性。[4]甚至仅仅把概率的定义限制在第二种含义，也会带来很多问题。概率经常被理解为一些随机事件集合的相对频率，用某些方式从实际的观察频率到虚拟的频率进行推断，这种研究如同用大量实验去对无限进行研究。在这些案例中，任何特殊结果的实际频率和最可能的频率之间的关系是怎样的，假设频率只能通过无限次的实验才能得到，那么它不具有任何实践意义吗？虽然看起来无数次实验的实际频率（如果可能的话）会和可能的频率相吻合，但概率论者不会同意这具有原则上的必然性。[5]换言之，如果我们实现无限次的实验，但个体例子中包含着一定的特性，非决定论固然

[1] 从这种方式理解，统计力学是经典力学“在不完美信息条件下的应用”。Bas van Fraassen, *The Scientific Image*（Oxford: Oxford University Press, 1980）, 164.

[2] Buchler, *Philosophical Writings of Peirce*, 364-374.

[3] J. C. Maxwell, “Science and Free Will” (1873), in *The Life of James Clerk Maxwell*, ed. Lewis Campell and William Garnett (London: Macmillan, 1882), 444.

[4] Sklar, *Physics and Chance*, 103-108.

[5] Van Fraassen, *Scientific Image*, 188.

是事物的客观的、实际的性质，但是关于被统计出来的相对数字，相关的概率并非不确定。[1]

在这些不同的方法中，概率论对于不大可能的事件提供了一个更加确定的位置，小概率事件从过去可以避免的错误，变成了现在意义上的不可避免的、物理实在的一方面。[2]实际上，概率论一般会产生悖论的情况是，对物理反应的解释会把决定论和仅仅只是可能的结局结合在一起。[3]如果在任何例子中的所有个体分子都遵循传统力学的基本定律，那么它们在任何给定的时间内任何给定的特殊微观状态都不是不确定的。但是，相对的不确定性是怎样从更基本、更确定的个体分子状况中出现呢？关于这个难题的一种办法是像麦克斯韦那样看待概率，仿佛它是信息不充分的结果。这个问题就是，理解这个纯粹的主体现象（如人类的无知）是如何在这个由统计力学确定分配的物理系统中扮演这么一个现实的角色的。[4]

科学实践开始于尝试把确定性带到人类科学这样一个明显混沌的舞台上来，结束于把不确定性深深植入到物理科学的核心中去。甚至麦克斯韦都开始相信非决定论，使物理定律向自由意志开放，他把自由意志奠基于“独特性”概念之上，在这个进程中的转折点

---

[1] Maria Carla Galavotti, “Probability,” in The Routledge Companion to the Philosophy of Science, ed. Stathis Psillos and Martin Curd (New York: Routledge, 2008), 419.

[2] Sklar, *Physics and Chance*, 369.

[3] Ibid., 420; Barry Loewer, “Determinism and Chance,” *Studies in the History and Philosophy of Modern Physics* 32 (2001): 609-20. 从非技术观点的有用讨论参见 Mary Ann Doane, *The Emergence of Cinematic Time: Modernity, Contigency, the Archive* (Cambridge, MA: Harvard University Press, 2002), 96-100.

[4] David Z. Albert, *Time and Chance* (Cambridge, MA: Harvard University Press, 2000), 103; Loewer, “Determinism and Chance,” 611.

上，微小的影响可能导致过度的结果——还有，在不同时间内相似的影响会导致不同的结果。[1]值得尊敬的物理学公理“相似的祖先产生相似的后代”现在也被翻转过来了，麦克斯韦既庄严又悲哀地宣告“这样的世界，同样的祖先不再产生同样的后代，没有一件事会发生两次”。[2]

信息论

卢克莱修让他的读者确信，无尽的创新实际上来自于有限数量的固定元素，他用了当时就已经很古老的类比，把自然比喻为字母表。后来，同样的类比被用来反对伊壁鸠鲁的体系。在《格列佛游记》中，乔纳森·斯威夫特嘲弄了机遇的力量，他讽刺性地评论了“拉格多大科学院”，这里假装生产知识，其实都是用字词随机伪造的。同时，相似的论辩被提出来以捍卫神创论的信仰，他们认为，不可能设想人类的身体是随机组合起来的，就像字母随机排列写成一本书一样。[3]后来，字母表类比也被克劳德·贝尔纳这样的科学家用来代表“生命的力量”，他坚持“表现所有的自然现象的物理－化学工具就像盒子里的字母一样，是杂乱地混合在一起的，直到一种力量把它们吸引过来，这表达了最为多变的

[1] Lorenz Krüger, “The Slow Rise of Probabilism,” in Krüger, Gigerenzer, and Morgan, *Probabilistic Revolution*, 1:80. Gigerenzer et al., *The Empire of Chance*, 185.

[2] Maxwell, “Science and Free Will,” 442.

[3] Sober, *Evidence and Evolution*, 116-117. 赫歇尔用这个情节反对达尔文，见 124.

思想和物理过程”[1]且不说弗洛伊德表达过的常识观点“字母表中的字母……并不在自然中发生”，无论概率推理在什么时候用于自然，这个语言类比都是一个不变的存在。[2]

一种理解信息论的方法是把它看作这种类比的最近的、最完整的发展。在其基础上，信息论是概率推理的另一种延伸，它在统计力学基础上把自身模式化，正如统计力学在凯特勒的社会学基础上把自身模式化一样。[3]信号处理是一个相对简单的开端，从此开始，信息论开始对进化生物学产生深入的影响，而且通过控制论影响了系统论，而且它在计算机科学上也扮演了核心角色。它的影响在如今到了这种地步，每一件事都可以表达为信息的形式，或者甚至可以说，每个事物都是信息。这个说法可以看作诺伯特·维纳原来主张的最远的延伸，后者认为，信息代表着存在的新范畴，既不是物质，也不是能量——这个宣言似乎饶恕了整个世界免受热动力学定律的惩罚。[4]信息如此大规模地描绘了当代关于生命创造的解释，部分原因是它看起来能够以一种简单物质不可能做到的方式，在程度和复杂性上使自己得到增长。因为这个理由，信息论是当代最有力的创新模型，是伊壁鸠鲁体系的现代继承，它是通过概率科学几

[1] Gigerenzer et al., *The Empire of Chance*, 133.

[2] Sigmund Freud, *The Interpretation of Dreams*; quoted in Friedrich Kittler, *Optical Media*, trans. Anthony Enns (Cambridge: Polity Press, 2010), 111.

[3] 从另一个观点看，“所有概率论都可能被视为信息论的一种形式”。Pieter Adriaans and Johan van Benthem, “Introduction: Imformation Is What Information Does,” in *Philosophy of Information*, ed. Pieter Adriaans and Johan van Benthem (Amsterdam: Elsevier, 2008), 5.

[4] Nobert Wiener, *Cybernetics, or Control and Communication in the Animal and the Machine* (New York: John Wiley & Sons; Paris: Hermann, 1948), 150.

个世纪的发展转变而来的。信息论把数字和字母联系起来，它也使度量转变为意义，因而也赋予了概率论系统的简单随机性。这么重要的意义，可能也是它始料未及的。

一开始，信息论最为独特和意义深远的的问题是寻找可能的最优方法为电报编写密码，以求传输速度的最大化，并克服电子电路不可避免的噪声。早期实验者包括托马斯·爱迪生都做了很多实验上的改进，但是这些努力首先要有一个可靠的科学基础，这是由电气和通讯工程师哈利·奈奎斯特做出的，他在 1924 年得出了一个基础的数学表达式。[1] 奈奎斯特本人用了一个普通的术语“信号”，作为他的研究对象；但是当他的工作在 1928 年被电子学研究者 R. V. L. 哈特利详细阐述的时候，把信号的最大化数量被称为“信息”。为了表示这个术语的新的、临时的性质，哈特利把它用着重引号括了起来，放在文章摘要之中，他说明了，既然“信息是非常灵活的术语”，它就必须从一开始就加以界定。[2] 但是他自己并没有提供一个定义。

当数学家和电子工程师克劳德·香农在 1948 年出版他影响很大的、对奈奎斯特和哈特利的工作进行重新论述的著作时，他把他的文章命名为“通讯的数学原理”，但是他也跟随哈特利指出的道路，把被测量的数量称为“信息”。许多年后，香农承认自己有些后悔，这个术语具有一些浮夸的内涵，他所关注的都是“得到比特，从这儿到这儿”。[3] 香农实际打算测量的数量被最大化了，

---

[1] John R. Pierce, *An Introduction to Information Theory: Symbols, Signals and Noise*, 2nd ed. (New York: Dover, 1980), 35-39.

[2] R. V. L. Hartley, “Transmission of Information,” *Bell System Technical Journal*(1928): 535.

[3] Flo Conway and Jim Siegelman, *Dark Hero of the Information Age: In Search of Nobert Wiener, the Father of Cybernetics* (New York: Basic Books, 2005), 189.

其实就是一些类似于“每单位时间的字母”这样的事物，[1]它们被认为是抽象的理论的概括。结果是，就理论而言，被传送的“字母”不需要加到可以理解的任何事物上去。从很早开始，控制论专家海因茨·冯·弗尔斯特抱怨说，关于“信息”这个术语，其实是根本没有什么信息的，它们都是通过信号传递的，他设想这个领域应该重新命名为“‘信号理论’，因为那里并没有信息。只有一些哔哔声”。[2]

早在1952年，哲学家鲁道夫·卡尔纳普和哲学家、数学家耶霍舒亚·巴尔－希列尔试着提出了这一事实：香农的理论只是测量了特定符号的频率，而不是这些符号所代表的内容。他们试着把特定陈述的语义内容形式化，他们用的是卡尔纳普的归纳概率理论，而不是香农从统计力学得出的统计概率理论。[3]在某种意义上，关于信息一词用法的争论背后，是关于概率本质的更深层次的争论。对卡尔纳普来说，概率处理的是信度，[4]他的体系基本上是归纳推理的形式化，在休谟诉诸常识的地方，卡尔纳普诉诸逻辑。在香农的体系中，概率和信度或逻辑推理无关，而是和数字、特定符号分布的频率有关。信息概念能够如此容易地在语义的意义和信号的效率之间来回滑动，其原因之一是基础性的概率理论总是交替地把自

---

[1] Pierce, *Introduction to Information Theory: Symbols, Signals and Noise*, 43.

[2] Heinz von Foerster, 未出版的访谈；引自 Conway and Siegelman, *Dark Hero of the Information Age, 189.*

[3] Yehoshua Bar-Hillel and Rudolf Carnap, “Semantic Information,” *British Journal for the Philosophy of Science* 4 (August 1953): 147-157.

[4] Galavotti, “Probability,” 421-22. 卡尔纳普第一个把作为客观频率的概率和作为主观机会的概率之间的差异形式化了。见 Adriaans and van Benthem, *Philosophy of Information*《序言》, 10.

己和人类的主体性以及数学的规范性相联系。二者之间的紧张关系经常被当作一个有用的困惑之处，因为人类主体性是要获得一个客体的可靠的性质，而数学的规范性则是要获得它们没有的意义。不论信息的原始含义被限定得多么严格，信息论的非凡事业都是这种有用的困惑的最引人注目的例子。

当概率推理用于人类交流——令人专注的事业，正如科学家和数学家瓦仑·韦弗说："与其说你要做什么，不如说你能说什么"[1]——信息论是统计学方法的重要的延伸，在这里，创新已经被模式化了。正如香农解释说，信息本质上是"选择和不确定性"的同义词。[2]一个信源，被理解为信号的产生，它是一个符号一个符号地进行的，它能够用不同的符号产生更多的信息，频率和符号排列就会有更多的变化。信源冗余越多，或者越有可预测性，它能产生的信息就越少。那么，信息在定义上就相当于创新。科学哲学家伯恩德－奥拉夫·库伯尔说："一条消息的信息值结合着它的期望值：消息的期望值越低，创新性越高，这就是信息的内容"。[3]在少见的几个非数学的例子里，香农把基础英语作为信息冗余的极值，《芬尼根的守灵夜》作为其反面是先锋派在信息容量和文学风格上的最远的延伸。[4]

事实上，如果香农使用创新性这样的术语，而不是选择使用或

[1] Warren Weaver, "Recent Contributions to the Mathematical Theory of Communication," in *The Mathematical Theory of Communication*, by Claude Shannon and Warren Weaver (Urbana: University of Illinois Press, 1949), 100.

[2] Shannon and Weaver, *Mathematical Theory of Communication*, 20.

[3] Bernd-Olaf Küppers, "Information and Communication in Living Matter," in *Information and the Nature of Reality: From Physics to Metaphysics*, ed. Paul Davies and Niels Henrik Gregersen (Cambridge: Cambridge University Press, 2010), 179.

[4] Shannon and Weaver, *Mathematical Theory of Communication*, 26.

然性、不确定性，如果用描述心理状态的术语而不是用物理术语，就会显得更清楚、更直接。在这些基本描述之中，人类作为接收器，其主观条件已经和信号发生器的客观能力产生了非常紧密的关系。一个信号系统的概率值就是频率比，但是人作为信号接收者，他的期望类似于信度，是和非常不同类的概率（即休谟和卡尔纳普所说的概率）相结合的。这样被合并进香农的术语之中的就是一些模糊的忧虑：信息究竟应该被理解为主观范畴还是客观范畴。

这可能令人困惑，并且确实已经如此了。一个非常根本的问题出现在香农的定义之中，这就是在信息和不确定性之间建立的和直觉完全相反的相等关系。通俗地说，信息更多的时候被认为是去除了不确定性。从香农的观点看，这真的是不相干的困难，因为不确定性对他来说是信号系统的一个客观特征，这种特征更加精确地说来也被描述为组合的复杂性。[1]在这个意义上，对作为不确定性的信息的测量就是对一个系统能力的测量，这种系统能力是传输更宽、更多样、更少冗余的信号系列。这种能力有时或多或少地有助于重新叙述潜在的不确定性。[2]或者，这个定义会有一点扭曲，因而信息的传递被等同于不确定性的去除或者解决。[3]在某种程度上，这个困难是存在于两者之间：一方面是系统，信息只是潜在地存在

[1] Jeffrey S. Wicken, *Evolution, Thermodynamics, and Information: Extending the Darwinian Program* (New York: Oxford University Press, 1987), 24. 也参见韦弗虚张声势地忽视明显的“古怪的”事实，即信息和不确定性符合香农的理论（“Recent Contributions to the Mathematical Theory of Communication,” 116）.

[2] Luciano Floridi, “Information,” in *The Blackwell Guide to the Philosophy of Computing and Information* (Oxford: Blackwell, 2004), 52.

[3] P. R. Masani, *Norbert Wiener, 1894-1964* (Basel: Birkhauser Verlag, 1990), 153; Pierce, *Introduction to Information Theory*, 24.

于其中；一方面是通过这个系统传递的信号，在现实中传递信息。但是信息和不确定性的明显的镜面反射，作为信息论的每一个解释中不可消除的困难，以及信号生产者和人类接收者之间的模棱两可的困境，都是源自于保留在信息概念中的几乎是本质的模糊性。简单频率分布的客观概率通过不确定性这样的术语和主观定义的概率（如信度这样的术语）联系在一起。

被信息论测量的不确定性通常和物理系统的可测量的特性相比较，后者在统计力学的研究之中表现为熵这个概念。大致地说，熵经常被定义为系统的无序程度。[1]更确切地说，高熵值意味着分子更加平均地分布在系统可能的能量水平上——换言之，系统接近于平衡态，更不可能产生新的能量。[2]这种分布的一个后果是，分子的概率分布被拉平了，这样更难说明任何特殊分子的能量等级。更加难以处理的、依据信息重新叙述这种情况的办法，首先是由物理学家里奥·希拉特在20世纪20年代提出的。分子的分布概率被拉平了，特殊性的缺乏也就发生了，所有的能量等级都有同样的可能性，这种情形被认为是信息的缺乏，在这个系统内，认识分子的情况就更加困难了。熵在这个含义上或多或少成为信息的反面，或者它被等同于信息的缺乏。[3]

---

［1］ Atkins, *Laws of Thermodynamics*, 48.

［2］ Ibid., 53.

［3］ Paul Davies, "Universe from Bit," in Davies and Gregersen, *Information and the Nature of Reality*, 78; Jeffrey S. Wicken, "Thermodynamics, Evolution, and Emergence: Ingredients for a New Synthesis," in *Entropy, Information, and Evolution: New Perspectives on Physical and Biological Evolution*, ed. Bruce H. Weber, David J. Depew, and James D. Smith (Cambridge, MA: MIT Press, 1988), 147.

香农显然是第一个注意到在数学公式里的相似性被用来计算统计力学里面的熵，这种相似性也用来计算信息论中的信息，它来自于这样的事实：它们都是或然性的。在统计力学里，熵是“配置物理系统状态的数量的对数”，而哈特利的信息测量公式基本上是“字母表尺寸的对数”。[1] 正如工程师约翰·R. 皮尔斯所说，这两种情况的关系基本上是“数学类比”的关系。[2] 实际上，根据至少一个描述，熵的概念本来是很轻率地提出来的，当时的数学家、物理学家约翰·冯·诺依曼对香农说：“你应该把它叫做熵，这有两个原因：第一，热动力学里面所用的函数就是这个名字；第二，更重要的是，大多数人不知道熵是什么，如果你在辩论中用了这个词，你就会无往不胜”。[3] 从那时候起，学者就一直在争论，用一个词描述这两种情况是否有利。一些人，包括约翰·R. 皮尔斯和杰弗里·S. 威肯，他们坚持认为这两个熵不是相同的概念，但是有一个基本的数学意义，从冯·诺依曼的恶作剧式的建议中，我们看到的没有别的东西，只是困惑。[4]

在这方面，有些学者感到困难的原因之一是，熵总是被用来测量传输出去的信息，但是它实际代表的是一些信号系统的信息容量和传递能力。熵也被经常用作不确定性的同义词，因为它是系统

[1] Thomas A. Cover and Joy A. Thomas, *Elements of Information Theory*, 2nd ed. (Hoboken, NJ: John Wiley & Sons, 2006), 11, 54.

[2] Pierce, *Introduction to Information Theory*, 21.

[3] John von Neumann, quoted, without further reference, in A. Golan, “Information and Entropy Economics—Editor’s View,” *Journal of Econometrics* 107 (2002): 1-15. See also Wicken, *Evolution, Thermodynamics, and Information*, 24.

[4] Pierce, *Introduction to Information Theory*, 21-23; Wicken, *Evolution, Thermodynamics, and Information*, 24.

中可用的、可供选择的数量的函数。这意味着，关于熵的讨论结束了围绕着信息和不确定性的不断重现的基本困难，因此一些科学家包括诺伯特·维纳本人，都把熵定义为“包含在消息里的信息量的反面”，[1] 虽然香农把它定义为正面的量度。二者的明显区别来自于这个事实：他们的书面描述是同归而殊途的——香农把潜在的信息当作系统的熵，而维纳把信息看作是实际上由一个特定的信号产生的。[2] 即便如此，事实上信息论的两个先行者所设想的事实都为把信息概念和熵联系起来，这不仅是不同的方法，而且是完全相反的方法，用这个学科的术语阐述了非常实验性的性质。

另一方面，它可能引发讨论，熵概念的模糊性使它变得非常有用，所以它不能被排除在信息论之外。熵可能的同义词——不确定性、无知、随机性、复杂性——阐释了信息自身的分裂特性，因为一些词对作为接收者和观察者的人类来说是主观的，其他则是概率性系统的客观条件。既然熵是测量所有这些概念的，那么它就使它们平等地成为客观的——虽然更难看见我们对特定分子位置的无知是怎样成为这些分子组成的气体的一个客观性质的。熵就是这样使信息论成为概率推理的基本的张力关系之一，这个张力关系介于主观信度和客观频率之间，但是在新的状态下，这种张力却提供了一个真实的优势。因为不确定性和无知这样的半心理学术语使得看起来仅仅是由信息论测量的数学频率具有了一些语义学的意义，至少

[1] Norbert Wiener, *Collected Works with Commentaries*, ed. P. Masani (Cambridge: MIT Press, 1985), 4: 226.

[2] Lily E. Kay, *Who Wrote the Book of Life? A History of the Genetic Code* (Stanford, CA: Stanford University Press, 2000), 94.

是潜在的意义。香农方程使用了诸如不确定性这样的同义词，它测量的数据似乎超越了组合的复杂性，因而获得了真实的意义。另一方面，把一个主观状态（如不确定性）和一个数量联系在一起，是否就定义了随机性或复杂性或其他东西，似乎这样的状态是实际可测量的。如果不确定性是可以量化的，那么知识也必须是可以量化的，这样，就可以测量这些消息的实际内容，而不仅是测量那些传递消息的符号系统的相对复杂性。

在和香农合著的原创性论文的评论中，瓦仑·韦弗在一开始就坚持认为“信息和意义不能混淆”。[1]香农本人在论文的第二段也警告说，“通讯的语义方面和工程问题不相关”。[2]实际上，甚至这些警告也有点太狭窄了，因为一般来说，信息论在本质上是无关于内容的，不管内容有意义与否，这和消息的实用方面，如语境和效果都不相关。[3]韦弗仔细地把通讯行为区分为 3 个层次，分别叫做技术层次、语义层次和效果层次，他的讨论明显集中于第一个层次，这个层次真正与信息论有关。但是，在两页的篇幅中，他又把这些层次压缩在一起，明确地坚持信息论和这 3 个层次都相关。[4]在论文结尾，除了信号效率之外，信息论与其他问题无关，这种不相关性作为一个限制被提出来，它已经变成了一

[1] Shannon and Weaver, *Mathematical Theory of Communication*, 99.

[2] Ibid., 3.

[3] Terrence W. Deacon, “What Is Missing from Theories of Information?,” in Davies and Gregersen, *Information and the Nature of Reality*, 158. 有很多尝试扩展香农的数学模型，它也负责说明语义内容。见 Fred Dretske, “Epistemology and Information,” in Adriaans and van Benthem, *Philosophy of Information*, 32.

[4] Shannon and Weaver, *Mathematical Theory of Communication*, 96-98.

个优势，似乎这个理论的纯粹抽象性质赋予了它一个视野，“它是如此普遍，因而一个人不用非要说考虑哪些种类的信号——是书面的字母或词汇，还是音符，还是口头词汇，或者是交响乐，或者是绘画”。[1]在论文结尾，韦弗发出声明：“熵不仅仅说算术的语言，它也说语言的语言”。[2]

用这种方法把数字翻译成字母，使二者互相匹配，似乎它们只是不同的代码，这种方法使得信息论研究的简单频率看起来像非常不同类的组合，用字母组成词，用词组成句子，它完全不服从概率分析。当然，在特定语言里，字母出现的频率是特定的，在一段文本中，单个词汇出现的频率也是特定的。这样就可能计算出特定的字母或一串字母出现在一段给定的自然语言中的可能性。[3]但是，不可能用这些频率反过来创造一段新的文本，因为逻辑和语言学的关系使得语言可以理解，而仅仅一段频率是不可理解的。在韦弗的论文中，以及在关于信息论的力量和范围的声明中，现实语言被编码发送的事实被夸张了，直到把它和产生语言陈述的能力相混淆为止。当韦弗宣称信息论可以说话的时候，他的意思是一个信号系统能够极大地超出其实际拥有的记录和传送的能力。

这样，就像特伦斯·迪肯所说：“大半个世纪以来，我们知道了如何测量任何一个给定的通讯媒介传递信息的能力，但我们还不能给出一个解释，说明它如何与这个信号可能代表或可能不代

---

[1] Ibid., 114.
[2] Ibid., 117.
[3] 香农实际上没有沿着这个方向作工作。见 Pierce, *Introduction to Information Theory*, 88.

表的内容相联系”。[1]在某种意义上，信息论能测量它不能定义的东西，信息这个术语本身包含一般层次和特殊层次。测量特定系统信息量的公式，或者测量特定信号的信息内容的公式，总是被用作信息的定义。但是这是很小的量，类似于假定用一品脱的量来判断冰淇淋的口味。迪肯说：“虽然我们几乎每天都毫无困扰地使用信息这个概念，我们也制造了机器（计算机）和网络系统来传输、分析和存储它，但我相信，我们还是不能真正地知道信息是什么”。[2]信息论在本质上和意义无关的特性，使它返回了它在界定自身基本数量的无能状态。

另一方面，信息没有其真正特征的这个事实，其本体论地位正如其他计量单位，如英寸和米，是其极大的有用性的一部分，也是其作为概念的普遍存在性的来源。既然任何组合体都可以按照信息来测量——既然任何事物都按照信息来表达——似乎所有事物都能转化为信息。这样，信息就成为宇宙的基本材料。对现今时代的许多作者来说，这不是一个隐喻而是字面的描写，[3]信息作为对存在的解释，这一部分是来自于产生创新的力量，这种思想一般不是对纯粹物理学体系来讲的。

理解这个能力的一种办法是回归维纳的主张，他认为信息是存在的新的范畴，不同于物质和能量。这种有利地位的后果之一就是，信息没有被束缚在限制物理学实体的常规的法则之上，这样它就能

[1] Deacon, “What Is Missing from Theories of Information?,” 148.

[2] Ibid., 147. See also Luciano Floridi, “Trends in the Philosophy of Information,” in Adriaans and van Benthem, *Philosophy of Information*, 117.

[3] Eric Steinhart, “The Physics of Information,” in Floridi, Blackwell Guide to the Philosophy of Information, 178-185.

够自发地增长。《泰阿泰德篇》提供了另一个更古老的语境，其大意是说，自然通过组合来产生新事物，按照同样方法，语言通过少数标准符号的组合来创造新的意义。现代信息论者经常讨论的是，信息作为一种不费力而自然得到的增量，一个带有神秘意义的加法，如三个字母的组合就能引发一个猫（cat）的观念。虽然最确切地说，并非是字母的任何偶然组合都能创造新词汇，作为不费力而自然得到的新意义的红利，信息从一开始和创新相结合的事实，使它更容易地设想任何一条消息都都能产生某些创新，除非这条不是消息。如果任何事物最后都能被表达成一条信息，如果信息总是在定义上增加创新的储备，那么就不难想象，"宇宙的历史就是作为信息处理的革命，每个事物都是从前一个事物产生出来的"。[1]一些现代的天体演化学是宗教性的，信息概念成了逻各斯的闪亮的新版本；但是其他则有着严格的科学特性，如进化生物学家约翰·梅纳德·史密斯和埃洛斯·萨斯马利，他们把地球生命的历史描绘成一系列的"信息被编码的方式和它在上一代和下一代中传递的方式发生的巨大变化"。[2]

这些提出来的对宇宙历史的解释依靠的是环境，以及给信息以意义的特定转折。然而，它们依赖信息自发增值的观念的确陷入了困境，因为在信息传递过程中，信息的增值在物理学中是没有可能的。[3]的确，因为在任何传输渠道中都有噪声的存在，信息不可避

[1] Seth Lloyd, "The Computational Universe," in Davies and Gregersen, *Information and the Nature of Reality*, 98.

[2] John Maynard Smith and Eors Szathmary, The Major Transitions in Evolution (Oxford: W. H. Freeman, 1995), 309.

[3] John Collier, "The Dynamics of Biological Order," in Weber, Depew, and Smith, Entropy, Information, and Evolution, 236.

免地会在传输过程中衰减，因而当宇宙间的任何信息一代一代传递的时候都会退化。如果信息被理解为超出物理学之外的含义，这个困难会变得更大。伯恩德-奥拉夫·库伯尔坚持认为："不存在从虚无中产生有意义信息的'信息永动机'"。有意义的信息总是依赖其他有意义的信息才能获得、保持，并且传递其内容，因而任何真实的通讯过程都需要特别的信息以便工作，这个过程会耗尽信息资源，而不是创造新的信息。[1]

库伯尔也否认在信息的宇宙演化学后面的基本假设，他把整个计划缩小为他所能看见的实际基础："或者（信息）从自然或社会中产生的过程就是信息的转化过程：就是说，在无可否认的巨大维度的信息空间之中，信息经过翻译和重新评估过程，其结果总是看起来是新的和独特的吗？"[2]换句话说，信息论是另外一个组合模型，和卢克莱修的伊壁鸠鲁主义没有太多不同，它依赖着一个夸张的语言类比，目的是为了宣称一些彻底的新事物能够从牌桌上的洗牌和重新洗牌之中产生出来。

遗传代码

也许作为创新模型的信息最有影响的作用就是在弗朗西斯·克里克和詹姆斯·沃森在遗传学领域内的革命性发现以来的那些年里

[1] Küppers, "Information and Communication in Living Matter," 180-181.
[2] Ibid., 181.

发生的。在他们的 DNA 研究的早期，一个核心的谜团得到了解释，DNA 串里的 4 个核苷酸可以匹配构成所有蛋白质的 20 种氨基酸。克里克令人信服地说："在蛋白质合成中，4 个核苷酸的序列如何决定更多事物（氨基酸）的序列的问题"是一个代码问题，部分是因为习惯用其名字的首字母来代表核苷酸，但主要是因为从 4 个核苷酸生成 20 个氨基酸序列的原始规则是由编码理论决定的。[1] 严格地说，从 4 个字母的排列中生成 20 个字母的系统，是一个密码系统，而不是一个代码系统——这个区别明显是一个很小的，但的确是很重要的区别，因为密码是根据简单字母，而代码则是根据更大的单位。[2] 依据代码思考而不是依据密码思考，会更容易地把克里克的实用性的有效匹配问题提升到不同的水平上，"遗传代码"这个词汇似乎蕴含了一些有意义的事物被传送出去，这正如同 4 个事物的序列重新洗牌，变成 20 个事物。

一旦核苷酸和氨基酸的关系被概念化为代码，就会很自然地把代码作为信息，进一步把"一些有意义的事物"也概念化。一开始，按照这种办法使用信息，只是指定了一个特定的氨基酸序列。[3] 然而在 1958 年，克里克开始把信息称为不同于核苷酸和氨基酸的东西，但也是从一个事物传递到另一个事物。最初，他把信

[1] F. H. C. Crick, J. S. Griffith, and L. E. Orgel, "Codes without Commas," Proceedings of the National Academy of Sciences 43 (1957): 420.

[2] 克里克承认这个，但是不后悔，"因为'遗传代码'听上去比'遗传密码'更有趣一点。"见 Kay, *Who Wrote the Book of Life*?, 151-52. 克里克讨论这件事的原创论文，见 F. H. Crick et al., "General Nature of the Genetic Code for Proteins," *Nature* 192 (1961): 1227-32.

[3] See Crick, in Kay, *Who Wrote the Book of Life*?, 174.

息一词加上着重号，似乎把它作为假设的实体；但是在信息论的早期历史中，着重号脱落了，假设的变成真实的。[1]在同一年里，弗朗索瓦·雅各布和雅克·莫诺开始以同样的方式使用信息一词，雅各布后来把它叫做“单一的变形，从一个符号系统变为另一个”。[2]实际上，雅各布头脑中的根本不是符号，而是实际的物理实体：4个核苷酸的序列，生发出20个氨基酸的组合。但是用莫诺的话说，这些序列是被字母表中的字母所表示这个事实“逻辑上等于一个字母表”，这种逻辑的相同不久就让位于文字的同一，因而莫诺只是把它们简单地等同于“一个字母表”。[3]

信息隐喻在当时看起来这么自然，是因为信息论达到了其影响的顶峰，香农研究的旧的、平凡的代码问题已经和新的控制论科学联系在一起，控制论为通讯、计算机、自动化的问题提供了一个交流中心。[4]20世纪60年代早期，信息在遗传学的讨论中被普遍使用，也已经被许多科学家所乐意接受，包括距离甚远的原创性研究者如恩斯特·迈尔，迈尔在1962年把基因定义为“‘少量信息’的携带者，用于信息论的新时期”。[5]按照迈尔的语言风格，“新时期”

[1] F. H. C. Crick, “On Protein Synthesis,” *Symposia of the Society for Experimental Biology* 12 (1958): 153.

[2] Francois Jacob, *The Logic of Life: A History of Heredity*, trans. Betty E. Spillmann (New York: Pantheon, 1982), 275.

[3] Jacques Monod, *Chance and Necessity: An Essay on the Natural Philosophy of Modern Biology*, trans. Austryn Wainhouse (New York: Vintage, 1972), 104.

[4] Evelyn Fox Keller, *The Century of the Gene* (Cambridge, MA: Harvard University Press, 2000), 111.

[5] Ernst Mayr, *Evolution and the Diversity of Life: Selected Essays* (Cambridge, MA: Harvard University Press, 1976), 35.

差不多只是一个比喻而已。在以信息为基础的微生物学的早期，一些支持者认为它可以以这样的方式，如生物学家亨利·郭斯勒所说的，“半定量的”用语。[1]50多年后，约翰·梅纳德·史密斯认为信息和所有其他相关的术语——转录、转译、编辑、校正——都是以这种方式使用，即建立在遗传学和语言的明显同构基础上的类比。[2]

其他的科学家拥护信息作为一个严谨的科学概念，用于在遗传过程中被修改、保存和传递的遗传特性。科学史学者莉莉·凯伊描述了一个有吸引力的电视圆桌会议，“遗传信息和语言功能”，包括语言学家和文学理论家罗曼·雅各布森、弗朗索瓦·雅各布，人类学家和民族学者克劳德·列维-斯特劳斯，雅各布坚持认为遗传信息是“铭刻在染色体中……正如在文本中的一个短语一样”。[3]更近一些，也更为有名的是动物行为学家和进化生物学家理查德·道金斯，他坚持认为当种子从树上落下的时候，接到的是下雨的指令：“如果落下的是软盘，当然不会更简单明了”。[4]雅各布和道金斯声称，信息不仅仅是一个类比，因为基因就是由符号构成的——这是一个有点复杂的情形，道金斯故意用离谱的隐喻使它变得更加复杂难懂。

雅各布后来解释说，“核酸信息”奠基在类似字母表这样的组

[1] Quoted in Kay, *Who Wrote the Book of Life*?, 126.

[2] John Maynard Smith, “The Concept of Information in Biology,” *Philosophy of Science* 67 (June 2000): 178-179.

[3] Kay, *Who Wrote the Book of Life*?, 307.

[4] Richard Dawkins, The Blind Watchmaker (1986); quoted in Susan Oyama, *Evolution's Eye: A Systems View of the Biology-Culture Divide* (Durham, NC: Duke University Press, 2000), 51.

合的系统之中，一个明确的、有限数量的单位通过很多方式被使用，从而生产出无限的结果。[1]这个系统在任何方向上的自由都是基于两个重要特性：DNA的个体单位只是随意地连接到任何特定的蛋白质序列上，这些单位可以以任何方式组合和重新组合。换言之，正如梅纳德·史密斯说，DNA代码是随意的，因而是符号性的，隐喻的喻体和本体之间，符号与所指之间必要的差距给予了有限的遗传代码以能力，使它可以形成无限种类的生命形式。[2]不像语言，遗传代码不是字面意义上的；就是说，它不是真的由字母组成，而是由核苷酸组成，但是核酸系统的单一的和组合的性质使它看上去像是字母表似的，核酸和氨基酸的松散的、可变的关系赋予了它以语言表达的比喻性的自由。

换句话说，语言模型有助于现代生物科学（正如它帮助了达尔文）理解进化的基本困惑，也就是创新性的问题。根据雅各布，生命的两个最重要的属性是“稳定性和变异性，都是基于遗传文本的性质”，生命是稳定的，因为它总是由同样少数的元素构成，而生命的变异性则是因为这些元素可以组合起来，创造出任何结果。[3]遗传谱系像语言一样，在时间中发生变化，遗传序列存在于生命的开端，促进新的生命形式产生，就像旧的词汇获得新意义一样。这样，生物学的变异对达尔文主义如此重要，它和语言的可变性、变化、歧义性相联系，因而梅纳德·史密斯赞扬“遗

[1] Jacob, *Logic of Life*, 289.

[2] John Maynard Smith, *Shaping Life: Genes, Embryos and Evolution* (New Haven: Yale University Press, 1999), 19-20.

[3] Jacob, *Logic of Life*, 292.

传信号”的任意性和符号性，是因为它使新的多种多样的生命形式成为可能。[1]但是，出于同样的原因，字母表式的集合所具有的有限性也提供了一个类比，它把科学和进化的连续性联系起来，因而生物学家和哲学家弗兰西斯科·阿亚拉比较了世界上的生命形式的共同祖先和图书馆里许多共用同样字母的不同种类的书。[2]在这些例子中，信息是一个科学术语，它揭示了真正的创新性，因为它看起来提供了一个从预先存在的元素的重新组合之中产生真正变化的模型。[3]

如果遗传的复制和传递过程被理解为一个信号系统，那么它仍然是独特的，因为它通过化学反应，在物理性的实体之间建立了因果联系——这不是用语言符号就能实现的。[4]信息论过去的历史超越了原有的对语义的无关性，它允许遗传学家更进一步地提升遗传代码的意义，从而使基因频率可能发生重组，总有一天会使它获得精神的意义。例如，雅各布的《生命的逻辑：遗传的历史》一书以真正预言式的陈述开始：“有机体就这样成为遗

---

[1] Maynard Smith, *Shaping Life*, 19.

[2] Francisco Ayala, “Molecular Evolution,” in *Evolution: The First Four Billion Years*, ed. Michael Ruse and Joseph Travis (Cambridge, MA: Belknap Press of Harvard University Press, 2009) 133-136.

[3] Jesper Hoffmayer, “Genes, Development, and Semiosis,” in *Genes in Development: Re-Reading the Molecular Paradigm*, ed. Eva M. Neumann-Held and Cristoph Rehmann-Sutter (Durham, NC: Duke University Press, 2006), 167. See also Jason Scott Robert, *Embryology, Epigenesis, and Evolution: Taking Development Seriously* (Cambridge: Cambridge University Press, 2004), 43-54.

[4] David L. Hull, Rodney E. Langman, and Sigrid S. Glenn, “A General Account of Selection: Biology, Immunology, and Behavior,” in *Science and Selection: Essays on Biological Evolution and the Philosophy of Science*, by David L. Hull (Cambridge: Cambridge University Press, 2001), 59.

传所规定的程序的现实化，灵魂的意向性被消息的翻译取代”。[1]在这里，取代也似乎意味着获得一种灵魂的特性，因为遗传信息在这里被调用了，好像它已经成为灵魂的意向性。这些宣言看起来很夸张，但是并非这个时代的特别例外。1967 年，生物学家罗伯特·辛西默坚持认为“每个人生来都知道如何读书，这种能力在他身体里的每个细胞中存在”，于是便自然而然地可能地把个体细胞看作比心灵自身还要有文化修养。[2] DNA 不可避免地受到欢迎，它被当作是生物学的罗塞塔石碑，被当作是活的 B 类线形文字：“一种比象形文字更古老的语言，一种和生命一样古老的语言”。[3]

既然信息和语言原初的同一本来就和隐喻差不多，这样的主张便相当于在两者之间建立类比关系。最近，许多作家和科学家都反对建立一个把基因转化为语言单位的两步计划。如果遗传代码是一个语言系统，那么它就是一个没有标点的语言系统，完全由 4 个字母的词汇组成，它没有任何句法，而是随机地进行创造和组合；消息仅仅从一个方向发送出去，永远不会得到回答。[4]还有，这是一种通过物理实体、化学反应来工作的语言，不是用符号和概念来

---

[1] Jacob, *Logic of Life*, 2.

[2] Quoted in Kay, *Who Wrote the Book of Life*?, 17.

[3] Kay, *Who Wrote the Book of Life*?, 178, 294.

[4] Paul E. Griffiths and Eva M. Neumann-Held, “The Many Faces of the Gene,” BioScience 49 (1999): 659; Kay, *Who Wrote the Book of Life*?, 2. 凯伊指出，香农本人拒绝把信息论术语应用于遗传学，甚至像雅克·莫诺这样的拥护者也有怀疑（ibid. 99, 210）。也参见 Alex Rosenberg and Daniel W. McShea, *Philosophy of Biology: A Contemporary Introduction* (New York: Routledge, 2008), 175-77.

工作的。[1]然而，如果这个类比趋向于把一个完全的物质过程精神化，根据批评者的意见，它也会趋向于创造一个过于僵硬的决定论的过程。当克里克设定了一个分子生物学的中心法则，即信息只能从 DNA 向氨基酸流动，而不能再次反向流动，他就建立了基础性的基因传递的概念，这就是把一个预先存在的指令集合进行解码的简单行为。[2]莫诺和雅各布详细阐述了一个信息传递的类比，他们坚持认为 DNA 在自身之内创造的信息内容不能被它和细胞其他部分之间的交流所更改。[3]这个中心法则因此被视为旧的预成说的更新的、更严格的版本。[4]反讽的是，语言类比在传统上是用来支持"真正的创新来自于纯粹的组合过程"的观念，现在在生物遗传领域却成为限制创新范围的力量。

理论生物学家格德·B. 米勒提出了一个旧问题："给定一个存在着的基本结构，如果变异只是机械的可能性，未曾发生过的元素是如何添加上去的呢？"[5]根据米勒，分子生物学对进化的种种解释只是回避了这个问题，它忽视了整个进化创新的问题。[6]对解释创新感兴趣的发育生物学家们因此把信息隐喻由

[1] H. F. Nijhout, "Metaphors and the Role of Genes in Development," BioEssays 12 (1990): 442; Kay, *Who Wrote the Book of Life*?, 69, 186, 328.

[2] Evelyn Fox Keller, *Refiguring Life: Metaphors of Twentieth-Century Biology* (New York: Columbia University Press, 1995), 23, 99.

[3] Kay, *Who Wrote the Book of Life*?, 214-216.

[4] Griffiths and Eva M. Neumann-Held, "The Many Faces of the Gene," 656. See also Robert, *Embryology, Epigenesis, and Evolution*, 48-54.

[5] Gerd B. Müller, "Epigenetic Innovation," in *Evolution—The Extended Synthesis*, ed. Massimo Pigliucci and Gerd B. Müller (Cambridge, MA: MIT Press, 2010), 310.

[6] Stuart A. Newman and Gerd B. Müller, "Genes and Form," in Neumann-Held and Rehmann-Sutter, *Genes in Development*, 41.

“信息传递”变为“信息表达”。[1]正如语言信号为了产生意义，需要其他信号的支持，同样，遗传代码为了有效地繁殖，则需要从细胞的其他部分和外部环境中获得支持信息。[2]换句话说，代码需要在一个给定的上下文里得到解释，而不是被简单地破译。[3]正是这个解释的过程和受语境影响的过程容纳了进化创新的空间。

虽然大多数发育生物学家坚持认为，基因传递以外的因素对生命形式的本质和变化会产生重要影响，但是理论生物学家玛丽·简·韦斯特-埃伯哈德使主要的因果效应完全摆脱了细胞。当她说“DNA 是敏感条件，它依赖物质和环境”时，她不止是假设环境解释了 DNA 包含的信息。[4]她的意思是断言了一些需要着重注意的非常规的事物：“进化创新最重要的引爆器是环境诱导”。[5]环境条件的变化喜欢催生一种或另一种变异，例如具有一种鸟喙类型的鸟类比其他鸟类更适合特定的种子；这种差异首先由环境因素决定，逐渐地成为特定基因组的代表。

韦斯特-埃伯哈德也相信，创新被引入进化过程之中，依

---

[1] Mary Jane West-Eberhard, *Developmental Plasticity and Evolution* (Oxford: Oxford University Press, 2003), 331. 从独立观点出发讨论发育生物学的当前地位，见 Robert, *Embryology, Epigenesis, and Evolution*, 109-30.

[2] West-Eberhard, *Developmental Plasticity and Evolution*, 15; Kay, *Who Wrote the Book of Life*?, 140. 这值得注意，这个地位被 Maynard Smith 在 *Shaping Life* 中所接受。

[3] Müller, “Epigenetic Innovation,” 322. See also John Collier, “Information in Biological Systems,” in Adriaan and van Benthem, Philosophy of Information, 781. Collier 的论文（764-787）是关于生物学科中围绕着信息论的争论的公正解释。

[4] West-Eberhard, *Developmental Plasticity and Evolution*, 90.

[5] Ibid., 144.

靠的是习得行为。[1] 实际上她坚持认为和遗传变化相比，由学习而得到的新特征甚至对进化更有影响力，因为“一个习得的新的表现特征被进化的动力和回报准则所影响，关于适应性，它不是随机的，不是以突变的基因产生突变的创新这样的方式。一种习得的创新是一种对替代选项进行评估的产品，它被有差异的回报系统所筛选”。[2] 在她对进化模式的解释中，独一无二的“单个个体的革新在整体中传播，甚至作为一个习得的传统进行代际传播”。[3] 韦斯特－埃伯哈德把有机体当作无法满足的实验者，甚至是最基础和最明显的例子，它们在环境中不断地进行试错，从自然选择中随意进行挑选，在任何物种的每一种可适应的变异体中保持活力。按照她的观点，“一个有机体具有和机器所不能及的能力，它能够回应新环境、新基因、新特性，然后通过繁殖来增加产生这个新特性的能力”。[4] 按照这种进化理论，真正的创新既非随机性的，也不是被决定的，而是被特殊的有机体发明的，它们能够创造性地适应变化了的环境。

因此，进化成为了一系列创造性的即兴发挥，成了在遗传记录中不断沉积的结果，它通过遗传达到重新组合，因而产生了更新的进一步创新的机会。在这种意义上的创新不是概率推理的结果，不是数量上的重新组合的定性结果，而是遇到环境挑战的生命形式的

---

[1] 来自不同学科的另一个论证，见 Dwight Read, David Lane, and Sander van der Leeuw, “The Innovation Innovation,” in Complexity Perspectives in Innovation and Social Change, ed. D. Lane et al. (Dordrecht: Springer, 2009), 43-84.

[2] West-Eberhard, *Developmental Plasticity and Evolution*, 340.

[3] Ibid., 348.

[4] Ibid., 159.

有目的的贡献。虽然韦斯特-埃伯哈德的进化版本似乎用了更具有生机论特色的任意性的概念代替了伊壁鸠鲁系统的随机偏斜说，但是她的确使得概率推理更加接近其最早的构想。哲学家汉斯·布鲁门伯格解释了伊壁鸠鲁的偏斜概念，那个原始的创造一切的随机性的事件，它在人类社会作为自由意志重新发生，它在能动性事物的能力之中“把绝对的开端放进现实之中”。[1]那使这个世界得以可能的东西，第一次对绝对必然性的反抗，也使得生命成为它们所成为的样子，而脱离了完全的宿命论。在这个意义上，生命正是一个过程，因而就是原子的第一次随机偏斜在宇宙之中的反馈，就是去创造现存的更新的事物。对伊壁鸠鲁主义者来说，这仅仅是一个有希望的神话，对远为明显的命运和决定论的反抗。然而至少对一些当代生物学家来说，这是唯一一个一直有意义的创新模型的最复杂精致、最灵活的版本。

[1] Hans Blumenberg, The Legitimacy of the Modern Age, trans. Robert M. Wallace (Cambridge, MA: MIT Press, 1983), 169-170.

第二部分

20 世纪的创新

Novelty:

A History of the New

第五章

科学发现的结构：库恩和维纳

库恩论创新性

在20世纪60年代创新爆发之前，两位显然彼此不认识的科学家——为科学发现的本质准备了新的解释。托马斯·库恩的《科学革命的结构》于1962年出版，该书一出版就成为科学哲学界最有影响力的著作，成为已出版著作中读者最多的书之一。另外，诺伯特·维纳的《发明》在1959年仅仅是“完成”，随后就被放弃了，维纳随后转向其他研究工作。直到1993年，维纳去世30年后，读者才读到这本书。库恩的书是科学界和哲学界的严肃著作，而维纳的书只是简单的文艺作品，是利用了他作为自动化之父的巨大声望所做的晚年诸多工作之一。对库恩来说，《科学革命的结构》是一个开端，他用了自己的余生对这本书进行论证、解释和改变。《发明》是维纳的最后著作之一，相对于维纳对数学、物理学、信息论、控制论的贡献来说，这本书只是一种附加物。从某种意义上说，《发明》是维纳对他自己挑起的特殊的科学革命的解释，至少从其外部形式上说，这个解释不太像库恩著作所提出的模型。即便如此，维纳对这个特殊的科学革命的自我意识和库恩对科学革命更为雄心勃勃的一般解释有很多共同之处，关于20世纪科学的发明和发现中如何理解创新角色的方法，二人的相似性可以提供很多东西。

库恩撰写这部著作是希望改变被概念化的科学史理解方式，因而他不再可能把科学史作为不断增加的过程，在他看来，科学史不是一个单一地不断接近自然本身的过程。其观点的主旨就是这样作为未经证明的预设结论包含在他的标题中，本书想要证明的是：迄今为止的科学发展都被理解为知识的增加，实际上是一场改变了科学探究之本质的革命。[1]这种关于科学发明和发现的新理论，似乎使得科学进展看上去更加突然和意外，同时也强调了这种创新的意义，因此，《科学革命的结构》可能是20世纪提出的最有影响力、最有意义的创新模型。因为在现代性的定义中，创新处于核心角色，这部书有可能成为对20世纪本身最有意义的解释之一。按照库恩的设想，此书的论证肯定会对科学史和科学哲学产生广泛影响。[2]因为《科学革命的结构》对艺术批评产生的直接或间接的影响，所以它对塑造20世纪中叶的艺术现代主义理论产生了强有力的作用。

库恩关注的焦点是科学家，是他们研究物理世界的方式，关于他们研究的世界的本质，他没有做出客观的断言。很难设想他的计划会不考虑现代物理学的重要发展，库恩曾经希望这个学说

[1] Thomas Kuhn, *The Structure of Scientific Revolutions*, 4th ed. (Chicago: University of Chicago Press, 2012), 136.

[2] Ibid., 207.

使他自己继续从事他所重视的研究。这些发展包括非欧几何、爱因斯坦的相对论、维尔纳·海森堡的不确定性原理，它们同样使一个特定的观察者感到物理世界的相对性特征。例如，空间和时间看起来构成了客观性的结构，实际上却是相对的。[1]这并不奇怪，库恩的逻辑起点和他的模型所依赖的，都是观察的特殊性的情况，他把这个叫作范式（Paradigm）。

虽然几乎库恩理论的每个方面都受到批评性的讨论，范式依然可能是他书中最有争议性的部分，在许多年间，他对这个概念的界定有了很大的变化。[2]一开始，范式在他看来是一种知觉的框架。他经常使用视力的隐喻描述特定的科学观点，看起来似乎这个概念仅限于物理学意义；但是他也经常使用心理学的类比和例子，似乎范式又是一种无意识的、个体的精神状态。[3]这样，范式有时候看上去像个体的偏好一类的东西，但是在书的第一版中，范式还是一种集体性的、类似于库恩所说的“公共生活”一类的东西。[4]在某一点上他同意哲学家路德维希·维特根斯坦的意见，他把范式描述

---

[1] Steffano Gattei, *Thomas Kuhn's "Linguistic Turn" and the Legacy of Logical Empiricism* (Aldershot: Ashgate, 2008), 2.

[2] 最先批评库恩的著作的，包括玛格丽特·马斯特曼对范式概念著名的批评，以及库恩的回应，见 Imre Lakatos and Alan Musgrave, eds., *Criticism and the Growth of Knowledge* (Cambridge: Cambridge University Press, 1970). 关于库恩之前范式概念的历史，见 Paul Hoyningen-Huene, *Reconstructing Scientific Revolutions: Thomas Kuhn's Philosophy of Science* (Chicago: University of Chicago Press, 1993), 132-133. 关于库恩的范式和福柯的知识型之间的相似性，以及后者对库恩的引述和对其影响的否认，Giorgio Agamben 的讨论见 *The Signature of All Things: On Method*, trans. Luca D'Isanto (New York: Zone Books, 2009),9-16.

[3] Kuhn, *The Structure of Scientific Revolutions*, 63, 85, 97, 111, 113.

[4] Ibid., 93.

为“一套适当的规则”，不仅仅是控制了、而且是实际地构成了传统的实践。[1]在他生命的结束时刻，他看到了范式概念作为一个被科学家接受的符号系统出现在语言学术语中，科学家们使用这个概念，目的是为了理解。[2]

不管范式是用作知觉性的、心理学的、社会学的或者语言学的概念，它都是一种世界观，一种看待世界的方法。虽然库恩似乎相信物理事实在本体论上的独立性，但他发现了许多理解这个事实的不同方法，“当范式发生改变，世界本身也就随之变化”。[3]重要的插入语“似乎”或“在某种意义上”[4]的频繁使用，使这一判断变得温和了，在《科学革命的结构》中，他至少在一个地方警告读者，即使在革命之后，科学家“仍然看到的是同一个世界”。[5]但是如果没有看见这样的宣告——“世界观具有这个世界自身的一切性质”，如果世界观是整全的、无所不包的，那么库恩的著作并没有产生什么效果。这就是库恩著名的论断“范式不可通约”的原因，因为在任何世界观之外，没有独立的立足点，一种世界观不可以被客观地衡量，也不可以和另一种世界观相比较。

虽然世界观是多元的，甚至在历史之中是特殊性的，它们对库恩来说都具有相同的特性，这个世界对于巴门尼德和追随他的前苏

[1] Ibid., 44. 关于库恩和维特根斯坦关系的有用的讨论见 Gattei, *Thomas Kuhn's "Linguistic Turn,"* 尤其是 18-19, 202-203.

[2] Thomas Kuhn, *The Road since Structure*, ed. James Conant and John Haugeland (Chicago: University of Chicago Press, 2000), 36, 92.

[3] Kuhn, *The Structure of Scientific Revolutions*, 111.

[4] Ibid., 111, 192.

[5] Ibid., 129. 见 Joseph Rouse, "Kuhn's Philosophy of Scientific Practice," in *Thomas Kuhn*, ed. Thomas Nickles (Cambridge: Cambridge University Press, 2003), 112.

格拉底哲学家来说，是唯一的、整体的，因而是永恒的。既然一种世界观是整全的和自足的，那么不管其内容如何发展，这些内容都已经包含在其中了，至少是蕴含在内容之中。那么，当一种世界观发生变化的时候，它实际上已经变成了另一种不同的世界观。关于世界观最紧迫的问题就是巴门尼德对世界本身提出来的问题：世界怎么会产生新的事物？库恩对于现代思想的重要性就是因为他重申了巴门尼德关于存在的问题，把它变为关于人类知识的问题。如果不存在这么一种“纯粹观察的语言”，如果最基本的“操作和测量都是由范式所决定的”，[1]那么科学如何能够产生尚未蕴含在范式之内的知识呢？

当然，这也是一个古代哲学问题，如果不像巴门尼德那么古老，至少也像柏拉图那么古老——但是它在20世纪有一个特别痛苦的回响。[2]在现代世界，科学发现具有如此声名和威力，一部分是因为这些发现似乎证明了现代思想和自由探究的独立性，但是皮埃尔·迪昂以来的哲学家已经把休谟的怀疑论变得更加锋利，他们认为用事实总是不足以证明理论总是不充足的，甚至科学理论对待反例也总是无动于衷。[3]当库恩在这个传统里进行研究，认为一系列假设足以使科学家对与之相抵触的论证视而不见、听而不闻，他

---

[1] Kuhn, *The Structure of Scientific Revolutions*, 126.

[2] 和库恩有关的这个问题被称为“美诺悖论”，见 Thomas Nickles, “Normal Science: From Logic to Case-Based and Model-Based Reasoning,” in Nickles, *Thomas Kuhn*, 148-149. 阿甘本认为这个问题的焦点是范式的意义。对他来讲，依据范式的讨论既不是演绎的也不是归纳的，而是例证式的，因而它逃脱了封闭的“美诺悖论”式的描写。见 Agamben, *The Signature of All Things*, 23-31.

[3] Stephen Munford, “Metaphysics,” in *The Routledge Companion to the Philosophy of Science*, ed. Stathis Psillos and Martin Curd (London: Routledge, 2008), 29.

似乎已经消除了科学的声望，使它们看起来像现代社会的其他领域一样，变得主观化。但是，关于世界观最令人气馁的事情是，即使变得主观化，它也仍然是整体性的，因而一个科学家最基本的假定不能被追问，即使它们是没有基础的、可疑的。换言之，科学似乎无法摆脱最坏的世界，无法摆脱有限的、主观的观点，后者具有对于客观事实的权威。现代科学思想和传统一样是封闭的、自足的——这并非与其主观特性无关，而是因为它的成见太完善了，不能被其他世界观所影响。

换句话说，库恩在知识问题上提出了一个基本的问题：不是“新思想会出现在哪里？”而是“新思想怎么出现？”虽然，新思想已经发生了，这似乎是很显然的事情，因为现代思想在这么多方面都不同于过去的思想，但是并不清楚，库恩所定义的世界观是怎样允许它自身发生变化的。因而毫不意外，他的书必须要接受许多传统的关于创新的观念，或者实际上成为关于新事物的古典解释模式的选集。他在不同场合把科学变革看作是宗教信仰的转变、革命、原子的重新组合以及进化。最后一个是最吸引人的，因为它帮助库恩想象了其他事物如何排列成一个循环，这从前苏格拉底思想家以来就是一条历史悠久的道路，一方面容许变化出现，另一方面仍然尊重所有事物的统一性和稳定性。

库恩是这样阐述循环状态的，他解释了科学如何锁定在范式之中，他把这种情况叫“常规科学”，科学家必须花费大量的时间在在这种状态中。常规科学把自己奉献给范式，或多或少像工蜂把自己奉献给蜂巢，为之提供食物，供养它，整理它，建造每个房间以供生命存在。在这种模式下的科学，其工作就是在被给定的界限之内的积累和增殖。[1]它的目标不是创新，实际上是在回避创新。事实上，库恩甚至认为常规科学压制了创新，因为创新会推翻范式，而正是范式赋予了科学研究以形式和结构。[2]常规科学不仅是保守的，而且是不宽容的，它很努力工作，寻找它希望寻找的东西，把不一致当作失败。[3]

这看来没什么吸引力，它非常符合我们对现代科学方法的普遍看法，科学革命会使它发生改变。作为一种推进的动力，科学依照基本原理，重复着机器一样的规范性，尊重一致同意的不变的传统习俗，把自然的建筑材料重新编排、重新组合，因而万物的基本理性结构变得越来越清楚。这种科学观的一个结果就是对科学发现的重新定义，它不仅仅是戏剧性的个人突破。这种机械的发明观和科学发现观是广泛传播的、不带个人色彩的社会事件，这样的工作只是对旧事物的重新编排，而不是否定，这种观点在现在也是非常有影响的。根据社会学家兰德尔·柯林斯所说，“知识的创新性来自于这个领域之前的成果的元素的组合”。[4]

实际上，这就是库恩在《科学革命的结构》一节中描述的基本信念之一，这个信念和他称为革命的东西相关，正如它也和“常规科学”相关。他在书的开头说，要问“能量守恒是谁先想到的？”

---

[1] 见 Kuhn, *Road since Structure*, 14.

[2] Kuhn, *Structure of Scientific Revolutions*, 5.

[3] Ibid., 24, 34-35.

[4] Randall Collins, *The Sociology of Philosophies: A Global Theory of Intellectual Change* (Cambridge, MA: Harvard University Press, 1998), 31. 从旧观点看，在《科学革命的结构》出版的同一年重印，见 Abbott Payson Usher, *A History of Mechanical Inventions*, rev. ed. (Cambridge, MA: Harvard University Press, 1962) (第一版是 1929 年)。

就是问了一个错误的问题。[1] 他一直反对浪漫主义的科学发现观，后者把特定个人的工作看作是受一种半神启的灵感所驱使。在某种意义上，如果"常规科学"被用来暗示其他种类的科学也是可能存在的话，那么这个词汇便是多余的，或者说是具有误导性的。常规科学是指在一个范式之内运作、并意图加强或提高其预设前提的科学，是在现实中存在的唯一一种科学。想象其他种类的科学也就是想象一个范式之外的研究，库恩断然认为这是不可能的："不存在完全没有任何范式的研究工作"。[2]

科学革命不是不同种类的科学，而是常规科学过程中的一段。正如库恩所说，除非反常事件能形成对整个范式的信念危机，否则它们就会一直出现在科学家的实践和探寻过程之中，最后会像 1 吨砖块那样掉下来。[3] 库恩本人对于反常事件的本质和起源的看法是含糊的，这似乎是他的理论不大受人关注的方面之一，这个理论没有激发大量的批评和注释的传统。[4] 根据伊恩·哈金的说法，反常事件是"一个新事物，其结果与预期相反"。[5] 但是正如库恩所坚持的那样，很难看出不可预料的事物如何出现，不可能检查阻止他所珍视的范式假设，因为范式论反对未经中介地解释自然。他坚持认为，甚至寻找"纯粹观察语言"的努力也要受"一群关于自然

---

[1] Kuhn, *Structure of Scientific Revolutions*, 2.

[2] Ibid., 79.

[3] Ibid., 5.

[4] Hoyningen-Huene, 他提供了细节最丰富的库恩著作释义，略过了 3 页的反常事件，虽然接受和解释反常事件的篇幅甚至这么少，但这不重要。见 Hoyningen-Huene, *Reconstructing Scientific Revolutions*, 230-232.

[5] Ian Hacking, 序言 , Kuhn, *Structure of Scientific Revolutions*, 序言 26 页。.

的预期”所限制，因为这种预期是不可避免的。[1]但是库恩又相信“基本的创新”，他说，当“自然在某处违反了统治着常规科学的、由范式所引起的预期”的时候，创新就出现了。[2]理解这种明显不一致的一种方法可能是，假设这些范式在最广泛的意义上并不是真正的世界观，而仅仅是科学化了的世界观，它围绕着真正巨大的自然现象的边缘，这些自然现象并非简单地被认为在范式之中，这是因为它们没有得到科学事实的地位。库恩并不是坚持认为这样的现象完全看不到，而是认为即便它们能被看到，也会被当作错误，或者甚至是欺骗，不是事实，除非它们形成了一定的压力，打破了范式的边界。

一旦这些发生了，在科学家的头脑中就会形成整体的变化。库恩把这些变化叫作革命，因为他认为这些变化跟随着政治革命的模式。正如哈金在书的导言中说：“一切都被推翻了。新的世界秩序开始了”。[3]按库恩的定义，一场革命是由政治体制的全面失败引起的，因而它只能被另一个全新的体制所代替。[4]虽然库恩努力解释和证明这种平行关系，但他也依赖一个不同的模型，即格式塔转换：“在革命之前科学世界里的鸭子，在革命之后就会变成兔子”。[5]围绕着这个概念的批评意见主要是因为，它似乎混淆了个体的心理事件和更一般的社会变化，面对批评，库恩有点让步。但是格式塔转换在一开始是有吸引力的，因为它似乎是对一种世界观

[1] Kuhn, *Structure of Scientific Revolutions*, 126-127.
[2] Ibid., 52.
[3] Hacking, 同上，序言 11-12 页。
[4] Ibid., 92-95.
[5] Ibid., 110-11.

从总体上瞬间变为另一种世界观的权威描述。[1]有时候，库恩对格式塔转换的描述掩盖了他经常用来描述这种危机的另一种隐喻：宗教信仰的改变。“科学家们经常谈论‘云翳顿开、灵光闪现’”。[2]既然用旧标准判断新范式不是个合理的办法，既然每一方所用的标准都和另一方不相容，那么从一方到另一方的转换就不会是一个理性的过程。这正如库恩所作的最有争议的陈述之一：“做出这种选择（范式的决定）只能基于信念”。[3]

简短地说，库恩对革命过程的评论是多变的，自从1962年以来，大量关于基本问题的辩论持续多年，包括个体在整体变化中的角色问题。不管库恩式的革命是个体的、心理学的，还是集体的、政治的，它总是符合那个古典的创新模型，它既能用于基督教改革，又能用于18世纪的政治变革。实际上，库恩有时候似乎注定要勾画出这个模型的全部历史，他便用了这些历史中所有关于总体的、瞬间变化的隐喻。但是他的革命甚至在更为基本的意义上尊重这个词汇的传统意义，即革命总是暗中循环的。在漫长的过程中，库恩对它进行了大量的自我批评和修改，但在其最有争议的一个看法上，库恩却从未妥协，这就是：科学并非走向对自然的、客观的、真正的解释。虽然一个范式在某种意义上可能优于另一种范式，但是科学革命一般并不积累，而只是变化。在一个更为抽象的层面，他所描述的模式不仅仅是多方面的，而且在实际上是循环

[1] K. B. Wray, “Kuhnian Revolutions Revisited,” *Syntheses* 158 (2007): 66. 也见 Gattei, *Thomas Kuhn’s “Linguistic Turn,”* 31-32, 108-109.

[2] Kuhn, *Structure of Scientific Revolutions*, 122.

[3] Ibid., 157.

的，因为科学的革命总是走向它的源头——常规科学。

在这个常规科学和科学革命的循环关系中，库恩的理论最类似于另一个关于变化和创新的普遍模型——进化。《科学革命的结构》通常是偶然地把进化作为描述增长的不常用的隐喻，[1]但是它有时候也直接用达尔文的理论作为支撑，尤其是在反对目的论的时候。[2]在某个地方，库恩指出："科学的进化论观点在此得到发展"，[3]这似乎他有意识地在使用达尔文的例子。[4]不管是否为真的，《科学革命的结构》的确在本质方面类似于《物种起源》，这就是在"重新组合而形成的创新"和"革命式的创新"之间安排了相互依赖的关系。常规科学把它的基本要素进行组合和重新组合，直到足够多的反常事件出现，导致革命的发生，然后又把这些反常事件反馈到常规科学的新版本之中。这样，常规科学巧妙地在不同的形式中复制了自己，一代又一代。

这样，库恩的模型分享了进化，这成为对创新问题的一个漂亮的解决方案，因为它证明常规科学产生了反常事件，或者偏离了范式，在同一个过程中产生出了对它的确证。正如他所说："常规科学虽不追求新事物，并且最初还倾向于压制新事物"，然而常规科

[1] Ibid., 93, 160.

[2] Ibid., 170, 172.

[3] Ibid., 173.

[4] 关于它的真实程度，在文学上存在着一些争论。参见 Paul Hoyningen-Huene and Thomas C. Reydon, "Discussion: Kuhn's Evolutionary Analogy in *The Structure of Scientific Revolutions* and *The Road Since Structure*," *Philosophy of Science* 77 (2010): 468-76. 也见 Thomas Nickles, "The Strange Story of Scientific Method," in J. Maheus and T. Nickles, *Models of Creativity and Discovery* (Dordrecht: Springer, 2009), 186.

学却“有效地促成了新事物的出现”。[1]但是这并不够，因为常规科学的方法对于产生创新不仅是有效的，还是绝对必要的。这是因为常规科学家献身于这种尝试，一丝不苟地服从范式，每一种方法都尽量做到完美，因而他会不可避免地找到那些少量的不符合范式的例子。这样，库恩在《必要的张力》中坚持认为：“在一个定义明确、根深蒂固的传统中工作，看来比不同标准聚集在一起的环境中工作，更能产生出破坏传统的创新。”[2]一个更弱的办法是：“破坏传统”是一个在传统之外的、无意义的概念，反常事件的概念依赖于那些被接受的规律的存在。但是库恩的观念没有这么抽象，他认为正是实践中对常规科学的坚持，而不仅是抽象的教条主义，才引发了不可避免的革命。[3]

出于同样原因，科学革命的目标是范式的重建，因而是常规科学的重建。在他作为一个狂热的相对主义者的生命热情之下，库恩不仅仅坚持“科学家起码必须成为一个坚定的传统主义者”。[4]因而，强调其理论中的保守倾向，甚至坚持从范式到范式的瞬间转移之中不存在自由思想的空间，就毫不奇怪了。[5]他的理论最初是作为科学革命理论，现在则更像是在描述一个封闭的体系，在其中，革命差不多成了暂时的阵痛。然而同时，库恩坚持认为革

[1] Kuhn, *Structure of Scientific Revolutions*, 64.

[2] Thomas S. Kuhn, *The Essential Tension: Selected Studies in Scientific Tradition and Change* (Chicago: Chicago University Press, 1977), 234.

[3] 见 Hoyningen-Huene, *Reconstructing Scientific Revolutions*, 196, and Nickles, “Normal Science,” 153-154.

[4] Kuhn, *The Essential Tension*, 237.

[5] Gattei, *Thomas Kuhn's “Linguistic Turn,”* 196, 204.

命不是科学的线性进步的原因，革命仅仅是把科学带回到或多或少稳定的状态，这也成了他的理论中最有争议性的一方面；很难看到他如何既在这个理论水平上保留相对主义，又不把革命的成果进行某种程度的相对主义化。[1]

这样，常规科学和科学革命就像莫比乌斯带的两个面，不可避免地互相连接，这看起来像是同一个东西。或者说，用库恩自己的隐喻，它们像用来解释格式塔转换的那个著名的鸭兔图形——维特根斯坦也用过这个图形，或者是心理学常用的两张人的侧脸构成一个花瓶的图案。常规科学和科学革命的差异不仅仅是被库恩在此书中说的格式塔转换所激发的，也可能是由二者之一所构成的。正如他说，革命不总是看上去像革命，当我们回顾革命的时候，它经常看起来像一个带有少数弱点的稳定的传统，当例外事件累积起来到比较极端程度的时候，就会导致革命。即便传统和革命之间的差异是黑白分明的，它们之间类似图形和背景的关系眨眼之间就会反转。

从这个视角出发，库恩的理论似乎是一个关于科学知识的重新叙述，正如生物学家弗朗索瓦·雅各布关于进化论的看法一样，他们认为持续性和变化在某种意义上是一致的，因为它们都建立在同一个物理学基础之上。[2]库恩实际上在与他和达尔文的关系而斗争，

---

[1] Vasso Kindi, "Novelty and Revolution in Art and Science: The Connection between Kuhn and Cavell," *Perspectives on Science 18* (2010): 301.

[2] 正如雅各布所说："虽然繁殖是是一个精确的过程，虽然几乎总是导向同一有机体的形成，但不可逆转地经常产生一些不同的东西：灵活性的狭窄边缘足够保证进化所需的变异。" Francois Jacob, *The Logic of Life: A History of Heredity*, trans. Betty E. Spillman (New York: Pantheon, 1982), 130.

尤其是在为生物学创新寻找一个恰当的类比问题之时。[1] 他所寻求的正是一些对基因突变的理性解释，或者是对在繁殖过程中产生和传递的常规变异的更好的解释。在他的晚年，他在物种形成的模式上思考科学革命。[2] 虽然达尔文的直接影响明显很大，但是进化模型本身建立在古老的妥协基础之上，这个妥协就是认为创新可以进入一个不变的世界，要么通过旧事物的再生，要么通过旧事物元素的重新排列。利用达尔文的例子，库恩把二者在一个动力系统中连接起来，认为创新性来自封闭的知识世界，并不违反其统一性和连续性。

也许这就是库恩的工作在如此多的理由上引发争议的原因，也是一些人认为它激进反智，另一些人认为它是权威的原因，因为它或多或少都用同样的词句宣传戏剧性的变化和基本的连续性。但是关于库恩著作的长期争论（在这样的过程中，事实上每个音节都是对批评的削弱）已经表明了他所承诺要解决的这些问题依然是无法解决的。因为库恩认为的传统和革新之间的“必要的张力”——之所以说必要，是因为这两个概念不仅是互相依赖的，而且按照他自己的说法，实际上是互相产生的——是非常普遍的经验，是现代性的永久的痛苦。令人麻木的常规生活被间歇性的猛烈革命所打破，其结果仅仅是重建了同样的常规生活，只是换了一个稍微不同的名称——这可能是现代境况所能提供的最负面的景象。甚至在纯粹知

---

[1] 在这方面库恩最有趣的陈述之一包含在《科学革命的结构》1969 年的第二版后记中。他说“看的方法”已经“经得起群体实验的考验，值得从一代传播给另一代”。（Kuhn, *Structure of Scientific Revolutions*, 195.）这似乎是他在 146 页称之为“自然选择”过程的完整版本。

[2] Kuhn, *Road since Structure*, 98.

识的层面上，库恩的理论似乎为我们宣示了某种现代意义上的正统思想，它永远不会受到挑战，因为它只依赖它自己。对其他人来说，这似乎是矛盾的东西——当革新加强了一致性，或者当差异性的感觉重新设立了忽视差异的新系统的时候——的确，作为自我维持的圆圈，这发生在库恩的体系之中，因而失去了内在于矛盾中导致变化的微弱的可能性。

维纳和控制论的创新概念

库恩经历了20世纪几乎肯定是最有意义的科学革命，但他仍然没有说什么，也许因为它的发生在某种意义上并不非常像他书里描述的那种模式。计算机的发明，信息作为太阳下面一切事物通用的尺度，因特网和计算机网络作为普遍的终极媒体，被用于信息的通讯、交换、存储——所有这些都构成了库恩意义上或者任何一种意义上的革命。如果一个范式转换被正确地理解为戏剧性的变化，一整套新术语取代了旧的，当代的共同观念是任何事物都被表达成、甚至是潜在地转变为信息，这就是现代历史中最戏剧性的、最有影响的范式转换。从字面上来说，信息是一种新的语言，它在一般的物理世界观方面所造成的改变至少和艾萨克·牛顿和阿尔伯特·爱因斯坦带来的改变一样流行。

一般说来，虽然这些革命性的发展被冠以新的科学革命和第二次工业革命这样的名称，但它们似乎仍然不能很好地支持库恩的理论。不存在反常事件的形成，没有主宰性的范式带来的不安，没有从效忠旧的正统观点到效忠新的正统观点的转换。实际上，如果一场革命需要在建立某些新事物之前抛弃某些旧事物，那么信息时代的来临或许完全不是一场革命，而只是一些简单的不可预料的事情的到来。整个大的转型开始于一些很平凡的工程学问题，这些问题的解决方案的应用已经远远地离开了问题刚开始提出的原始语境。然而，从某种不重要的意义上来说，这些解决方案的发展回应了库恩关于科学发现的想法，它们是由几个实际工作者独立完成的：克劳德·香农和诺伯特·维纳提出的信息论；维纳、约翰·冯·诺依曼和数学家阿兰·图灵设计的计算机。虽然维纳倾向于比其他人更少肯定这些伟大思想，但他却成为比其他人远为著名的发言人，他一度成为信息时代最著名的面孔。

对维纳来说，信息处理发展的最大原因是他们可以有助于重新组织整个科学发现过程，他所希望的从这个变化中出现的实践，在某些方面类似于库恩过去作为理想模式的实践。维纳也想象了一个循环的科学发展进程，在这个过程中高度组织化的工作会带来革新，回过头来造成了一个旧组织的新版本。当然，在这种一般的、抽象的表达方式中，这种变化模式看来像是已经被所有人在所有时间内提出过了，但是库恩和维纳共享了足够多的哲学和科学的影响，他们实际上在处理一个非常普遍的问题。他们也共同拥有了一个相似的命运，曾经非常著名的变革象征已经被看作压抑的和反动的。[1] 也许这个公众评价上的奇怪反转与库恩和维纳的关系不大，

[1] 也许对控制论最有影响的指责是 Peter Garison, "The Ontology of the Enemy: Norbert Wiener and the Cybernetic Vision," *Critical Inquiry* 21(1998): 228-266.

反而和他们试图解决的棘手的冲突之间的关系更大一些。

维纳与哲学意义上的创新问题的相遇，是始于20世纪头10年的哈佛。维纳作为一个天才神童，或多或少地受他身为哈佛教授的父亲的影响，他认识一些本国最著名的哲学家，这些哲学家都是他家的邻居和世交。[1]他受到威廉·詹姆斯很大的影响，在年轻的时候就听过后者的讲座。1911年，16岁的维纳从进入哈佛大学做研究生。那时候詹姆斯刚刚去世不久，但他最后出版的一部著作《几个哲学问题》，把创新作为这个学科最紧迫的问题之一。詹姆斯认为，这个问题是知觉与概念之间的冲突，因为知觉“无时无刻都在产生创新的完美涌现”，而概念把一切事物都还原为同一性，这样便“真的不能产生创新”。既然理智不可避免地认为事物的本质固定不变，那么“太阳底下就不可能有新事物”。[2]

詹姆斯被达尔文激励，希望进化生物学对这个问题提出一个解决方案，他也受亨利·柏格森的影响，他发现后者的工作既符合他的思路，又具有挑战性。[3]仿佛是对这些希望的负面回应，哈佛哲学教授乔塞亚·罗伊斯（他对维纳影响最大，维纳的博士毕业论文就是由他指导的）出版了论文《暂时事物的实在性》，在这篇文章中，他反对柏格森的影响，嘲笑后者的“新的时间

[1] P. R. Masani, *Norbert Wiener, 1984-1964* (Basel: Birkhauser Verlag, 1990), 39; Steve J. Heims, *John von Neumann and Norber Wiener: From Mathematics to the Technologies of Life and Death* (Cambridge, MA: MIT Press, 1980), 9.

[2] William James, *Some Problems of Philosophy*, in *Writings 1902-1910*, ed. Bruce Kuklick (New York: Library of America, 1987), 1058-1059.

[3] Bruce Kuklick, *The Rise of American Philosophy* (New Haven, CT: Yale University Press, 1977), 332; Robert D. Richardson, *William James: In the Maelstrom of American Modernism* (Boston: Houghton Mifflin, 2006), 424-427.

观”。[1]在罗伊斯看来，直接的知觉概念是一个妄想。虽然他同意柏格森，认为我们关于暂时经验的常规概念仅仅是传统，没有必要和真实事物相联系，但他不相信在经验的界限之外思考是可能的。他认为创新自身是个概念，“不是当下的感觉材料”。[2]这样，甚至每个个别的时刻，其独特性都不是直接来到我们面前的，它是在预先存在的范畴的语境中存在，即在“新事物”的语境中存在。柏格森也许是对的，每个时刻都可能是本质上的创新时刻的独一无二的表达；但是，没有办法把这个未加工的事实带到意识之中，对我们来说，在日常经验中没有办法说任何特殊时刻不同于过去的其他时刻。[3]

詹姆斯和罗伊斯指出了两个有关联的问题，它们影响了维纳的一生。第一个问题是现象在时间中的变化，尤其是真正不被过去所决定的变化的可能性。作为一个高等数学和物理学的研究者，维纳知道这些情况的存在，也知道解释这些情况的方法，至少是近似的方法。但是他也花了大量时间来思索詹姆斯和罗伊斯争论的第二个问题，即概念创新的问题。如果人类的逻辑不可避免地把新事物归入旧事物之中，那么真正的本体论意义上的创新是什么？如果罗伊斯是对的，那么理智范畴不可避免地一致，那么这会使整个本体论创新的问题都失去意义。如果科学探究的条件是防止人们意识到新事物，那么科学发现又如何可能呢？

---

[1] Josiah Royce, “The Reality of the Temporal,” *International Journal of Ethics* 20 (1910): 262-264.

[2] Ibid., 264.

[3] Ibid., 270.

这些争论对维纳的影响明显地表现在他在哈佛的工作之中。他跟随罗伊斯研究了科学方法和符号逻辑，撰写了一篇论文，来比较两种不同的产生逻辑关系的综合代数系统的尝试，其中之一是哲学家伯特兰·罗素和阿尔弗雷德·诺尔斯·怀特海在《数学原理》中作出的。他在剑桥大学的博士后论文就是献给罗素的。[1]维纳跟随罗素的工作和维特根斯坦和T. S. 艾略特的工作有交叉，后者也是他非常熟悉的。这三个非常不同的研究者分享了他们的老师对符号逻辑的兴趣，这种兴趣和数学的符号论、抽象的语法、逻辑思想的范畴相关联。但罗素发展了逻辑原子主义理论，认为事物可以离开它和其他事物的关系去理解，然而维纳喜欢之前的罗伊斯，也喜欢艾略特，他研究了另一位哲学家F. H. 布拉德雷的唯心主义，相信万物最终都是在关系中被理解的。[2]

艾略特尤其对一篇直接名为《相对主义》的论文感兴趣，这是维纳发表在《哲学、心理学、科学方法杂志》上的。[3]维纳用这个词的意思是说："所有现实事物都是相对的和部分的"。[4]但他也在另一种稍微不同的意义上使用这个概念，即认为事物只有在关系中才能作为系统的部分而被认识。维纳有点像晚期的维特根斯坦，他坚持认为必须根据一套规则、一套语法，事物才能成

[1] 对论文的描述以及罗素对论文的回应，见 I. Grattan-Guinness, "Wiener on the Logics of Russell and Schroeder," *Annals of Science* 32 (1975): 103-132.

[2] 见 Bertrand Russell, *The Problems of Philosophy* (New York: Holt, 1912), 224.

[3] 艾略特的回应，见 *The Letters of T. S. Eliot*, ed. Valerie Eliot (San Diego: Harcourt Brace Jovanovich, 1988), 1: 79-81.

[4] Norbert Wiener, "Relativism," *Journal of Philosophy, Psychology, and Scientific Methods* 11 (1914): 575. Norbert Wiener, *Collected Works with Commentaries*, ed. P. Masani (Cambridge, MA: MIT Press, 1985), 4: 64.

为可以理解的。这样“我们获得的任何新的知识都必须内在地与我们之前的知识相关：相关性越高，我们的知识就越多”。[1]但不可避免的是，任何特殊语法都是特殊的、特有的。正如维纳所说，所有语言实际上都是个人的语言，把特殊的说话者和特殊的情况结合在一起。没有关于语言的语言，没有“普遍语境”，只有不同的看的方法和说的方法。[2]这样，他在论文结尾得到了科学的概念，它的真理只是近似的，因为“我们永远不能判断任何科学假设比另一个假设是更好还是更坏，任何标准都是估计出来的真理”。[3]

这篇论文可能是维纳的哲学信念的最好的表达，这些哲学信念是他这么多年师从詹姆斯、罗伊斯、罗素和他偶然接触过的其他哲学家，如G. E. 摩尔和埃德蒙德·胡塞尔等人所形成的。很早的时候，他把这篇论文中的逻辑相对主义一方面和相对论联系起来，另一方面和伦理相对主义联系起来。他在论文《至善》中说，在这两种情况下，都存在着一个关系的系统和观察相关，在这个系统中，这些观察是有意义的。[4]在这篇论文中，他所用的这个词叫做“关系系统”（*Bezugsystem*），这个词可能覆盖了许多参照系，包括一个基于几何坐标的系统。但他在同一时期的另一篇论文中说，甚至像点和线这么明显而简单的几何概念也都是理智的建构，而不是

[1] Wiener, "Relativism," 575.

[2] Ibid., 568.

[3] Ibid., 577.

[4] Norbert Wiener, "The Highest Good," *Journal of Philosophy, Psychology, and Scientific Methods* 11 (1914): 512-520.

经验的事实。[1]他真正的意思是，关系系统和库恩所说的范式的意思很接近，他作为一个哲学家和崭露头角的科学家进行研究的问题是：如果每一个事物都不可避免地在被过去所决定的语境中被理解，那么科学发现如何可能？

维纳自己说，在他那个时代的物理学中，这个问题最流行的版本是牛顿力学和热动力学之间的冲突，后者最终导致了量子力学的出现。[2]库恩写得最为漫长复杂的著作就是致力于解决这个冲突，这个冲突始于麦克斯·普朗克这样的科学家尝试调和力学原理和热力学第二定律之间的冲突。对这样的科学家来说，很难接受一个力学体系（在其中每一个作用力都有其反作用力，而能量也永远不会消失）遵从第二定律而走向不可逆的能量增长，最终导致热寂。普朗克的确假设了，这个明显的单向的变化会归于“守旧”，这就是说，经典力学是可逆的。[3]同时，詹姆斯·克拉克·麦克斯韦和路德维希·玻尔兹曼所依靠的概率计算显示出理论的便利，其所有反应在纯粹力学概念上都是可以解释的。[4]

库恩的著作关于“打破传统”的部分发生在科学家最终在牛顿力学中描述他们的信念的时候。[5]放弃分子必须像行星一样以同一方式运行的观念，不仅仅打开了一个新的理解原子的方式，也有

[1] Norbert Wiener, "The Relation of Space and Geometry to Experience," *Monist* 32 (1922): 12-60, 200-247, 364-394. 收入 *Collected Works* 1: 87-214.

[2] Norbert Wiener, *Cybernetics, or Control and Communication in the Animal and the Machine* (New York: John Wiley & Sons; Paris: Hermann, 1948), 48.

[3] Thomas S. Kuhn, *Black-Body Theory and the Quantum Discontinuity, 1894-1912* (New York: Oxford University Press, 1978), 28.

[4] Ibid., 27.

[5] Ibid., 185.

助于在真正非对称的、不确定性的情况下确证信念。维纳说："从一个牛顿式的可逆的时间中转变过来……在哲学上是有回响的"。[1] 如果潜伏在麦克斯韦和玻尔兹曼所作的概率计算中的非决定论是实际的而非假造的，如果物理系统不是由对称的力量所驱使（在原则上是可以反转的），那么"不会有什么新事物发生"牛顿式时间就会转变为一种不同的时间，在这里"总是有新事物出现"。[2] 换言之，从牛顿力学到量子力学的范式转换使得物理科学向新事物开放，詹姆斯和柏格森认为这些新事物是可感知的，超出传统概念界限之外的。[3]

维纳早期在科学上的抱负是发展出一个数学模型，能够预测一个随机系统的过程，这个系统里面存在着不可消除的随机性元素。这样一个系统在真实世界中的例子就是一杯水里包含着一些灰尘或花粉，颗粒之间彼此互相接触碰撞，其模式是纯粹随机的。这种运动叫做布朗运动，是分析和模拟原子行为的重要模型，对维纳来说，它代表了一个系统令人着迷的例子，这个系统中，"在过去发生的事情和未来发生的事情关系不大"。[4] 在这样的例子中，概率计算以前被用于估计容器中的气体分子的可能分布，现在则被用于预测系统进化的一种或更多种未来状态的相关的可能性。[5] 换句话说，维纳发展的数学模型是柏格森式的时间的新的发展形式。

---

[1] Wiener, *Cybernetics*, 49.

[2] Ibid.

[3] 在 *Cybernetics* 一书和其他地方，维纳和柏格森明显地连系在一起。见该书 49 页。也见 Masani, *Norbert Wiener, 1984-1964*，57-58.

[4] Norbert Wiener，I Am a Mathematician; 引自 Masani, *Norbert Wiener*，*1984-1964*，80.

[5] Wiener, *Cybernetics*, 43.

如果维纳没有发现一系列技术问题被同样的分析工具攻击，他就不会像如今那么著名、那么有影响力。像电话或者电报传输的电信号，也必然包含着信号涨落，这种涨落现象具有的随机性质很像布朗运动。[1]这些多余的涨落，通常在技术上被视为噪声，只有在它们被有效地模型化的情况下才能被过滤掉，这个任务同样要进行概率计算，概率计算本来是在理想气体理论中发展出来的，后来用于其他情况，如布朗运动。[2]但是信号自身也必须以某种方式表示出来，用专门的名词来表明它不同于噪声。在这里，维纳的工作集中在由克劳德·香农发展出来的信息论上。

在第二次世界大战期间，按照战时分类法则，维纳准备并私下传播了他的论文，最后发表的题目为《第二时间序列的外推、内插与平滑以及工程应用》。这篇论文的部分内容和香农在同时做出的研究共享了同样的基础，虽然电话这样的连续信号优于电报这样的离散信号。这两种情况下的问题是一样的：如何将信号进行编码，使得在必然给定的噪声情况下，使线路携带的容量为最优？维纳特别关心滤波，因而在信号和噪声之间必须要有不可避免的折衷办法。正如数学家 P. R. 马萨尼所说，问题是"要减少噪声的作用，我们就得让器材不那么敏感，因而会损害它的准确性和有用性。要让器材敏锐，我们就会增加其敏感性，但是这会把噪声和信息一起

[1] Norbert Wiener, *Cybernetics, or Control and Communication in the Animal and the Machine*, 2nd ed. (Cambridge, MA: MIT Press, 1961) ,179 (第二版在 1948 年原版内容基础上增加了两章).

[2] 有用的讨论见 Wiener, "Time, Communications, and the Nervous System," in *Collected Works*, 4:228.

接收，从而失去了有用性”。[1]现象具有基本的随机性质，这是成问题的，概率计算用来把坏的影响减到最少，考虑到信息被传递的本质和传播媒介的容量，在信号和噪声之间找到最优的折衷点。

在更为一般的意义上，维纳寻找办法去尽量真实地描述一个柏格森式的时间空间之流、一个持续的创新过程，在这里，过去只能部分地决定未来。马萨尼说：“消息通过媒介（或信道）的传递，是在柏格森式的时间里内在固有的统计现象”。[2]但是维纳关于这个创新性的数学模型，只有在从持续的时空流动中得到秩序的时候才是有用的。正如他在《控制论》的导言中所说：“电报和电话只有在它们传递的消息持续变化、而不是完全被过去所决定的时候，才能完成其功能，也只有在这些消息的变化符合某种统计学规则时，才能被有效地表示出来”。[3]在这个意义上，一个信号是一种持续调节的新事物，一则新闻只有在符合公认的传播渠道的时候才被当作新闻。换句话，维纳的数学和技术研究，是对所有发生在现象中的新事物进行的高级调整，是困扰过詹姆斯的原初情境的重现，在这里，感觉的当下性质总是和概念的有用性相调和——新事物在旧事物中被完全终结了。

维纳把信息论当作更一般的科学工作（他叫做“控制论”）的基础，他认为控制论是“第二次工业革命”，[4]这是包含在前一次革命之中的革命，而不是反对前一次革命。用技术语言来说，这次革

[1] Masani, *Norbert Wiener, 1984-1964*, 143.
[2] Ibid., 153.
[3] Wiener, *Cybernetics* (1st ed.), 18.
[4] Wiener, “The Mathematics of Self-Organizing Science,” in *Collected Works*, 4:279.

命所造成的最重要的差别是机器重新概念化，变为通讯装置，在它们处理其他事物之前先处理信息。就是控制论使得维纳成为了声名卓著的自动控制之父。但是维纳对控制论的兴趣只是把它作为科学方法的革新，一个必要的革新，用马萨尼的话说："正是柏格森式的时间使得这种革新成为必需的"。[1] 为了研究和学习这样的过程，科学必须作为这些过程的模型，这具有同样的创新意义，它被本质上的随机性驱使，但是被连续的调制过程控制和传输。这样，他对自然的随机过程的研究开始于信息论，通过信息论进入到控制论，到科学发现的概念，后者非常紧密地符合库恩的理论，同时也和库恩受着同样一些难题的困扰。

首先，因为控制论总是那么自负地宣称自己具有创新性，所以看起来很难把控制论和被库恩称为"常规科学"的循环联系在一起。首先，按照定义来说，控制论是跨学科的，而库恩对科学的看法用"正规"的语言来说的，是非常严格地固守阒传统学科的界限的。但是阅读维纳会令人觉得，看上去令他对控制论感到激动的不是跨学科性，而是它克服学科边界的方法。维纳早就兴高采烈地发现了"人们在所有这些领域内的工作都开始于谈论同样的语言，这个词汇表里包含的内容有从通信工程、自动控制装置、计算机科学到神经生理学"。[2] 毕竟这是通讯的目的，也是重新把网络看作工厂和实验室的目标，因此距离被克服了，每个人都说着同样的语言。

然而，任何一个频道都有噪声，控制论研究群体，甚至每个人

[1] Masani, *Norbert Wiener, 1984-1964*, 257.

[2] Flo Conway and Jim Siegelman, *Dark Hero of the Information Age: In Search of Norbert Wiener, the Father of Cybernetics* (New York: Basic Books, 2005), 148.

都能成功地说着同一种语言，这也不可避免地在追求完美通讯的路上遭遇到一些障碍。事实上，在信号发送的过程中，通讯和噪声是同步增长的，因而可以说，控制论同时产生了科学上的合作和困扰。但是控制论组织的观点是，这些困扰以及通讯的失败，不是被当作必须消除的错误，而是被看作信号必然拥有的特点，这是系统必须回应的新事物。这就使得反馈过程成为可能，在这个过程中，“一个性能（performance）的错误被反馈给系统，从而成为未来的性能的一部分基础”。[1] 因此，控制系统的噪声和库恩理论中的反常事件扮演了同样的角色，只是控制论从开始就再次吸收了反常事件，而不是拒绝它，因此循环就变得更紧凑简洁了。在这个意义上，控制论可以说代表了常规科学和科学革命之间的完美融合，它们同时发生实体化，并没有像库恩的系统那样发生不幸的静态和震荡。

然而，像库恩一样，维纳也意识到他在一般意义上受到达尔文进化论的影响，这是一个“或多或少把偶然幸运的变异性和确定模式相结合的机制”。[2] 作为一种信号系统，控制论通过对标准化元素的重新组合，创造了它自身的一种“变异性”，像字母表一样，这种偶然的元素总是存在于其中。当偶然元素经过反馈，成为系统的一部分时，就构成了一种循环，因而它也依赖循环重现的过程。维纳按照这种方法把循环重现和重新组合联系在一起，从而概括了达尔文的综合进化论，即通过结合旧事物的一些内容，发展出新的创新模型。维纳也感到进化论为科学提供了一般性的可用的目的论

[1] Wiener, “Homestasis in the Individual and Society,” in *Collected Works*, 4:380.
[2] Wiener, *Cybernetics* (1st ed.), 47.

模型，至少就生物变化的过程而言，似乎是有目的的。但是他不相信在他或库恩之前有谁的一般过程概念能超过达尔文。这意味着，自然能显示的任何局部的方向性都包含在更一般的静态之中，正如变异性总是被重新引进新的稳定系统之中。许多年来，甚至维纳也开始怀疑，这种循环性质会倾向于在保持创新的活动中取消创新。

创新在控制论时代的命运

20 世纪中期的短短几年内，控制论是流行的、有影响的，维纳在公共舞台上的角色和库恩在哲学上扮演的角色是一样的——作为对待科学的革命性新方法的代表。然而，随着控制论声望的增长，维纳发现自己成为了一种不同类的控制论者。控制论这个词来自于希腊语的“控制”，他最终发现自己试图阻止由他自己发动的引擎，因为害怕它会爆发。他在晚年著作中一次又一次地警告，不要超出原初的相关领域不正当地使用科学概念，对科学进展进行商业和军事的使用，以及大众对技术的热情，一般会导致偶像崇拜。虽然他做出了这样的努力，但他还是成为著名的自动控制之父，也许这是他预想的自我指涉系统里所有可能的同义词里面最坏的结果。

维纳对他的计划的担忧似乎来自两个不同的源泉：一个是历史的，一个是政治的，后是更基本的。按照维纳的看法，一个控制论系统的目标是达到理想的自稳态，他把许多生物系统达到的自动校正的平衡作为模型。但是按照他的观点，一个平衡的自稳态总是难得的、暂时的，并且违反热力学基本定律的，因为根据这个定律，物质的任何组织都会退化为由其组成部分所构成的废料堆。但是尤其特殊的是，维纳把现代的资本主义民主并非看作是失去自稳态的平衡，而是将之看作自稳态的反面。在那里，信息不是自由流动的，因为“对传播手段的控制”是由极少数人掌握的，被“隐私权和匿名者”禁止，被“诽谤罪”法律禁止，这样就不能正常地进行反馈。[1]站在“法西斯、商业强人和政府”的利益角度看，不让信息顺其自然流动是很正常的。[2]

维纳在控制论中致力于研究的不是理想的自我控制，他把现代社会当作被外部力量控制的系统，但是结果不是静态的暴政。相反，现代社会的反自稳态特征表现在“商业繁荣和萧条的循环之中，专制和革命的交替之中，每个人都有遭到损失的战争之中，这才是现代社会的真实的特点”。[3]换句话来说，这种情况下没有有用的反馈，或者有太多的反馈，然而社会机器猛烈的失控、转向和震荡毁坏了它所保护的东西。通过非稳定系统的混乱和不确定性，现代社会承受了两种极端的冲击，而这种不稳定的系统给人的感觉对变化却是无动于衷的。

维纳非常强烈地感到这种处境的危险，他敢于承受被人当成怪人的命运，他在麻省理工学院抨击科学对商业和军事的赞助，该学院为自己的科学研究提供资金。但是他也对控制论怀着深深的严重的疑虑，这种怀疑会返回到他自己和罗伊斯所作的研究上来。如果

[1] Ibid., 187.

[2] Norbert Wiener, *The Human Use of Human Beings* (Boston: Houghton Mifflin, 1950), 15.

[3] Wiener, *Cybernetics* (1st ed.), 186. See also Heims, *John von Neumann and Norbert Wiener*, 311, and Masani, *Norbert Wiener, 1984-1964*, 283-284.

这个控制论依赖的回归过程不能保证并利用反常事件，而是简单地把它简化为正常秩序（如传统概念）的一部分，那么该怎么办呢？如果没有概念的知觉在实际上是盲目的，那么人类就不可能重新组织科学研究，那还有什么东西可以为自然界中实际发生的创新而负责呢？这些关于控制论的普遍疑问，反映了当代对信息论和控制论的很多批评。然而它们也怀疑科学中概念创新的可能性，它们严厉批评了库恩的计划和维纳自己的计划。

维纳关于创新的最开诚布公的观点包含在他的两部阅读量最少的著作中，其中的一部直到他去世 30 年后才出版。1954 年，道布尔戴出版公司的编辑、出版商杰森·爱泼斯坦请他写一部关于“发明的哲学”的简短的、非技术性的著作，维纳写出了一部手稿，这部手稿直到 1993 年才出版。[1]维纳撤回了这部手稿，因为他全神贯注于一个趣闻——电气工程师和物理学家奥利弗·赫维塞德的故事，后者的工作对长途电话通讯有重要的工具意义。[2]维纳没有润色这部关于发明的手稿，而是把赫维赛德的故事写成了一部小说，在 1959 年出版，名为《引诱者》。这两本书一起构成了一个简单的努力方向：界定革新，并且解释其最好的效果通常是如何遭到挫折的。

根据《发明》一书的解释，维纳认为新思想包括 4 个阶段，每个阶段都是下个阶段的必要非充分原因。虽然他把这些阶段看作典型的，但它们在实际上似乎也构成了一些历史的阶段，从最初级发

---

[1] Conway and Siegelman, *Dark Hero of the Information Age*, 289. Steve Joshua Heims, introduction to Norbert Wiener, *Invention: The Care and Feeding of Ideas* (Cambridge, MA: MIT Press, 1993), 12.

[2] Conway and Siegelman, *Dark Hero of the Information Age*, 289. Heims, introduction to Wiener, *Invention*, 18.

明到最高级和最复杂的阶段。按照维纳的说法，第一阶段或者要素是理智阶段："一些人从自己的头脑中产生新观点"。[1]但是维纳在这里开放了多元的可能性，"这些个别思想的影响是巨大的"。[2]第二阶段是技术阶段，这在本书中第一次出现时，维纳就给予了谨慎的界定——这仅仅是"正确的物质和技术"的必然性。[3]第三阶段是社会阶段，每个成功的发明都依赖于合作和交流，尤其是在知识分子和技术工人之间。这样，仅仅是正确物质和技术的存在是不够的，除非在有思想的人和有实践知识的人之间要存在着重要的关系。[4]最后一个阶段是经济阶段，因为必须有"某些办法去促进"发明，使之变得可以实施。[5]

虽然这个表格看起来是一切时代的每个特殊发明的起源，实际上，这些阶段包含在发明过程的神秘历史中，这样的历史把革新看作一个一般概念，一个有许多扭曲的和不连续的内容和一个悲剧结尾的故事。第一个层次是理智，它可能代表着最古老的创新观念：神的启示。[6]维纳坦率地说，真正原创的思想是"上帝的恩典"。[7]这种幸运的偶然事件仅仅在个体的头脑中发生，尤其是普罗米修斯式的个体，他总是从一大堆跟从者之中显示出来。维纳总是把科学家作为适合这个模式的例子，如物理学家威拉德·吉布斯，他很少

---

[1] Wiener, *Invention*, 7.
[2] Ibid.
[3] Ibid.
[4] Ibid., 8.
[5] Ibid., 9.
[6] Ibid., 15.
[7] Ibid., 122.

被同时代人理解，或者赫维塞德，据维纳所说，他遭到了嘲笑和欺骗。[1]吉布斯出现在《发明》中的科学家名单里，维纳把这些科学家当作普罗米修斯式的冒险者和挑战诸神的人。[2]在这个阶段的许多情况下，不言而喻，创新和原创性是非常强有力地联系在一起的。伟大的新思想不仅仅是新的，也是原创的，由个人提出的，他既是受神所启示的，或者也能和神相匹敌。这个理论和大多数其他理论一样，“有生于无”在本质上需要有一点魔幻色彩的解释。

维纳在第二阶段举了望远镜作为一种材料或技术的例子，这是很常见的，[3]他所说的也不是很令人吃惊。但实际上，望远镜的使用，不仅仅标志着发明历程中的一个阶段，在发明的性质上说，也是非常重要的变化。维纳在书的后面说，望远镜这样的工具可以说是旧的发明过程的颠倒。研究自然不是为了产生新的技术手段，科学家实际上是在研究他们自己的发明——首先找出这些发明能做什么，然后在这种工作中发现关于自然的新的未曾预料的事实。在新知识的意义上，科学与其说是新机器的原因，不如说是新机器的结果。正如历史学家罗伯特·弗里德尔在研究最近的发明史时所说，“科学更多地归功于蒸汽机，而不是蒸汽机归功于科学”。[4]

维纳恰当地把这个叫做“发明的翻转过程”，[5]但他没有注意

---

[1] Heims, *Von Neumann and Wiener*, 119.

[2] Wiener, *Invention*, 18-19.

[3] Ibid., 44.

[4] Robert Friedel, *A Culture of Improvement: Technology and the Western Millennium* (Cambridge, MA: MIT Press, 2007), 405. 参见 Bas C. van Fraassen, Scientific Representation: Paradoxes of Perspective (Oxford: Clarendon Press, 2008), 94-101.

[5] Wiener, *Invention*, 91.

到，当他这么说的时候，他也翻转了他的前两个阶段的优先次序，发明的灵感是来自于技术，而不是上帝的恩典。他也不承认这样的事实：一旦发生了这种翻转，发明也会至少开始和原创性相分离。这就是为什么难以认定蒸汽机或者摄影术这样的发明的优先性的原因之一，因为这些发明是对更早的机器和原型的研究和修改过程的延续，这些原型使得科学发明的原理变得明显了，只是当时没有成功地造出最终产品。弗里德尔这样假设道："谁发明了电报的问题并没有太多意义"。[1]

当然，在第三阶段，维纳对发明的解释在任何情况下都是公开的、具有社会意义的。虽然他依然坚持认为（甚至在他对这个阶段的解释之中），"新思想存在于个别科学家的理智之中"，但他也警告说，当科学家的合作不够，理智活动也无法充分地集中时，也不可能产生新思想。[2]在这个阶段，他对于发明的解释最为真诚地表现在控制论之中，因为他强调在创造和测试这些思想时，科学家交际网络的重要性。在这里，维纳的意见也最像同时代关于革新的其他有影响的解释，尤其是库恩的解释，对后者来说，科学的变化是总体的范式转型，而不是独立个体的灵感的作用。

然而对于维纳来说，最新的和最现代的阶段是第四阶段，即经济利益开始起作用的阶段。他说，直到美国南北战争，纯粹科学家还被认为是一种"工业的诗人"；但是一旦战争结束，"一种新的元

[1] Friedel, *Culture of Improvement*, 300. 参见 Usher, *A History of Mechanical Inventions*, 353.

[2] Wiener, *Invention*, 96.

素进入了发明游戏”。[1]这个元素就是发明的工业化和专利系统的联系。这两个方面都可以追溯到托马斯·爱迪生，他的最大发明是“工业化的科学实验室”，[2]他的最有用的能力是他知道如何区分保护性和阻碍性的专利应用。虽然那个科学家被称为“工业的诗人”的阶段似乎是不可能回来了，因为许多世纪以来，发明不得不遭到经济剥削，但是维纳在写作中坚持认为这仿佛只是最近的事情。他把这个叫做“新阶段”、“新时代”、“新气候”和“新的一步”。[3]创新的语言在这个阶段得到了扩散，这似乎是反讽性的暗示，似乎承认了发明的工业化就等于取消了创新自身的可能性的新发展。

这不仅仅是经济利益的效果，或专利系统的效果，也是将创造发明自动化的效果。创新不仅仅决定性地和原创性相切割，而且它的地位似乎也变了。维纳说，在发明史上的最初的阶段，“人类心灵的运用产生了新思想，是每个时代的新现象”。[4]创新的自然源泉的美就在于，它产生新思想，也改变了创新自身的性质。新思想不仅在内容上是新的，在方法上也是新的。不幸的是，在维纳所描述的发明的历史过程中，技术的出现意味着创新的最重要的变化是，它不再是新的了。革新被常规化了；发明经过了生产过程，就会变为粗制滥造；新事物不仅仅是不可避免的，也是令人压抑、厌烦的。这是一个悲剧的结局；在维纳的第二阶段，物质技术是必要的；在第三阶段，合作是必要的；它们在第四阶段会合，产生的却

[1] Ibid., 64.
[2] Ibid., 65.
[3] Ibid., 65, 66, 79, 83.
[4] Ibid., 87.

是创造性的反面。

这个悲剧的结局对于信息论和控制论来说，也具有某些反面的含义。维纳关于发明的历史是一个不断增长的自反性的故事，原创的灵感作用于自身的创造过程，而不是直接作用于自然，把探索的过程投入机器生产之中。当然，这种声音非常像维纳作为控制论创始人的口吻。在某种程度上，他能够在任何地方宣称，单调无味的自动化和对新思想的共同控制，就等于非法盗窃了对他的革新和对这些革新的应用。换句话说，坏的效果来自于对真正的信息传递的阻碍，“对信息自由流动的……抑制”。[1]甚至当信息可以自由流动的时候，它的过程也是循环的，它反馈给产生它的系统自身，这种回归式的循环似乎能够调制新的不同的事物，直到它不再存在。

维纳警告说：“如果我们必须把我们的信息流动组织起来，使之不存在小的漏洞，那么我们可能会在非常狭窄的范围内传递它，从而会束缚我们自己技术的健康的内在增长”。[2]换言之，对于发明来说，噪声是必要的，甚至是决定性的。然而，非常不幸的事情是，在现代处境下对于发现和发明的解释之中，噪声似乎不再是不可避免的了。科学的组织化如此紧密，它被权力的利益所掌控，它证明了自身的成功，因而不管什么反常事件都会反映到系统之中，而无法导致革命。紧密的一体化和自动化的协调，使得控制论如此有力地变成僵硬的工业控制的一种反讽的复制品，而僵化的工业控制正是维纳所希望废除的。

---

[1] Ibid., 100.
[2] Ibid., 101.

维纳在 1959 年出版的《引诱者》中非常生动地承认了他在这个方面的恐惧，此书就是《发明》一书的小说版。这部小说的形式是格利高里·詹姆斯的一封长信，他是虚构的“威廉斯控制公司”的总工程师，这封信的收信人是格利高里·威廉斯，他是公司创始人的儿子，也是詹姆斯的一个老朋友。这封信的目的是直接策划一个不道德的手段，使威廉斯公司为自己的一个最赚钱的发明获得专利权。这封信是个人的自供，也是一个公司的自供，詹姆斯承认自己背叛了乔治·伍德伯里，后者是一位古怪的、孤独的、长期贫穷的科学家，他用公式表达的数学思想使威廉斯公司获得了利润。小说用一种直白的语言重新叙述了奥利弗·赫维塞德的真实故事，他长期研究电话电路的成果据说被美国电话电报公司占有，成为后者统治美国通讯业的基础。

既然詹姆斯写信的目的是服从“真理的声音”，他自己写出这件事只有一种必然的方式才能实现这个目的，那就是让这个故事“容易破译”。[1] 按照这种方式，他代表了这个工程师的特殊文体，因为乔治·伍德伯里也拥有一种“尖锐锋利”的文风。[2] 在这封长信中，詹姆斯赞扬了伍德伯里总是保持着“观点的创新性和直率性”，这会导致“作品的单纯性”。[3] 语言的经济用法的另一个极端是律师的“黑话”，他们的写作风格是“专业地喜爱模糊说法”。[4] 伍德伯里和威廉斯公司法律部门具有如此不同的风格，使得詹姆斯经常充当二

---

[1] Norbert Wiener, *The Tempter* (New York: Random House. 1959), 2, 6.

[2] Ibid., 97.

[3] Ibid., 157.

[4] Ibid., 183.

者之间的翻译，似乎他们讲的是两种不同的语言。[1]

伍德伯里作为一个演讲者比写作者更有影响力，在这个泄密的自反性场景中，他向叙述者解释了控制论的一些基本概念。在形式上，两个科学家的对话模仿了它的主题，即“人和机器的对话”。[2]伍德伯里的语言是新鲜生动的、有影响力的，他似乎说的是“机器的语言”，这不是小孩的语言，而是带有一种“真正难理解的句法”。[3]即便如此，詹姆斯开始瞥见“工程学的新世界，在这个世界上，机械的原理及其微妙的语言可以被理解和掌握”。[4]换句话说，伍德伯里提出的是和维纳的理论一样的一般通讯理论，这次对话用一种可以接受的生动的风格描述了信息的真实力量。就是在这种意义上，维纳作品的平实性超越了它自己：用生动的承诺，而不是用字面上的复杂，在作者和读者之间建立直接的联系，这承诺就像电流沿着电路一样传递着动力。

这个景象的美使它完全难以吸收大量的事例，伍德伯里把这些事例描述为遥远的、难以辨认的、含义隐藏的谜。这个孤独的科学家最值得注意的个人特征是他的耳聋，这不仅仅阻碍了他在组织化和教育化的世界提高个人地位的可能，也“使他难以和别人做精神上的交流”。[5]作为“一个暴躁易怒的家伙”，伍德伯里也把他的科学工作归于一种让别人感到暴躁易怒的方法：“他似乎有一种恶意的快感，比如在写字母 t 的时候不写那一横，或者写 i 的时候不写

[1] Ibid., 190.
[2] Ibid., 93.
[3] Ibid., 93-94.
[4] Ibid., 94.
[5] Ibid., 113.

那一点，因而我们没有几个人能读懂他写的东西”。[1] 伍德伯里就是这样既孤独又耳聋，还难以被人理解，但他至少有一个优点，就是他的难以交流的特征使别人难以盗用他的思想。他的原创性和他的不擅交流是一致的，这也保护了他的原创性。用信息论的语言说，伍德伯里是一个几乎被噪声毁掉了的信道，但是维纳构思他的小说的意思是，一旦去除噪音，也就会和发明的原则产生了致命的矛盾。

从伍德伯里的信息中去除噪音，把他的贡献用于工业，是《引诱者》的叙述者的戏剧任务。当然，这对应的是一种离奇的结构角色，即为我们读者解释了一个如此反社会化的人的言语和行为，他不能自己解释这些。当詹姆斯和伍德伯里坐在一起讨论机器语言的时候，坚持认为“一个人总是会得到一个更新鲜的印象……当他从作者的嘴里听到……他原有重点的时候”，[2] 他阐明了一个原则，即他自己的叙述暗含着矛盾，因为他为我们叙述的对话者的词句与对话者本身的词句，二者是相差甚远的。从结构上和剧情上看，詹姆斯作为叙述者的角色是非常模糊的，因为它既是必要的也是应该谴责的。伍德伯里的思想不能表达它们自己，这不仅是一个不幸的偶然事件，也是这些思想的原创性的标志，而且这样的原创性如果不能被表达的话，就不免有点无意义。詹姆斯完成的是必要的任务，即解释、翻译、过滤伍德伯里的思想，使它们能够交流。不幸的是，这个翻译过程或多或少与威廉斯公司盗取伍德伯里的思想和专

[1] Ibid., 132.
[2] Ibid., 93.

利的过程有关联。正如维纳在《控制论》中所引用的话："翻译者即背叛者"（traduttore traditore）。[1]

戏剧性的是，詹姆斯起到了控制装置的作用，完成了用伍德伯里的公式帮助他变得完美的计划。他自己说："控制装置是这样的装置，它接受我们的指令，用机器能理解的语言把指令传给机器"。[2] 这个工业化的翻译过程依靠之前的滤波过程和詹姆斯对伍德伯里公式的解释使用。但是小说说得很清楚，这个过程也是一个占用甚至盗用的过程。控制装置不仅仅是中性的翻译者，也是背叛者，设置陷阱使这个过程为自己所用。对通讯的控制是威廉斯公司发财的工具，这不仅是对真实的开放通讯的反对，也是对它的盗窃。

这样，在这个知识被不诚实地占用的故事中，便发生了某些戏剧性的东西：它成了对控制论的控诉。噪声被去除和反馈回来的过程显示出公司利益对个体的控制，在控制论的传输过程中，它也显示出创新的消除。控制论的过程不是对新事物的放大，而是对它的抑制。在另一种意义上，这个悲哀的结局标志着向维纳早期的相对主义的回归，他的想法来自于罗伊斯，任何新现象都在过去的推测之中呈现出来。不仅是库恩所说的常规科学扼杀创新，科学革命也是如此，它把不断积累的反常事件反馈回重新构建的新常态之中。

在这些晚年著作中，维纳预料到这些批评会累积起来，影响到控制论下滑的名誉，这更像库恩作品所遇到的批评，后者最初的名声也逐渐消失。在这两种情况下，理论曾经似乎是令人兴奋的进

---

[1] Wiener, *Cybernetics* (1st ed.), 190.

[2] Wiener, *The Tempter*, 128.

步，甚至是危险的、激进的进步，现在看起来却变得保守了。[1]当维纳的思想影响到诗歌的时候，查尔斯·奥尔森模仿维纳的信息定义，把他的诗称为“在时间中分布的可测量事件的离散的或者连续的序列”。[2]在同一个年代里，系统论、“通讯理论”，以及早期的信息概念，对视觉艺术有着强大的影响，维纳的言论会出现在关于罗伯特·史密森这样的艺术家和约翰·凯奇这样的作曲家的争论之中，出现在对视觉艺术批评家克莱门特·格林伯格的批评之中。[3]简单地说，维纳的思想似乎为新的文学和艺术作品提供了一个可行的模型，这个时候，创新的本质是旧权威和年轻艺术家之间的争论的一部分。

声誉的转变使得控制论显得更好斗，更有强制力，随着时光流逝，当然会有很多事情可以做，但它也暴露出创新的奇怪结构，因为这个时代经常要由创新来定义。如果现代性有时像这样一种情况：在其中没有一件事物是牢固的，没有坚固的传统可以依靠，这种情况也似乎意味着，甚至最脆弱的和暂时的风俗都是不成问题的，因为没有外在的标准可以判断它。虽然新事物看起来无所不在，但是又似乎不可能建立什么真正新的东西。维纳和库恩的计划和许多其他事物一样，都尝试着以一种合理的方式来解决这个令人痛苦的困境，因而习俗和创新看来是互相促进、互相鼓舞的。这些

[1] 一个关于维纳和控制论的很好的讨论涉及“自由人文主义”，见 N. Katherine Hayles, *How We Became Posthuman* (Chicago: University of Chicago Press, 1999), 84-112.

[2] Charles Olson, “The Kingfishers” (1949); quoted in Steve Joshua Heims, The Cybernetics Group (Cambridge, MA: MIT Press, 1991), 271.

[3] The Writings of Robert Smithson, ed. Nancy Holt (New York: New York University Press, 1979), 33. 关于“通讯理论”的参考书目，可见 33.

解决方案不总是令人信服，可能是意味着没有一个可行的解决方案，或者意味着我们的承诺是这样的前后矛盾，因而它们重新产生的是同样的不平衡，数十年就这样过去了，任何聪明的科学家都无法解决。在这些情况下，关于创新的这些复杂问题足够持久地显示在现代艺术理论之中，正如它们也显示在科学哲学之中。

| 第六章 |

日日新：创新和美学现代主义

新事物的艺术世界

在库恩的《科学革命的结构》出版以后的很短时间内，其影响就超出了科学史和科学哲学的范围，艺术批评家和哲学家亚瑟·丹托发表了他的文章“艺术世界”就是明证。这篇文章的题目很简单也很全面，它现在变得非常著名的主要原因是记录了丹托第一次遭遇安迪·沃霍尔的作品。沃霍尔第一次展示的“布里洛盒子”成为了丹托论文中的主要例证，丹托认为对于艺术的理解，已经发生了决定性的新转变，这是一种根本的转变，几乎可以说是艺术史的终结。自从这篇文章在1964年发表以来，受到了非常多的关注，都聚焦在丹托的断言，以及沃霍尔之后的艺术生产的寓意之上——这么多的事实导致了很少有人注意到，这篇论文引起了一个开放的话题：这（非常清楚地来自于库恩）其实是对美学现代主义的开端的一次简略的勾画。

丹托说道，把一些东西当作艺术需要一个支持背景，也即

“艺术理论的氛围，艺术史的知识：一个艺术世界”。[1]他在很多年之后说，自从路德维希·维特根斯坦以来，正是某些哲学家有意地提供了世界这个词，他在当时想到的正是一些相类似的东西。在这种情况下，把这个世界命名为“全部是由艺术品构成的世界，正如动物世界是全部由动物构成的世界”。[2]换句话说，丹托认为世界一词的作用正如同库恩思想里的世界观，或者更著名的范式一词的作用。丹托总是坚持认为，艺术世界不仅仅是艺术品的世界，即管理对艺术品的生产、展览、分析等事务的装配好了的社会机构，更是符合艺术的概念定义的所有存在物的集合。在论文中给出的第一个例子就是符合艺术模仿论的传统艺术品的收藏活动。[3]

丹托把艺术的模仿理论叫做IT（The Imitation Theory of Art），他讨论了它的命运，艺术作为“一个世界”的隐含意义贯穿在丹托的叙述之中。既然这个范畴仅仅包括那些被认为是艺术作品的事物，它是整体的、完全的、有凝聚力的，理论上是不变的；就是说，如果这些事物的集合按照某种方式发生改变，那么理论也就必须要随之改变。当然，除了现存事物自身，主要理论上必须加上辅助假设；但是或早或晚，如果名为艺术的新事物想要继续存在，就必须有一个强烈的、突然的、完全的重新定义，即革命。丹托把这种变化叫做“概念革命”，他引用的原型就是“科学史上的确定时

---

[1] Arthur C. Danto, “The Artword,” *Journal of Philosophy* 61 (1964): 580.

[2] Arthur C. Danto, “Response to Hans Belting,” in *Action, Art, History: Engagement with Arthur C. Danto*, ed. Daniel Herwitz and Michael Kelly (New York: Columbia University Press, 2007), 144.

[3] Danto, “The Artword,” 573.

期”。[1]他说，艺术领域和科学领域一样，明显存在着库恩理论的回响，改变理论不仅是改变一个人的思想，也是“让一个世界和另一个世界彼此交流”。[2]

丹托解释了一个被叫作艺术世界这么具体的总体是如何容许例外出现的（但他的解释不如库恩那么充分），这会更少地在数量上聚集足够的内容以激起革命。他乐意关注它的发生，尤其是当模仿理论已经被新的美学现代主义的艺术世界取代的时候。他这样解释这种变化：“艺术家们不是被理解为不成功的模仿真实事物的人，而是被理解为成功的创造新事物的人，正如旧艺术作品的形式一样真实，在最好的例子中，它被理解为可以信赖的模仿”。[3]丹托把这种新的艺术世界叫做“真实理论”（RT，Real Theory），这个想法认为现代主义的定义是对创造新事物的自负，而不是模仿，这种观点对于他的思想来说是重要的。实际上这是界定现代主义特点的独特选择，甚至他自己的陈述都包含着另一个更为普通的选项：创新。既然新的艺术世界不仅是新的，还是致力于创造新事物，那么为什么不把这个新的艺术世界叫做创新理论（NT，Novelty Theory）呢？

当然，丹托选择的最直接原因是，他在沃霍尔的“布里洛盒

---

[1] Ibid.

[2] Ibid., 577. 丹托没有在论文中提到库恩，但是他后来承认在写作时，心里想到了库恩。见 Caroline A. Jones, “The Modernist Paradigm: The Artworld and Thomas Kuhn,” *Critical Inquiry* 26 (2000): 501. 丹托提到库恩的地方在 *Narration and Knowledge* (New York: Columbia University Press, 2007), 11-12, and *After the End of Art* (Princeton, NJ: Princeton University Press, 1997), 29-30.

[3] Danto, “The Artword,” 573.

子”中看到了艺术和真实之间明确的张力关系，他很少对这些作品对创新性和原创性造成的威胁感兴趣。但是“创新理论”的整个概念也存在着基本的困难，这个足够的挑战阻止丹托去认识它。能够存在着一个完全由新事物构成的艺术世界吗？能够存在着一个抗拒范式的范式吗？在很久以前，罗伊斯认为这是不可能的，因为把新事物包含在范式之中，就需要牺牲个体的创新事例。[1]关于美学现代主义，泰奥多尔·阿多诺说了许多同样的话。据他看来，新事物是特别的，不能适应已经存在的概念范畴，个体性是生存在范式之外的。没有人比罗伊斯更相信，在事物的当下状态中，这件事真是可能的，所以新事物存活下来对他来说是一种指责，因为我们不可能描述生活的腐败状态。[2]新事物的传统似乎被阿多诺的理由加倍地禁止了——首先是因为新事物自身是遥不可及的，其次是因为新范畴的构建会压制这些事物之中所有真正有价值的东西。

在《艺术世界》这篇论文里，丹托避免了这些困难，他仅仅提了一下“新事物”这个概念，随后就把它丢弃了，创新的概念在接下来一些年的文章中也没有扮演什么角色。但是这篇早期论文却在美学现代主义理论中功不可没地引入了创新性。首先，它显示出创新问题是现代文学和艺术和科学共同分享的内容。现代性的专业化和主体性定义，世界和世界观成为同义词，使得这种

[1] Danto, “The Artword,” 573.

[2] Theodore Adorno, *Aesthetic Theory*, trans. C. Lenhardt (New York: Routledge & Kegan Paul, 1984), 47. See J. M. Bernstein, *Against Voluptuous Bodies: Late Modernism and the Meaning of Painting* (Stanford, CA: Stanford University Press, 2006), 209.

特殊观点和最顽固的传统一样，对新事物无动于衷。虽然这可能是现代性的主要特点，正如阿多诺所说，创新是现代性自身的外貌。更为反讽的是，实现这些新事物的外貌的特殊办法来自于一个传统，这个传统可以上溯到欧洲哲学的开端。丹托对艺术的解释有直接来源，即库恩的模型，持续的重新组合和突然的革命的互相交替；但是它和这个模式的联系太紧密了，因为在一个封闭的完整的世界中，这显然是容纳创新可能性的仅有的两个办法。丹托被库恩的例子支持，而库恩的例子自身也被达尔文所支持，丹托把这个二元模型用在美学现代主义之中。

实际上，在丹托发表论文的这个时代，美学现代主义普遍被看作是一种对艺术传统的突破，这种艺术传统总是回归到精致的、重建了的传统版本，进步和回归的图表被克莱门特·格林伯格这样的支持者和提出后现代理论的反对者所分享。这样，现代主义或多或少地结束于和控制论同样的处境，它作为另一种曾经令人兴奋的革新，现在变成了压抑革新的力量。把现代主义看作激烈的、不妥协的革新，或者是一种传统，这两种可能性的理由之一是变化的图景构造了关于新事物现代思考，把这两种可能性紧密地联系起来了。

现代艺术创新的不可能性

为了愉悦的作用，艺术作品必须有某种创新尺度，这样的观点是一种旧观点。令人惊奇的突出的效果有一种基本的吸引力，人们认为变化和发明的能力是艺术从来就有的一种特殊力量。在文艺复兴过程中，有时创新从次要地位和偶然影响变成了一种必然性，成为了艺术作品不可或缺的一种性质。[1]甚至约瑟夫·艾迪生和塞缪尔·约翰逊这样的贯彻经典风格的作家也会感到，艺术品即使必须遵从规则，也必须要新鲜。[2]

在18世纪这样的时代中，创新的地位揭示了一个基本的悖论：按照艺术史的大多数记载，创新是一个必要的偏离，对规则的突破，但又要满足于另外的一些规则。[3]创新总是成为它自己的规则，这也许会少一些悖论色彩，或者只是另一类型的悖论。人们经常说，在19世纪的某些时候，创新是被旧事物推动的，它是作为艺术作品和艺术风格具有的一种属性。作为"绝对现代"，它必须创造一个符合自己规则的作品。[4]一整套相应的优点——原创性、本真性、自主性——都来自创新的首要特点。象征主义画家奥迪隆·雷东在1922年说："每一件真实而低调的新事物……都带有自己的意义"。[5]

创新就这样成为美学现代主义的典型特点被铭刻下来，并且出现在很多著作的题目之中，如艺术批评家罗伯特·休斯的《新艺术的震撼》，或者出现在诸如历史学家彼得·盖伊的《现代主义：异

---

[1] Niklas Luhmann, *Art as a Social System*, trans. Eva M. Knodt (Stanford, CA: Stanford University Press, 2000), 199-202.

[2] For Samuel Johnson, see James Engell, "Johnson on Novelty and Originality," *Modern Philology* 75 (2009): 273-279. For Joseph Addison, see Clarence DeWitt Thorpe, "Addison and Some of His Predecessors on 'Novelty,'" *PMLA* 52 (1937): 1114-1129.

[3] Luhmann, *Art as a Social System*, 201.

[4] Alain Badiou, *The Century*, trans. Albert Toscano (New York: Polity, 2007), 134.

[5] Odilon Redon, "Suggestive Art," in *Manifesto: A Century of Isms*, ed. Mary Ann Caws (Lincoln: University of Nebraska Press, 2001), 52.

端的诱惑》这样的著作中，变得众所周知。哈罗德·罗森伯格《新的传统》之后的艺术批评家重复着他的绝对主张：“对现代艺术唯一有价值的事情是：作品必须是新的”。[1]然而，他们这么做，只是在重复一个被作家和艺术家提出无数次的要求，从卡西米尔·马列维奇相对简单的“创造新世界”的新艺术计划，[2]到杰克逊·波洛克非常多余的宣言：“新艺术需要新技术。现代艺术家们发现了表达他们的新方法和新工具”。[3]

每件事都是如此漫长地带有一致的信念，但是也不可避免地引发了矛盾，因而在现代主义的定义中，新事物的价值和地位也成了疑问。保守主义者和反动分子，从作家麦克斯·诺尔道到阿道夫·希特勒，都或多或少明显地反对创新，他们谴责创新会带来他们视为腐蚀性的效果。[4]但是很有一些作为先锋派成员的艺术家和作家还抗拒着这个时代的普遍律令，包括阿米蒂·欧赞凡：“把丑陋的东西叫做美，这种偏见是多么愚蠢，仅仅因为它是新的：似乎每个新事物都必须代表某种意义！”[5]甚至在某些方面更有意义的是，一些现代主义者放弃了绝对创新的主张，为了支持仅仅是相对的创新，文学院院士安托瓦纳·贡巴尼翁说，艺术家的格言是“重做，而不

[1] 关于评论的目录，见 David W. Galenson, *Painting outside the Lines: Patterns of Creativity in Modern Art* (Cambridge, MA: Harvard University Press, 2001), 32-33.

[2] Kasimir Malevich, “Suprematism,” in Caws, *Manifesto*, 405.

[3] Jackson Pollock, quoted in Galenson, *Painting outside the Lines*, 47.

[4] 诺尔道（1883）和希特勒（1937）的摘录，见 *Modernism: An Anthology of Sources and Documents*, ed. Vassiliki Kolocotroni, Jane Goldman, and Olga Taxidou (Chicago: University of Chicago Press, 1998), 26, 561.

[5] Amédée Ozenfant, “The Art of Living” (1927-28), in Caws, *Manifesto*, 443.

是创新”。[1]很难想象现代主义宣言会带有“重做”的口号，但有时候，这些宣言是诚实的，尤其是关于这些主张的实际地位：“我们知道我们在今天所感受到的和创造的基本概念在我们之前就存在着，我们强调它们在本质上不是新的。但是我们必须宣告这个事实：欧洲的每个地方，新力量像美丽的、未曾预料的种子在发芽，我们必须指出所有新事物起源的地方”。[2]在现代主义宣言的语境下，“知道没有东西是新的”和“宣布新事物的到来”，这两件事并不是不相容的。

在现代主义的定义中，对创新的特殊地位的更多反对之声，从开始就已经存在。人们经常注意到，夏尔·波德莱尔把现代飞逝的、短暂的美和它的互补事物，也就是“永恒的、固定不变的东西”搭配起来。[3]对现代主义诗歌的第一个广泛的解释是 1926 年出版的，作者是诗人罗伯特·格雷夫斯和劳拉·雷丁，他们攻击那些“宁要新事物而不要诗人”的主张。[4]后来，当后现代主义把它的攻击建立在本真性、自主性、原创性之上，所有的属性都和新事物发生关系，像罗莎林德·克劳斯这样的学者开始重新阅读现代主义的基础文献，从而把先锋派界定为本质上反对创新。[5]

---

[1] Antoine Compagnon, *The Five Paradoxes of Modernity*, trans. Franklin Philip (New York: Columbia University Press, 1994), 57. 贡巴尼翁举的例子是马奈和塞尚。

[2] Franz Marc, “Der Blaue Reiter” (1912), in Caws, *Manifesto*, 277.

[3] Kolocotroni, Goldmann, and Taxidou, *Modernism*, 107. See Compagnon, *The Five Paradoxes of Modernity*, 15, and Ulrich Lehmann, *Tigersprung: Fashion in Modernity* (Cambridge, MA: MIT Press, 2002), 9, 21-22.

[4] Robert Graves and Laura Riding, *A Survey of Modernist Poetry* (NewYork: Haskell House, 1928), 117. 英文版出版于 1926 年。

[5] Rosalind E. Krauss, *The Originality of the Avant-Garde and Other Modernist Myths* (Cambridge, MA: MIT Press, 1986).

在一些情况下，这些重新阅读的工作开启了这个观念：成为新事物的雄心本来就是自我挫败的，因而现代主义试图为它建立基础的任务是不可能完成的，也不会完成，因为它的基础已经被暗中掏空了。这就是文学批评家和理论家保罗·德·曼的著名文章《文学史和文学现代性》的观点，在他那里，创新仅仅在“故意遗忘”的情况下才能成功，如果希望达到一个绝对的现在，就得清除过去。然而，一个作家越是放弃过去，“就越是依赖过去”，尤其他们祖先自己就已经尝试过这个不可能完成的任务：自我创造。[1] 出于一些不同的理由，阿多诺也感到现代主义求新的抱负包含着自相矛盾的东西。把创新作为目标是为了建立艺术的能动性，但是导致了一个令人不快的事实：创新是资本主义市场的最基本要求之一。因而求新就是没什么不同，或者至少，创新方法的区别不仅是预期，更是必然的。[2] 后来，为了另一个理由，社会学家布鲁诺·拉图尔把现代主义描述为一场失败的革命，而且还不是一个体面的失败，而是留下了令人讨厌的自我背叛和伪善。独立的伪装是现代主义到处崩溃的基础，实际上暗藏着对过去的依赖，导致现在和过去的同时贬值。[3]

也许还会有争论的是，一般归于美学现代主义的创新的种类并非只是现代的。如果诺伯特·维纳在《发明》中的分析是正确的，那

---

[1] Paul de Man, *Blindness and Insight: Essays in the Rhetoric of Contemporary Criticism*, 2nd ed. (Minneapolis: University of Minnesota Press, 1983), 148, 161. 也参见 Frank Kermode, *The Sense of an Ending: Studies in the Theory of Fiction* (1966; reprint, Oxford: Oxford University Press, 2000), 116.

[2] See Compagnon, *The Five Paradoxes of Modernity*, 59-60.

[3] Bruno Latour, *We Have Never Been Modern*, trans. Catherine Porter (Cambridge, MA: Harvard University Press, 1993), 69.

么近年来最一般的创新形式并不是灵感的晴天霹雳，而是不带个人色彩的、分散进行的过程，如蒸汽机的改良，或者库恩最喜欢的例子，把氧气从空气的模糊概念里分辨出来。如果兰道尔·柯林斯是对的，那么理智的创造性和艺术的创造性都已经成为相对的事物，如“从已有的存在物中产生的新组合，或者反对旧观念而产生的新观念”。按照这种分析，创新也是网络性的，因而一个个体的“孤独状态很难产生新问题，或者很难产生解决问题的新想法”。[1]在柯林斯看来，这在古希腊是真实的，在现代的曼哈顿也是真实的；但是这种洞见很显然由现代经验所决定，后者长期以来习惯于把发明当作在许多平等的负责任的发明者之间共享的扩散性的事件。常见的陈词滥调把现代主义者看作是孤独的反抗者，仍然从流浪的波希米亚艺术家留下的旧衣橱里寻找衣服来打扮自己，这二者有什么差别呢？

对所有差异而言，这些论辩一起形成了一个可信的、对理智创新和美学创新的控诉。虽然比起从虚无中创造新材料的本体论的伟业，一个新的艺术作品的成功似乎是一个更不那么令人气馁的前景，但反对它的论辩似乎也是有道理的。艺术家从来不被认为是从虚无中创造事物的人，他们依赖的思想和经验一定和材料一样是预先存在的，这总是很显然的事实。诗人纪尧姆·阿波利奈尔曾经坚持认为，现代主义画家会发明新的色彩，正如俄罗斯的未来主义者会发明新词一样。[2]然而，最重要的部分，现代的艺术家和作家被

[1] Randall Collins, *The Sociology of Philosophies: A Global Theory of Intellectual Change* (Cambridge, MA: Harvard University Press, 1998), 80.

[2] Guillaume Apollinaire, from The Cubist Painters (1913), in Kolocotroni, Goldmann, and Taxidou, *Modernism*, 263; David Burliuk et al., “Slap in the Face of Public Taste,” (1912), in Caws, *Manifesto*, 230.

同样的事实所限制，这些事实首先是被前苏格拉底哲学家所指出的，库恩也预示了对新思想的约束。

此外还有一个加在现代主义创新计划之上的反讽：描述它们如何倾向于新事物，为了描述它们的目标，现代主义的作家和艺术家必须依赖传统的模型和隐喻作为补充。美学现代主义拥有它的一切修辞、一切求新的宣示和承诺，但是却没有解释求新要用什么手段。在这里，看起来在自我定义的关键点上，现代主义总体缺乏能动性。从一般意义上说，不管现代主义作家或艺术家何时宣称美学创新在现代生活条件下的必要性，这种能动性的缺乏都会被完全承认。例如，当艺术家和辩论家埃尔·利西茨基说："新书需要新作者。墨水瓶和鹅毛笔是死的东西"，听起来仿佛技术进步创造了一种真空，作家们将要不由自主地吸取它。[1]换句话，现代语境下的美学创新经常被描述为次要现象，被艺术世界之外的发展需要。我们不那么自由地认识到的，或者不那么经常注意到的是，现代主义辩论的修辞术依靠着关于新事物的一套术语，但是这套术语已经尽职尽责地使用了千百年。

现代主义创新的多样化

虽然现代艺术被设想为毫不妥协的、绝对新的不同事物，但它的到来经常被宣称是在过去被长期流放的东西的回归。举一个明显

[1] EL Lissitzky, "Topography of Typography" (1923), in Caws, *Manifesto*, 394.

的例子，未来主义者把他们的运动看作是意大利的“文化复苏”。[1]阿波利奈尔曾经以差不多的方式把巴黎画派的新作品描述为哥特艺术的重生，但是他充分意识到一个潜在的困难：他激动地坚持认为它是“完全自发的重生、摆脱了混杂模仿”。[2]避免这个问题的一个方式是，利用重生的隐喻，似乎它是独自产生的。在1909年未来主义的第一篇宣言中，F. T. 马里内蒂发现的黎明不是旧有的、陈腐的，每24小时出现一次的黎明，而是“第一个黎明”。[3]这样，在日常生活中，一般的循环创新便摆脱了周期发生的循环性质，显得是一种原创性的开端。

对这种原创性的保证是由基督教的历史实践所提供的，宗教性的重生实际上是回归到了一个不同的、更好的状态，一些有精神爱好的现代主义者或多或少地依靠着这个开放的历史。画家瓦西里·康定斯基召唤一种普遍的精神，他把它叫做“绝对的精神”，但是这种“人类灵魂中的新价值”是一种灌注到教会的助手身上的精神，其实是《新约》的现代后裔。[4]有时候，甚至看起来最不相干的例子，如现代主义者对“新人”的召唤实际上像是依赖于基督教的原型。例如，达达主义艺术家特里斯坦·查拉的“新人”是如此荒谬，他们“骑马打嗝”，但是他们蕴含着一种看待上帝的新的

[1] Umberto Boccioni et al., “Manifesto of the Futurist Painters” (1910), in Caws, *Manifesto*, 183.

[2] Guillaume Apollinaire, “The New Painting” (1912), in Caws, *Manifesto*, 123.

[3] F. T. Marinetti, “The Founding and Manifesto of Futurism” (1909), in Kolocotroni, Goldmann, and Taxidou, *Modernism*, 250.

[4] Wassily Kandinsky, “The Problem of Form” (1912), in Kolocotroni, Goldmann, and Taxidou, *Modernism*, 270. See Compagnon, *Five Paradoxes of Modernity*, 66.

方法。[1]

甚至在没有特定宗教信仰的地方，也经常存在着一种一般化的精神唯心主义，它表现在作为画家和电影评论家汉斯·里希特的文章《走向新世界的造型主义》之中，它开始于对资本主义和基督教的批评，结束于对一种“新精神……新世界的精神实体”的宣告。[2]里希特的宣言是热烈的、革命的，他非常清晰地利用了他所鄙视的宗教的原初的改革热情，但是对精神价值的渴望总是具有反潮流的、通往永恒和不变性的内容。作家和文学批评家尤金·乔拉斯把革命和回归打包结合在一起，他坚持认为：“除非存在着对永恒价值的感知，否则就没有什么新的魔法”。[3]乔拉斯认为，永恒事物过时很久了，它的回归就是新的开始，但是却很难忽视在这些精神重生的隐喻中包含的内在冲突，一旦它们回归到了稳定状态，虽然不再是现代的了，但看起来还是有吸引力的。

这样，一种内在的保守主义就出现在了这些关于重生和复兴的隐喻之中，从 T. S. 艾略特的传统主义，到 D. H·劳伦斯为代表的原始主义，甚至到明显中性的形式主义，即未来主义画家和雕塑家翁贝托·博乔尼的“新造型理念”，包含着“大众的新建筑结构的原始的纯粹性”。[4]向原始纯粹性的回归是这些宣言的目标，它

[1] Tristan Tzara, “Dada Manifesto” (1918), in Kolocotroni, Goldmann, and Taxidou, *Modernism*, 277.

[2] Hans Richter, “Towards a New World Plasticism” (1927), in Caws, *Manifesto*, 433.

[3] Eugene Jolas, “Suggestions for a New Magic” (1927), in Kolocotroni, Goldmann, and Taxidou, *Modernism*, 312.

[4] Umberto Boccioni, “Technical Manifesto of Futurist Sculpture” (1912), in Caws, *Manifesto*, 178.

们支持重生和复兴的概念。虽然这个目标似乎是乌托邦的、前瞻性的，虽然原始纯粹性的真实状态永远没有在地球上真实地存在过，但是这些作品也非常容易地归结为直接的保守主义，它们都受到某些想象的完美状态的诱惑，这种完美状态存在于过去，或者存在于无时间的地方。可能因为这个理由，俄国未来主义者米哈伊尔·拉里奥洛夫和娜塔莉亚·冈察洛娃抛弃了整个新旧对立，他们把这个对立看作形同虚设。他们坚持认为："旧艺术很久以前就死了，关于它的辩论只不过是使死者复活"。[1] 换言之，取代死者的愿望成为请回死者的行动，因而新艺术的目的仅仅是简单地成为新的事物，一旦重新创造旧体系的优先地位，把它送上王位，新艺术也就终结了。

除了宗教性的动机，被威胁的、疲倦的现代公民作为"新人"的重生也具有政治意义。[2] 当 20 世纪 30 年代的英国作家努力地"改变心灵、改变社会，用新社会造就新人"的时候，他们就在和共产主义革命相呼应。[3] 作家和艺术家，从小说家埃米尔·左拉到诗人 W. H. 奥登，艺术变革和政治革命自然地联系在一起，在他们的宣言和作品里发出的革命呼声至少在某种程度上是字面上的。不难发现，在假定或者实际的革命中，这样的联合是被两种力量刺激的，要么是画家和建筑家弗拉基米尔·塔特林所说的"革命促进了发明

[1] Mikhail Larionov and Natalya Goncharova, "Rayonists and Futurists" (1913), in Caws, *Manifesto*, 240.

[2] See Badiou, *Century*, 8, and Jed Rasula, "Make It New," *Modernism/Modernity* 17 (2010): 715.

[3] C. Day Lewis, from A Hope for Poetry (1934), in Kolocotroni, Goldmann, and Taxidou, *Modernism*, 490

的冲动”，[1]要么是相反的期望，即发明家和艺术家的工作刺激了政治革命。在俄国革命前后的时代，欧洲左翼运动（法国诗人和批评家布勒东影响下的超现实主义，以及20世纪30年代奥登影响下的英国作家）跟随着或希望跟随着革命的概念，革命一方面被艺术领域使用，一方面也必然引起政治领域的某些行动。

这种坚持是必然的，因为如此频繁的革命仅仅是隐喻，也许是受现代艺术家和作家宠爱的高级的抱负。当批评家克里夫·贝尔把第二次后期印象派作品展览看作是“革命运动”，他心里想的只是艺术。[2]当抽象表现主义画家罗伯特·马瑟韦尔坚持“每个对现代艺术的重要贡献都是革命思想的结果”，他也是同样在比喻意义上使用革命一词。[3]事实上，关于艺术现代主义最大的争论之一就是，艺术革命是否就是20世纪的政治革命？[4]另一方面，很容易认识到，革命观念太狭窄、太字面化了。根据卡尔·马克思的《共产党宣言》（它可能就是这些艺术宣言所模仿的原型），现代社会的革命是一种长期的过程，因为“资产阶级除非对生产工具……不断地进行革命，否则就不能生存下去”。[5]在这种情况下，革命是持续的、无处不在

[1] Vladimir Tatlin, “The Initiative Individual Artist in the Creativity of the Collective” (1919), in Caws, *Manifesto*, 401.

[2] Clive Bell, “The English Group” (1912), in Kolocotroni, Goldmann, and Taxidou, *Modernism*, 193.

[3] Robert Motherwell, *Collected Writings*, ed. Stephanie Terenzio (New York: Oxford University Press, 1992), 35; quoted in Galenson, *Painting outside the Lines*, 33.

[4] 辩论最突出的正方支持者是 T. J. Clark. 尤其见 *Farewell to an Idea* (New Haven, CT: Yale University Press, 1999).

[5] Karl Marx, *The Communist Manifesto*, in *Selected Writings*, ed. David McLellan (Oxford: Oxford University Press, 1985), 224.《马克思恩格斯选集》第一卷，人民出版社 1997 年版，第 275 页 .

的，在政治领域之外使用这个概念很难被认为是不合法的。

一个最初的，把现代性艺术和革命联系起来的宣言，是作曲家理查德·瓦格纳做出的，这不止是一点小小的反讽，他使得所有反动的可能性都变得平常了。瓦格纳认为，最完美的古典艺术作品"不能重生，只能生出新的东西"。[1]一个革命仍然是一个回归，但这是一次简单的回归，意味着在新的开始的一刻，历史就停止了。瓦格纳的术语是古典的，不是宗教性的，但是他鼓吹的模式是基督教的模式：从希腊的完美状态坠落，现代人的位置是在一个更完美的状态下把它复活，这个状态比希腊人自身的状态还要完美。恢复意味着净化、赎罪，但不止是针对堕落的现在，更是针对古典的过去，失去了伊甸园，也失去了到达真正天堂的机会。

这样承诺的创新性是不吉利的预兆——不仅是因为它实际上意味着回到过去，也不仅仅是因为它实际意味着历史和变化的终结，更是因为它自身就是整体的，比任何时代所发现的事物更完美。对于瓦格纳来说，这种情况是特殊的，正如阿兰·巴迪欧所说，瓦格纳新人的到来是已经深深地扎根"在神话的整体性之中，如种族、国家、大地、血和土"。[2]但是革命性的变化总是整体的，因而是暗示着暴力的。巴迪欧也说，在20世纪历史中，这些内涵已经实现了："新世界生于痛苦的信号和纯真的死亡之中"。[3]根据斯坦利·卡维尔所说，甚至库恩所设想的纯粹的理智革命也被描述为

[1] Richard Wagner, "Art and Revolution" (1849), in Kolocotroni, Goldmann, and Taxidou, *Modernism*, 8.

[2] Badiou, *Century*, 65.

[3] Ibid., 29.

“暴力和不可逆的变化”。[1]

在革命的形象之中也存在着另一种戏剧性更少的可能。拉图尔在他对于20世纪非现代性的讽刺性的起诉书中说，把社会形态理解为均质的整体性，意味着它们“不能被触碰，除非它们已经经历了总体的革命”。[2] 如果这会导致大众的犯罪，它也会产生完全的停滞，总体变化的不可能性已经存在于渐进变化的方法之中。在拉图尔看来，现代的趋势只能按照革命或者完全的知识论的突破的角度来思考，它会产生历史的神秘化，因而实际的变化被误解了，改革也被搞糟了。[3] 如果革命变化必然的整体性会使历史自身进入徒劳的努力之中，那么它也会把持续性的历史时间转化为一种障碍。新的黎明会变为旧的黄昏，除非它被另一个新的黎明所代替。然而，巴迪欧说，这意味着重复性的回归，只有在不断重复革命的情况下，一个先锋跟着另一个，持续向前，直到“另一个关于开端的激烈的理论”。[4]

巴迪欧和拉图尔并不是很相像，但他们都完全同意把革命模型用于现代的负面效果的分析。实际上，对激烈创新的常见控诉会导向稳定的、无意义的搅拌，完整的、总体的变化是如此常见，很难把它和空洞的常规生活区分开来。对这种综合症的批判经常包括对作为美学运动的现代性的批判，似乎现代主义和革命的创新或多或少是一致的。但是这绝不是实际情况，因为现代主义的

[1] Stanley Cavell, “Impressions of Revolution” Musical Quarterly 85 (2001): 262.

[2] Latour, *We Have Never Been Modern*, 126.

[3] Ibid., 70-71.

[4] Badiou, *Century*, 136.

论辨用很多种方式描绘新事物，这些表现形式和革命模型有很大的不同。

左拉曾经把自然主义的发展叫做“人类心灵的进化”，革命是它不可避免的结论。[1]在这里，他把缓慢的、逐渐增加的发展和突然的、剧烈的变化结合起来，这种方式是库恩和丹托的先导。他也把进化的意义一般化了，因而进化不仅仅是科学信念，更是一般的隐喻，这样，他预示了进化的含义在后来的艺术家和作家身上的变化。当然，进化进入现代主义争论最明显的标志是关于左拉的小说，以社会达尔文主义的形式表现出来。[2]诗人让·莫雷亚斯甚至确信象征主义会代替左拉的自然主义，这种信念依赖于这样的看法：“艺术进化中的每个新阶段都和衰老相符合，这个艺术流派的不可避免的结束是在衰老之前发生的”——这个想法是和他和左拉共有的。[3]但是进化也充当着更一般的模型，把美学形式的发展和生物结构匹配起来。根据画家和艺术理论家华金·托雷斯·加西亚于 1917 年的宣言《艺术进化》，“艺术和生命过程是一致的。所以我们必须是进化论者”。[4]这意味着许多的变化，因事而异。当诗人皮埃尔·勒韦迪把立体主义说成是一种艺术创作的“新的实现手段”时，他已经意识到自己是在进化的语境下说话，但他还不是很

---

[1] Emile Zola, “Naturalism on the Stage” (1880), in Kolocotroni, Goldmann, and Taxidou, *Modernism*, 171. 出于同样的思想，第一次世界大战被视为进化过程的高潮，见 Rasula, “Make It New,” 721.

[2] 关于左拉和进化论不同版本的有用的解释，见 David Baguley, “Zola and Darwin: a Reassessment,” in *The Evolution of Literature: Legacies of Darwin in European Cultures*, ed. Nicolas Saul and Simon J. James (Amsterdam: Rodopi, 2011), 201-212.

[3] Jean Moréas, “The Symbolist Manifesto” (1886), in Caws, *Manifesto*, 50.

[4] Joaquin Torres Garcia, “Art-Evolution” (1917) in Caws, *Manifesto*, 374.

特别的例子。[1]然而，当康定斯基说“必然性创造形式”，并且用鱼在“无光的深海里”失去视觉的例子的时候，他意识到了可以从达尔文的观点和例子中构造一个艺术理论。[2]这些艺术进化论里，最特殊的几乎是埃兹拉·庞德在他的手稿中提出的那一个，也是象征主义诗人和哲学家雷米·德·古尔蒙在《爱的自然哲学》中提出的那一个理论。在庞德的理论中，不是基因组，而是“脑脊液”做出了“所有的实验”，把质料强行压进“所有形式”之中，直到它给了昆虫勤劳的习性，给了鸟儿飞翔的能力，给了人类一种完美的冲动去实验自己。[3]

庞德以很严肃的方式提出了一个古怪的、要多荒谬有多荒谬的想法，他也和其他艺术家分享这个想法，如勒·柯布西耶，后者相信自然选择具有美学和技术版本，他把这叫做“机械选择”。依靠这个原则，无数的创新偶然地抛进了工业化的人生，这些创新随之被削减，最后只剩下极少数可用，勒·柯布西耶也相信，这极少数创新是美的：“自然选择和机械选择都是净化的表现”[4]

艺术的变化和重生的进化模型明显地蕴含着和革命模型非常不同的东西。它不是宏大的、整体的变化，而是缓慢的、稳定的、不断增加的进步过程。艺术创新的原型与其说来自宗教和政治，不如

[1] Pierre Reverdy, “On Cubism” (1917), in Caws, *Manifesto*, 139. 勒韦迪把立体主义称为“我们时代的进化中的艺术”（138）.

[2] Kandinsky, “Problem of Form,” in Kolocotroni, Goldmann, and Taxidou, *Modernism*, 271.

[3] Ezra Pound, “Postscript,” in Remy de Gourmont, *The Natural Philosophy of Love*, trans. Ezra Pound (New York: Boni & Liveright, 1922), 208.

[4] Le Corbusier and Amédée Ozenfant, “Purism” (1920), in Caws, *Manifesto*, 439, 441.

说来自科学，因而培育创新的动机和实践似乎是完全不同的——它是理性的、不带感情的，而不是令人激动的。现代主义的角色是穿着白色的衣服，慢条斯理地用试管做实验。阿波利奈尔的兴趣在诸如四维空间这样的高级科学概念上，他尤其喜欢艺术中的“新精神”会自然地“跟上科学和工业的进步”这样的想法。[1]这种感情也被未来主义者在真正的未来主义风格中所分享，他们也相信“科学进步的胜利”。[2]科学发现的模型化就是这样，现代主义艺术看起来也是真正现代的、前瞻性的和进步性的，不包含萦绕在革命模型中的回归的寓意。

在这个背景下，文学艺术的创作被看作实验。沃尔特·佩特谈到了“奇特的实验性的新观点和由此引起的新影响”的必然性，它在“思想的显微镜下”散播到所有事物之中；但是他也坚决地反对任何把新奇的样品还原为科学方法的“理念或体系”以及学科。[3]另一方面，左拉固执地坚持小说写作中的“实验方法”，在二者之间，他们似乎界定了在现代思考艺术作品的这种奇怪思路的局限性，仿佛艺术作品的进步是由实验达成的。[4]1926年，罗伯特·格雷夫斯试图区分这两个不同的极端：一方面是“指向事物的发现的微妙的机敏”，一方面是死板地根据预先确定的体系来追求创新。[5]

---

[1] Guillaume Apollinaire, “Parade” (1917), in Kolocotroni, Goldmann, and Taxidou, *Modernism*, 213.

[2] Boccioni, “Technical Manifesto of Futurist Sculpture,” in Caws, *Manifesto*, 182.

[3] Walter Pater, *The Renaissance: Studies in Art and Poetry*, ed. Donald L. Hill (Berkeley: University of California Press, 1980), 189.

[4] Zola, “Naturalism on the Stage,” in Kolocotroni, Goldmann, and Taxidou, *Modernism*, 170.

[5] Graves and Riding, *Survey of Modernist Poetry*, 125.

当然，这个问题和后面的问题联系在一起，它不能够导向任何真正的新事物。但是，这也不能阻止许多作家和艺术家，他们相信研究室或者工作室也是一个实验室，艺术创作也是可控的实验。

科学发现和技术发明就这样成为了艺术新进展的特殊隐喻。小说家约翰·多斯·帕索斯在《作为技师的作家》中强调说，“发现、原创性、发明”甚至被用来描述产品。[1]明显不同的萨尔瓦多·达利赞美照相机使得发明的“清澈的机械过程”首次成为可能，因而可以被艺术家的眼睛所模仿。[2]诗人文森特·维多夫罗预见到了丹托对现代主义来临的解释，把科学发明看作取代传统模仿的过程：“人不再模仿，他发明，他为这个生于自然怀中的世界增添了很多新的东西，这些新的事实生于他的头脑之中：诗歌、绘画、雕像、蒸汽机、汽车、飞机”。[3]

维多夫罗在他的宣言里提出了一个简单直接的陈述，描述了让这个时代的许多艺术家和作家相信的、把美学发明转变为科学方法的原则：“从历史上看，艺术研究非常清晰地告诉我们，模仿的趋势会走向创造，整个人类的产品都是如此。我们可以创立一个科学选择和机械选择的规律，和自然选择规律具有同等的位置”。[4]马里内蒂看到的速度之美，在空间的几何形式的构成主义理想，勒·柯布西耶和费尔南德·莱热的工业纯粹主义，这些都依赖这样

[1] John Dos Passos, “The Writers as Technician” (1935), in Kolocotroni, Goldmann, and Taxidou, *Modernism*, 545.

[2] Salvador Dali, “Photography, Pure Creation of the Mind” (1927), in Caws, *Manifesto*, 483.

[3] Vicente Huidobro, “We Must Create” (1922), in Caws, *Manifesto*, 379.

[4] Ibid.

的观念：工业进步起到的作用类似于自然选择，把无用的、不必要的东西通过一体化而排除，直到它揭示了真正的美的必然性。当莱热谈论“汽车的进化”之时，他既是从字面意义上谈的，也是作为隐喻意义上谈的，因为他相信在工业进步产生纯粹形式之时，具有不可避免地通向实用性的趋势。[1] 20 世纪的很多艺术作品都是对工业过程的有意的类比。正如雕塑家诺姆·加博和安托万·佩夫斯纳所说：“在像罗盘一样紧张的精神之中，我们构造了我们的作品，正如宇宙构造了它自己的作品，工程师构造了他的桥，数学家构造了轨道公式”。[2]

按照这种方法，美学现代主义使用了基本的、标准化的单位，发现自己是创新的领域，这种创新从 16 世纪以来就被描述为科学方法。早在画家詹姆斯·麦克尼尔·惠斯勒那里，现代艺术就被等同于一般的媒介和建筑材料、“颜色和形式中的元素”，美学经验都归于这些内容。惠斯勒说，艺术家“生来会用科学方式挑选、选择、聚集这些元素，其结果是美的”。[3] 在立体主义这样的运动中，这些元素是明确的，绘画艺术成为这样一种行为，它“用借来的元素”发展了“新结构，最大一部分借用于视觉的现实”。[4] 20 世纪，元素一词的寓意和古典时期基本相同，因而美学发明的基本单位不可避免地被看作字母表中的字母。艺术家特奥·凡·杜斯伯格谈论构成主义诗歌是“用字母表创造一种新语言”，他们也是真正的构

[1] Fernand Léger, “The Aesthetic of the Machine” (1924), in Caws, *Manifesto*, 506.

[2] Naum Gabo and Antoine Pevsner, “The Realistic Manifesto” (1920), in Caws, *Manifesto*, 399.

[3] James Abbott McNeill Whistler, “The Ten O’Clock” (1885), in Caws, *Manifesto*, 7.

[4] Guillaume Apollinaire, “Cubism Differs” (1913), in Caws, *Manifesto*, 124.

成主义艺术家，他们的新创造是用几何图形的字母表构成的。[1]

这种致力于纯粹操作的创新理论的内涵在一开始就被承认了。惠斯勒承认了这个明显的事实：发明一个新字母和发明一个新的几何形体，同样是不可能的："化学家和工程师都不可能为一个杰作提供新元素"。[2]那么，艺术家所发明的是新的关系，是对已经存在的形式的新的排列。有时候，这些关系可能是疯狂的、随机的、意料之外的，就像画家路易吉·卢索洛所预料的未来主义音乐那样，是"奇异的并列"。[3]或者，这些关系可能是很酷的、明显的，类似于"纯粹关系的精密造型"，这是皮特·蒙德里安设想的绘画新造型主义的基础。[4]当然，这些纯粹关系越是合理和必然，看起来就越像这些形式本身是预先决定的，所以艺术家的工作似乎仅仅是发现和启示："艺术作品揭示了内在于事物中的新秩序"。[5]然而在这一点上，新秩序的创新性在一开始看起来多少有点虚弱。

至少，现代主义创新的这个版本有别于那个假想的更革命的版本，这应该是显然的。创新被当作对基本形式的重新排列，它的发生完全不同于革命的突然性和天启似的风格。对康定斯基来说，现代主义作品的创造与其说是一种反叛，不如说是一种家政学的练习："物质材料仅仅像一个精神的食品储藏室，精神像一个厨师一样使用必要的食材"。如果是这样，那么发明也就是一场缓慢的煮

---

[1] Theo van Doesburg, "Towardsa Constructive Poetry" (1923), in Caws, *Manifesto*, 424.
[2] Whistler, "The Ten O'Clock" , in Caws, *Manifesto*, 13.
[3] Luigi Russolo, "The Art of Noise" (1913), in Caws, *Manifesto*, 210.
[4] Piet Mondrian, "Neoplasticism in Painting" (1917-1918), in Caws, *Manifesto*, 426.
[5] Ferdinand Hodler, "Parallelism" (1900), in Caws, *Manifesto*, 54.

饭过程，人要耐心等待“特殊形式得以成熟的必要条件”。[1] 从农业的有机节律，自然地转移到人类厨艺的节律，以及艺术工作室的节律，艺术创作是逐渐的、缓慢的。

一方面是艺术作品的构造，许多预先存在的元素的聚集，一方面是艺术家的构造，其创造性不是作为个体的表达，而是艺术家所属的集体中潜在的事物的表达，在这两者之间也存在着必然的对称。按照社会学家尼古拉斯·卢曼的解释，进化的模型使它难以把革新看作是个体的例外的创造——不是因为这样的个体不存在，而是因为它们的差异似乎是自然的变异，总是存在于任何一个规模巨大的集体之中。给定一个足够大的样本集合，例外就是一种统计学的常态。[2] 即便它就是天才的创造，不是一些集体努力的结果，创造性的新事物依然是整体行为的产物，它在维持整体延续的过程中产生了新的、不同的事物。

从很多方面来说，创新都是相对性的，也更有可能是被看作相对的创新，而不是绝对的创新。弗兰茨·马尔克不是唯一接受和承认这种可能性的现代主义者。甚至一个带有坚定的名称（如至上主义）的运动也承认它在这方面具有局限性：“至上主义不产生感觉的新世界，产生的是代表感觉世界的完全新的、直接的形式”。[3] 或者，如诗人和剧作家弗拉基米尔·马雅可夫斯基在 1913 年所说：“新事物不是某些在我们这个年老的世界里依然不为大家所知

---

[1] Kandinsky, “Problem of Form,” in Kolocotroni, Goldmann, and Taxidou, *Modernism*, 270.

[2] Luhmann, *Art as a Social System*, 223.

[3] Kasimir Malevich, “Suprematism” (1927), in Caws, *Manifesto*, 407.

的客体，而是一种变化，它在观察客体之间的关系之中发生”。[1]这样，马雅可夫斯基坦白地承认，对许多现代主义的批评者来说，其最惊人的失败是：在大学中，在电影的蒙太奇之中，在《尤利西斯》和《荒原》这样的混杂风格之中，在庞德《诗章》的历史借用之中，重新排列代替了创造。根据这个批评，现代主义失败了，因为它不是革命，因为它没有结束过去，而是简单地把它转变为“旧货店的大甩卖”，正如哲学家和文学批评家乔治·卢卡奇所说，它的重新排列变成了一个轻微不同的混乱性的版本。[2]

一方面，美学创新的重新组合模型遭受了相当根本性的失败。达利承认（似乎是事后感到内疚）：“让我们相信新的想象手段产生于简单的客观的变换。只有我们可以梦想的那些事物缺乏原创性”。[3]换言之，仅仅是相对的创新，“变换”式的创新，完全不是创新，并不像革命所承诺的巨大的转型。因而，现代主义者依赖某种重新组合的计划是有弱点的，它们的伟大原型，即进化生物学，也是有弱点的，后者的确界定了创新的本质，即由重新组合而产生的创新。

但另一方面，进化模型也有一些明显的优势。最特殊的是，它不需要对新的东西和有差异的东西进行特别的解释，它们生于同样的过

[1] Vladimir Mayakovsky, “The Relationship between Contemporary Theatre and Cinema and Art,” in *The Film Factory: Russian and Soviet Cinema in Documents*, ed. Richard Taylor and Ian Christie (Cambridge, MA: Harvard University Press, 1988), 37; quoted in Rasula, “Make It New,” 725.

[2] George Lukacs, “Realism in the Balance,” in *Aesthetics and Politics*, ed. Ronald Taylor (London: Verso, 1980), 54.

[3] Dali, “Photography,” in Caws, *Manifesto*, 482.

程，复杂社会需要在这个过程中保持其连续性。这是为什么进化模型吸引卢曼的一个理由，为什么它在卢曼对现代性社会制度中艺术的角色做出了相对肯定的解释。卢曼说，在现代社会这样的复杂体系中，“其操作的数量允许变异在巨大尺度上发生”。[1]一些变异保留下来了，一般由于它们的影响，结构变得更复杂、差异性更大。[2]不大可能发生的事物，即新事物，作为可能事物的函数出现了，从稳定性中产生出动力，然后又在一个不同的状态下得到了加强。

这种创新不是一个真正的例外，它不需要剧烈的变化。这样它就逃避了巴迪欧和兰道尔所描述的革命模型伴随的可怕的后果。当然，在现代主义的抱负伴随着最坏的现代政治的一个世纪之后，如果相信康定斯基对艺术的看法，艺术就是在厨房中忙碌，把许多菜混在一起放在锅里炖，那么这会是一个安慰。不幸地是，在庞德的令人不愉快的创造性模型的背后，在康定斯基的艺术观背后，是进化的原型，同样，进化原型也是康定斯基的艺术观的基础伴随着创造力的不断喷射。在另一方面，依然存在着卢卡奇说对了的可能性，没有任何真正可靠的创新观念，重新组合这个概念的内涵就是保守的，这只是“在泰坦尼克号上重新组装折叠躺椅”这个陈词滥调的抽象版本。

不管是好还是坏，现代主义提出的实际不是一个选择。正如我们前面举过的一些例子，对革命和渐进的进化的呼唤经常是同一个声音。某些运动，如构成主义，喜欢重新组合的技术，也相

[1] Luhmann, *Art as a Social System*, 225.
[2] Ibid., 214.

信革命的必然性。甚至康定斯基的抽象精神也经历时间而缓慢成熟，达到一个总体改变的时刻。换句话说，创新不是美学现代主义的最简单的特性，而是它最复杂的特性之一，对新事物的欲望并不总是给这个运动带来明确的目的，而是带来了复杂性和矛盾性。最重要的是，致力于新事物的结果会揭示在纯粹状态中寻找创新的内在的不可能性，不向旧事物回归与妥协是不可能的，不掺杂混合物、不对旧事物进行重新排列，也是不可能的。实际上，在现代主义最流行的对创新的宣言之中发现了这种复杂性，这种诉求是如此的普遍，因为它看起来很简单，只有三个词那么长，这就是“日日新”（Make It New）。

日日新

不必讨论“日日新”的口号有多长，在现代主义者用来表达创新价值的所有口号中，它是用得最久的。在特定的解释中，如盖伊的《现代主义：异端的诱惑》，这三个字总结了大多数现代主义的立场：“简短地说，现代主义者认为埃兹拉·庞德著名的口号‘日日新！’就是一个专业的、神圣的责任”。[1]很多杰出的、立场差别很大的学者如理查德·罗蒂、弗兰克·伦特利恰、杰克逊·李尔斯、弗雷德里克·杰姆逊和大卫·达姆罗什都用这个短句来讨论现

[1] Peter Gay, Modernism: The Lure Heresy (New York: Norton, 2008), 46, 106.

代生活、艺术或文学。[1] 这些引语是模糊的、甚至是没有个性的，使用这个短句也并不是特别指庞德。但这可能是一个能够说明他的影响的附加的赞美之词，这个口号也成为无所不在的，失去了商标意义，它就像舒洁纸巾或施乐复印机一样。

短语“日日新”的谱系被庞德研究者勾画出来，它之所以变得人尽皆知，要从庞德和中国的关系开始说起，但是它经常被记错了日期，被错误地引用（添上伪造的感叹号），它的起源需要相当详细地重新加以叙述。最重要的事实是，从一开始这句话就不是庞德原创的。它的根源是关于中国商代（公元前 1766—1753 年）的第一个帝王成汤的轶事，他把这句激动人心的口号刻在脸盆上。[2] 根据汉学家理雅各的说法，这不是一个大众流传的轶事，[3] 但是庞德足够幸运地从两个来源中发现了它：一个是《大学》，儒家道德哲学的“四书”之一，一个是《通鉴纲目》，这是一部古老的中国历

[1] Richard Rorty, “Philosophy as a New Kind of Writing,” *New Literary History* 10 (1978): 153; Frank Lentricchia, “Lyric in the Culture of Capitalism,” *American Literary History* 1 (1989):73; Jackson Lears, “Uneasy Courtship: Modern Art and Modern Advertising,” *American Quarterly* 39 (1987): 138; Fredric Jameson, “Reification and Utopia in Mass Culture,” *Social Text* 1 (1979): 136. 达姆罗什实际上引用的是另外一个相关的表述，参见 David Damrosch, *Meetings of the Mind* (Princeton, NJ: Princeton University Press, 2000), 16.

[2] 庞德的版本和括号中的版本都是根据汉语的名字和术语给出的最通行的直译。

[3] James Legge, *The Life and Teachings of Confucius* (Philadelphia: Lippincott, 1867), 268. 虽然确切的故事包括澡盆都不见于记载，故事后面的原则还是存在的。《通鉴纲目》的成汤事迹来源于最初的历史著作《书经》，包括这样的材料：“王的德行每日更新，他被万国所爱戴；当他的心灵充满了他自己，他就会被家族的九个分支所抛弃”（德日新，万邦惟怀；志自满，九族乃离）。Clae Waltham, *Shu Ching: Book of History; A Modernized Edition of the Translations of James Legge* (Chicago: Gateway, 1971), 71. 这个成汤故事的早期版本清楚地告诉我们，需要更新的是王的德行，这个事实对庞德也非常重要，但是庞德却在翻译之中把这层意思简化掉了。

史经典文摘的修订版本。庞德巧合地从两个不同的地方发现了这条罕见的轶事，这件事可以解释为，这两个文本都和宋代的新儒家学者朱熹（1130—1200 年）有关，庞德可能是把朱熹作为“日日新”这个口号真正的创始者。[4]

庞德第一次对儒家著作感兴趣是在 1913 年 10 月，大约在那时，他从艺术史学者欧内斯特·费诺罗萨的遗孀那里接受了一些材料，由此产生了《华夏集》和《作为诗歌媒介的中国文字》。受到诗人爱伦·厄普沃德的鼓舞（后者在《新的自由女性》中发表了对《论语》的部分翻译），庞德开始阅读孔子，首先读的是厄普沃德的英文选本，后来读更全的法文译本。[5] 在 20 世纪 20 年代晚期的某个时候，他开始准备自己翻译《大学》，理雅各把此书翻译为《伟大的学问》（*The Great Learning*）。很明显，至少在庞德的翻译工作结束之时，他已经有了理雅各的英文版，几乎肯定地是，这个版本里包含着中文原版。[6] 然而出于他自己的原因，他首先选择从他在某个时候拥有的法文版译出，这个版本就是 M. G. 鲍狄埃出版于巴黎的《孔子和孟子：中国道德和政治哲学的四部书》（*Confucius et Mencius: Les quartre livres de philosophie morale et politique de la Chine*），从 19 世纪 50 年代开始已发行了很多版。

庞德的《大学》译本，题目叫做《大学：伟大的学问，美国

---

[4] 见 Hugh Kenner 对朱熹的讨论。*The Pound Era* (Berkeley: University of California Press, 1971), 231.

[5] A. David Moody, *Ezra Pound: Poet* (Oxford: Oxford University Press, 2007), 238; Mary Paterson Cheadle, *Ezra Pound's Confucian Translations* (Ann Arbor: University of Michigan Press, 1997), 10.

[6] Cheadle, *Ezra Pound's Confucian Translations*, 23.

语言新译》(*Ta Hio: The Great Learning, Newly Rendered into the American Language*)，在1928年由格伦·休斯出版，作为华盛顿大学书店的廉价小册子。在这一版译本开头的注释中解释了《大学》是儒家传统经典“四书”里的第一部，但只有《大学》的第一部分是归于孔子的（中文原版只有46个字，庞德插入了自己的注释）。[1] 这部书的主体部分包含庞德所称的一位孔子门徒的评论和注释，这个门徒就是鲍狄埃所说的曾子。在这些注释之中，很多内容被朱熹后来校订过，“日日新”最早就出现在这个第一版之中。

《大学》的主题是好政府，这主要是通过君主德行的日新和人民的启蒙来达到的。在作为解释的故事中，曾子作为评论者讲述了成汤的故事，他在浴缸或者脸盆上镌刻了如下的铭文：

苟日新，日日新，又日新。

> Renouvelle-toi complétement chaque jour; fais-le de *nouveau*, encore de nouveau, et toujours de *nouveau*. (鲍狄埃法文本)[2]
>
> If you can one day renovate yourself, do so from day to day. Yea, let there be daily renovation. (理雅各英文本)[3]
>
> Renovate, dod gast you, renovate! (庞德的美国版)[4]

---

[1] Ezra Pound, *Ta Hio: The Great Learning, Newly Rendered into the American Language* (Seattle: University of Washington Chapbooks, 1928), 10.

[2] M. G. Pauthier, *Confucius et Mencius: Les quartres livres de Philosophie morale et politique de la Chine* (Paris: Charpentier, Libraire-Editeur, 1858), 44.

[3] Legge, *Life and Teaching of Confucius*, 268.

[4] Pound, *Ta Hio*, 12.

庞德的版本至少有简洁的特质，但他用一个长长的脚注损害了简洁的效果，这个注解实际上是法文版的翻译：“鲍狄埃的法文更为典雅，相当于说‘Renew thyself daily, utterly, make it new, and again new, make it new.’”[1]“Make it new”（日日新）似乎是有意对法语“fais-le de nouveau”的翻译，它很容易被理解为“再做一遍”。如果庞德是这么翻译的，那么整个现代学术的历史大概就会有所不同。而且，“日日新”似乎去除了反省的意义，所有这些译本都如此，这样一来，这句格言就脱离了明显的自我完善的主题。[2]虽然庞德有一点对新事物（nouveau）束手无策，但他被它吸引，遗忘了“新事物的力量不能通过重复而有所增加，而是会被冲淡”这种可能性。无论如何，他的脚注也显示出另一种影响，它指向了二次翻译者，后者证明了“在这个段落里，这个字出现了5次”。令他兴奋的是，庞德忽视了告诉我们是哪一个字，但他在这里所指的翻译者是理雅各，后者在这段的注释中说明，“‘新’这个字，在段落中出现了5次”。[3]此外，庞德的注解显示出，他和理雅各应该有一部中文版，因为他坚持认为，“这个画面（第一行）是：太阳每天都是新的，持续重生（像树的嫩芽一样），不断重生”［Sun renew sun sun renew(like a tree-shoot) again sun renew］。[4]换句话说，理雅各翻译成“new”“to renovate”的中文“新”，庞德能够辨认出来，他承认这一点，使得他的脚注被重新翻译。当庞德的

［1］Ibid.

［2］在这一点上可见 Douglas Mao, *Solid Objects: Modernism and the Test of Production* (Princeton, NJ: Princeton University Press, 1998), 279n23.

［3］Legge, *Life and Teaching of Confucius*, 268.

［4］Pound, *Ta Hio*, 12.

《大学》在1936年由斯坦利·诺特重新出版，这个版本包含了这个词：xin(hsin)，把它印在扉页上。

就是这个汉字，有时和另一个汉字“日”（jih）相伴随，后一个字，庞德用来代表太阳，这两个字在他的晚期著作里偶尔出现。通常这个汉字是被英文翻译所遮蔽的，但庞德并不总是非常小心地把它们牢固地联系在一起。但他从来没有离开汉语单独地发表英文译本，就是说，他总是把他的这句话作为古代中国贵族座右铭的代表。简短地说，庞德并不把“日日新”当作他自己的话。准确地说，这是带有个人兴趣的历史作品，但是不能离开上下文去理解它，似乎是庞德自己送给庞德文本的现代读者。记住这个语境的最主要原因之一，是它恢复了“日日新”这句话的全部复杂性，实际上这是关于新事物的历史观念的浓缩的重写本、沉积物。

这个沉积物的最古老的底层，是原始的中文，但它不是简单的或者无差别的，因为庞德所读到的《大学》是南宋新儒家解释过的产物，它是一部由多个源头汇集起来的文本。但是庞德清楚地感到，他在这个古代的文本中发现了一个创新的模型，它本身是古老的，甚至是基础的。正如他在《大学》的首次译本中的脚注中所说，这句汉语指出了“每日的有机蔬菜和有秩序的更新”。这样，他对于汉字“新”的理解经过修饰，染上了光彩，“就像树的嫩芽”。[1]不管是否能在汉语里找到表达，它和欧洲最古老的创新定义是符合的，都是建立在自然的模型之上。这种传统观念有无数的例子，其中之一是奥维德的：“善于创造的自然持续地产生一个

[1] Ibid.

又一个的形式。相信我，整个宇宙中没有毁灭，只有事物的变化，它们采取了新的形式。”[1]

这个创新的古老版本，如果它完全在汉语文本中的话，不是庞德直接接受到的，而是通过理雅各的第一个英文译本作为媒介而间接接受的。理雅各帮助了庞德在文本中发现一个有机的创新模式，他也添加上了另一个稍微近一些的层次。理雅各相信，一个基督教传教士和中国学者几乎具有相似的信念，在儒家经典中发现的智慧和在基督教圣经中发现的智慧有关系。实际上《圣经》成为了他翻译四书五经的摹本，理雅各认为，五经和四书的关系，与旧约和新约的关系差不多。[2] 他翻译的《大学》版本经常看起来像詹姆斯国王版的《圣经》，这完全不奇怪。他所翻译的成汤盘铭“If you can one day renovate yourself, do so from day to day. Yea, let there be daily renovation”看起来至少有一部分像是基于《圣经·哥林多后书》第 4 章第 16 节：“Though our outward man perish, yet the inward man is renewed day by day.”（外体虽然毁坏，内心却一天新似一天）。庞德自己的格言看起来简单而又现代，其实在《新约》里也有预示，尤其是《圣经·启示录》第 21 章第 5 节：“Behold, I make all things new.”（看哪，我将一切都更新了）。

庞德自己的基督教长老会背景也和理雅各译本的影响一样起了作用。无论如何，由汉语原本引起的有机的变化模型之上又加了

[1] Ovid, Metamorphoses; quoted in F. R. Ankersmit, *Historical Representation* (Stanford, CA: Stanford University Press, 2005), 116.

[2] Norman J. Girardot, *The Victorian Translation of China: James Legge' s Oriental Pilgrimage* (Berkeley:University of California Press, 2002), 40-41, 236.

一个新的层次。这一层是基督教的复活观念，它是基于有机变化的观念，但是为它带来了意义重大的差别。中世纪研究者格哈特·拉德纳解释说，当保罗使用neos这样的概念来描述皈依宗教而造就的“新人”的时候，他不仅引入了一个重要的宗教概念，也改变了“新”这个词的意义。[1]这个词经常只是在时间意义上使用，也常带有轻视的内涵，现在则获得了改善和救赎的意义。虽然重生、再生、复活这些词的基本含义都蕴含着回归早期状态的意义，但基督教神学家则把这些概念界定为回归到比以前更好的状态。因此，人类需要的不仅仅是回归到自然状态，甚至在伊甸园时的完美状态，而是要和造物主相类似，比亚当的状态更加真实，更接近上帝。保罗在《圣经·哥林多后书》中说：“若有人在基督里，他就是新造的人，旧事已过，都变成新的了”，意思是说，新事物不仅是回归，而且是超越和取代了旧事物。

庞德离开基督教长老会，经历了欧洲的先锋派运动，这个事实并不必然意味着新约在“日日新”中的反响仅仅是口头上的。他最坚定的变化模型，也就是文艺复兴的模式，是从两个更早的创新版本开始的，并且以它们为基础。这个模型非常明显地依靠有机变化的概念。当庞德最喜欢的文艺复兴研究者雅各·布克哈特谈论“古代的复兴”时，他在复活和复兴之间建立了一个潜在的联系。[2]正如拉德纳所说，拉丁语*renasci*的隐喻意义非常接近园艺学，意思

[1] Gerhart B. Ladner, *The Idea of Reform: Its Impact on Christian Thought and Action in the Age of the Fathers* (Cambridge, MA: Harvard University Press, 1959), 44-45.

[2] Jacob Burckhardt, *The Civilization of the Renaissance in Italy* (New York: Modern Library, 1954), 130.

是新的生长，即修剪之后的发芽；在基督教时代，其含义所拓展为精神的复活，“其含义范围很广，从植物的新生到宇宙的新生”。[1] 结果是，当庞德选择日日新作为自己论文集的标题（论文集的内容包括游吟诗人、伊丽莎白时代的古典主义者以及古希腊文的翻译者）的时候，他是符合意大利文艺复兴为代表的文化的重新发现和复兴浪潮的。在他晚期的诗章中，他离中文是如此近，还引用和参考了古希腊哲学家奥塞留斯（Ocellus Lucanus），人们也很容易把这个古希腊哲学家看作是儒家的圣贤，庞德则重新把《大学》想象为似乎是第一个精神启蒙运动的一部分，古代学问的精华被后来的多次文艺复兴一次又一次重现了。

庞德甚至还把这个格言用到更为极端的地方去了，这和历史有着重大的关系。在 1935 年，斯坦利·诺特出版了《杰弗逊和 / 或墨索里尼》，此书的多个副标题之一是《我所见过的法西斯主义》。在这个文本中，庞德把《大学》缩写为两页篇幅，也包括了汉字。他把这句话翻译为“日日新，像青草发芽一样”。[2] 但他也加了一个脚注，解释了第一个汉字，xin (hsin) 或者“更新、重生”，“意味着清除垃圾的法西斯之斧”。[3] 这种生动的图形解释来自于新教牧师马礼逊（Robert Morrison）编纂的一部汉语词典，庞德从 1915 年就拥有了这部词典。马礼逊给了庞德一个想法，“新”字的右半边代表着一把“小斧头”，这是用来砍树的，而“新”字的左边代表

---

[1] Ladner, *Idea of Reform*, 20-21.

[2] Ezra Pound, *Jefferson and/or Mussolini* (1935; reprint, New York: Liveright, 1970), 112.

[3] Ibid., 113.

的就是树。[1] 把古代的斧头和法西斯之斧联系在一起，是庞德自己的发明，还有他自己不断增长的、对产生垃圾的复杂状态的恨意，这些都是汉语的原文里不存在的含义。

庞德实际上从汉语语源里拿来了这句话，强调了自我更新的必要性，不是强迫他人更新自己，他把这个意思去除了，甚至远离了先锋派带来的激动。这个口号需要的革新现在成了独裁者贝尼托·墨索里尼的“革命在继续”（rivoluzione continua），要被清除的“垃圾”也不是额外的废话，而是人民群众的全体。[2] 法西斯口号“革命在继续”之中的悖论，实际上是革命的最初意义经过现代人的歪曲之后的残留物。那个时候，庞德开始对《大学》中被想象出来的“青草发芽”的意义显示出特殊的兴趣，因为它和意大利法西斯运动产生了部分共鸣，但他也维护并夸大它的存在，因为它把墨索里尼为意大利设计的激进的计划和摧毁—重生的自然过程联系在一起。革命的“连续”或不变的特性显示出了革命这个词汇的旧意义，即革命仅仅意味着事件完整回归的过程。

通过从古代中国到意大利法西斯主义的历史，可以看出“日日新”蕴含着创新这个概念的完整历史。当然，这个历史明确地强调循环重现的模型，从有机体的重生到法西斯的革命，毫无疑问，庞德感到了这个模型所承诺的总体转型的吸引力。但也很难忽略这个

[1] Cheadle, *Ezra Pound's Confucian Translations*, 39. 在50年代中期，庞德向方志彤寻求帮助，了解“新”字的中文写法被描绘成一把斧子，他把它看作是一棵树和几堆木头。见 *Ezra Pound's Chinese Friends: Stories in Letters*, ed. Zhaoming Qian (Oxford: Oxford University Press, 2008), 148.

[2] Ezra Pound, *Jefferson and/or Mussolini*, 113; *Cheadle*, *Ezra Pound's Confucian Translations*, 80-84.

事实：庞德的具体实践在于他成功地重复了这个口号，起到了引用和组合的作用。庞德习惯性地把知识点进行排列和重新排列，在他独特的思想体系中加以推崇，中国古人所说的话只是这个体系中的许多节点之一，很多年来，墨索里尼的东西、新柏拉图主义的东西，甚至现代人类学的东西，都吸引着他。“日日新”的形式是重新组合的，它成为了标志着庞德的努力和兴趣的整体缩影。根据庞德在《严肃的艺术家》一文中对他自己的描述，大诗人“把许多人的劳动成果堆积起来加以排列，使它们变得和谐。这种综合能力是他们的天才的一部分”。[1]

但是，出现在这个历史中的最有意义的事，也是最明显的事是：“日日新”不是使自己变得新，也不是曾经意味着新。根据这个口号所蕴含的创新本性，它自己就是历史循环的结果。这个事实是，庞德本人总是试图让本来的汉字保持前列地位，并且让他自己的翻译紧随其后，作为永远的脚注。新事物的复杂本质——像革命一样，它依赖过去的东西，新的作品经常只是传统元素的重新组合——不仅被这个实践所承认，而且被它坚持。就是这样，这个口号成为更大的现代主义计划的一个例子，通过坚持新事物，它让这个看似简单的概念中所包含的所有潜在的困难暴露出来。批评家和学者们促使现代主义走向尾声，随后，新事物就再次变得简单化了，“日日新”在这个过程中正好扮演了主要角色。

---

[1] *Ezra Pound's Poetry and Prose: Contributions to Periodicals*, ed. Lea Baechler, A. Walton Litz, and James Longenbach (New York: Garland, 1991), 1: 199.

“日日新”口号的出现

“日日新”现在成了现代主义创新概念尽人皆知的简写，而且容易让人想到它会永远如此。但是应该记住，直到 1928 年之前，这 3 个字没有出现在庞德的作品之中，在现代主义艺术和文学的主要作品出现之后，它也不是一个口号，直到此后相当长的时间。在 20 世纪 30 年代中期，这个短语依然是很模糊的，这从庞德把它作为论文集的题目时，法博尔的反应中就可以看得出。艾略特告诉他说，法博尔不是“很喜欢你的新标题《日日新》，我们没有领会出精致的文学意味，但是如果我们领会到了，我认为一般人也都能领会到”。[1]一般人没有领会到这种深意，实际上，当论文集出版的时候，庞德此举更大的意义都没有被评论家意识到。关于《日日新》的 13 个当代评论家为此商议过，但只有两位评论家注意到了这个题目，但他们都把这当成了讽刺性的评论的目标。[2]

事实上，直到 1950 年，“日日新”都可以说没有被赋予特殊意义，那一年，休·肯纳提醒大家注意，这句话出现在庞德为《大学》准备的新翻译中，这时庞德还管这部书叫做《巨著汇编》(*The Great Digest*)。于是肯纳注意到了“《巨著汇编》中的箴言‘日日

---

[1] T. S. Eliot, letter, June 18, 1934; quoted in Humphrey Carpenter, *A Serious Character: The Life of Ezra Pound* (Boston: Houghton Mifflin, 1988), 526.

[2] K. John, “The Eternal Schoolboy,” *New Statesman and Nation* 8 (November 3, 1934): 630-32; Babette Deutsch, “Indomitable Ezra Pound,” *New York Herald Tribute Book Review*, June 2, 1935, 18.

新'”，[1]他不仅第一次把这个短语从庞德杂乱的散文之中挑选出来，而且他也确定了它之后扮演的角色。但是甚至在这里，肯纳所指的“箴言”还不是庞德的，而是属于《巨著汇编》一书的；当他解释这句箴言的时候，他没有把它和意象派、自由诗或叛逆艺术联系起来，而是把它和“庞德的翻译活动”联系起来。[2]这样，重点就完全不是创新，而是“《诗章》中历史的重现之意义”。[3]甚至在这个时候，虽然“日日新”最后被认为是某种“箴言”，还没有得到现在看来不可避免的意义或地位。

仅仅 6 年之后，文学批评家菲利普·拉夫在《凯尼恩评论》中说到“广为人知的先锋派原则‘日日新’”。[4]不知何故，短短几年内，在 1934 年艾略特都不甚了了的这句话，于 1950 年在肯纳那里“重现”的时候，已经成为现代主义创新的通用标签了。在 20 世纪 50 年代晚期和 60 年代早期，文学季刊的作者们把它变成了口头禅。例如文学批评家和理论家诺斯罗普·弗莱在 1957 年的《哈德逊评论》中说，“斯蒂文斯的反‘诗歌’特征”和“他的（用庞德

[1] Hugh Kenner, “The Rose in the Steel Dust,” *Hudson Review* 3 (1950): 81. 这个讨论被重新编入 Kenner's *The Poetry of Ezra Pound* (London: Faber, 1951), 234. 肯纳在这里没有辨认其来源，但是参考《巨著汇编》更为清楚地表明了他指的是庞德最近的《大学》译本（Confucius, *The Great Digest & Unwobbling Pivot*, 庞德译注 [New York: New Directions, 1951]），因为早期的翻译也叫做 *The Great Learning*. 关于《巨著汇编》评论不多。这些讨论没有引起人们对盘铭或者口号的注意。例如 Kathleen Raine, “There Is No Trifling,” *New Republic* 126 (March 24, 1952): 17, 22, and Anthony West, “Unwobbling Pivot,” *New Yorker* 28 (May 31, 1952): 98.

[2] Kenner, “Rose,” 81.

[3] Ibid.

[4] Philip Rahv, “Fiction and the Criticism of Fiction,” *Kenyon Review* 18 (1956): 284.

的话说）‘日日新’的决心”相结合。[1]文学学者罗伊·哈维·皮尔斯两年后在同一家杂志撰写文章说，任何尝试写叙事诗的美国人“用庞德的话说，都有‘日日新’的决心”。[2]1966年，文学批评家马文·马特力克把这句话改写为一个单词：“make-it-new”。[3]通过这些年在这些刊物上的文章，通过把现代主义和创新本身联合在一起的方式，罗伊·哈维·皮尔斯和理查德·艾尔曼这样的文学学者树立了一个这样的信条：“庞德的‘日日新’的决心”。[4]

通过这样的显著而简短的转变，庞德的三字短语失去了古代汉语的语境，也看不到它和理雅各的虔诚计划的关系，以及它和墨索里尼的法西斯主义的关系。它在庞德作品中的面貌成了书目式的，对于1914年曾经误解过这个词的学者，如彼得·盖伊和阿尔弗雷德·阿佩尔来说，这个事实彻底掩盖了它的可能性，在当时，它似乎很有影响，甚至是根本性的，而不是模糊的。[5]在美学现代主义发展的过程之中，创新的角色被扭曲了，创新的本质本身被简单化了。现代艺术和文学的实践者认同的不同观点的广泛分布被缩小了，变成一个由3个单词组成的口号，创新的复杂历史也被简化了，随之，现代主义失去了和传统有关的重要部分，反讽的是，这种失去正是由于它献身于新事物。

---

[1] Northrop Frye, “The Realistic Oriole: A Study of Wallace Stevens,” *Hudson Review* 10 (1957): 370.

[2] Roy Harvey Pearce, “Toward an American Epic,” *Hudson Review* 12 (1959): 362.

[3] Marvin Mudrick, review, Hudson Review 19 (1966): 311.

[4] R. H. Pearce, “Art in Culture,” American Quarterly 11 (1959): 79; Richard Ellmann, “Ez and Old Billyum,” *Kenyon Review* 28 (1966): 474.

[5] Gay, Modernism, 4; Alfred Appel Jr., *Jazz Modernism: From Ellington to Armstrong to Matisse and Joyce* (New York: Knopf, 2002), 27.

看起来是这样，这个事情如此发生的原因是时间的流逝，是对现代主义进行回顾式解释的需要，也是快捷轻易地界定现代主义特点的需要。但是很有意思的是，正是在这个时候，库恩发表了《科学革命的结构》，丹托用他的观点去吸收波普艺术和安迪·沃霍尔。庞德翻译的口号完成了它的经典化，它在这个重要时刻成为了现代主义的口号，这似乎是因为创新在大量的压力下被重新定义了。现代主义的老化和假定的结束导向了创新的概念之中的危机，而这个危机正是它所感到、并且与之斗争的。

第七章

现代主义创新和新先锋派

新事物的传统？

当“日日新”成为口头禅的时候，20 世纪 50 年代晚期和 60 年代早期，创新在 20 世纪文学和艺术中的全面保留似乎已经成为了一个问题。正如哈罗德·罗森伯格在 1959 年所说：“现代著名的‘和传统决裂’已经维持了足够长的时间，本身就成为了一个传统……没有出现独特的矛盾、神话、荒谬性——经常是有创造力的荒谬性，新事物就不能成为一个传统”。[1] 仅仅几个月之后，文学批评家莱昂内尔·特里林做了一个演讲，发表在 1961 年的《党派评论》杂志上，题目是《论现代文学中的现代元素》。特里林和罗森伯格不一样，他关心的是现代文学的教学，但是二者焦虑的原因是相同的：“激进的、破坏性的作品成为传统作品的过程”和现代

[1] Harold Rosenberg, *The Tradition of the New* (1959; reprint, New York: McGraw-Hill, 1965), 9.

主义的颠覆性的概念成为了正统课程中被接受的部分。[1]这两位批评家都为罗森伯格著作的题目《新事物的传统》中包含的永恒悖论所困扰。他们都纠结于一个问题：在依然受欢迎的情况下，新事物如何在艺术作品中维系。[2]

这样的问题在20世纪60年代成为了两派争论的核心，一派是现代主义，它已经得到了高度的评价；一派是想要取代现代主义的艺术家。这些年，几个依然有影响的对现代主义的评论首次出版了：克莱门特·格林伯格的《艺术和文化》在1961年出版；艺术史家和批评家迈克尔·弗里德的《现代主义绘画》在1964年出版；斯坦利·卡维尔的《现代哲学的美学问题》在1965年出版。这也是阿瑟·丹托的论文《艺术世界》出版的时代，它第一次发表是在1964年，它的出现标志着使格林伯格、弗里德、卡维尔团结在一起的那个运动的结束。在两方的辩论之中，库恩在1962年提出的历史变化模型发挥了它的作用：它隐含地出现在丹托的论辩结构之中，也被弗里德和卡维尔明确地引述过，后者是库恩的朋友和同事。[3]《科学革命的结构》的例子对其他作家非常重要，因为世纪中叶围绕着艺术领域的世代交替的斗争，也是关于创新的本质和它在现代主义50年后的地位的争论。

---

[1] Lionel Trilling, “On the Modern Element in Modern Literature,” Partisan Review 28 (January-February 1961): 17.

[2] 正如弗雷德里克·杰姆逊所指出的，现代主义不能解释为什么它的美学产品依然是有趣的，因为它甚至不能依赖传统的超越时间的价值标准。在杰姆逊看来，新事物自我摧毁的性质是拒绝现代主义的革新模型的一个原因，至少是一个站得住的解释。Fredric Jameson, *A Singular Modernity* (London: Verso, 2002):126.

[3] Caroline A. Jones, “The Modernist Paradigm: The Artworld and Thomas Kuhn,” *Critical Inquiry* 26 (2000): 497.

这场争论的概貌很明显地显示在争论之中，它仍然是鲜活的，弗里德决定公开他的论文《艺术和客体》(1967 年)，他引用了 18 世纪神学家乔纳森·爱德华兹的话："我很肯定，世界的每时每刻都是新的；事物的存在随时结束，又随时更新"。[1] 在某种程度上，这就是弗里德版本的"日日新"，来自于同一个基督教的"更新的模型"，这个模型也激励着理雅各去翻译庞德的中文原本。而且也总是存在着大量的怒气冲冲的反对意见，反对这种准宗教的语气，尤其是虔诚的断言"当下就是恩典"(presentness is grace)。这种对弗里德的观点的不友好的回应在某种程度上是鼓吹一种非历史的静止状态，认为变化是不可能的。[2] 虽然给予了重生（renewal）这么多的关注，弗里德也使用爱德华兹的话，为创新提供一个特别的定义，即用传统的循环概念保证其持续存在。在更新的形式中使新事物得以重新构造，是一种历史悠久的解决传统和创新之冲突的办法，这样就使它们成为了一个自我维持的、互相依赖的系统。在这个意义上，爱德华兹离库恩并不远，因此也吸引了弗里德。[3]

罗森伯格和特里林指出了一个危机，而弗里德对爱德华兹的引用提出了一个解决此危机的方案。传统和新事物是不需要争执的，

---

[1] Jonathan Edwards, quoted in Michael Fried, *Art and Objecthood: Essays and Reviews* (Chicago: University of Chicago Press, 1998), 148.

[2] 分析和批评性的回应，见 Rosalind E. Krauss, *The Optical Unconscious* (Cambridge, MA: MIT Press, 1994), 6-7; Hal Foster, *The Return of the Real* (Cambridge, MA: MIT Press, 1996), 52; Pamela A. Lee, *Chronophobia: On Time in the Art of the 1960s* (Cambridge, MA: MIT Press, 2004), 49.

[3] Fried, *Art and Objecthood*, 99.

这里存在着一个新事物的传统，如果历史的状况就是按照基督教的模式，通过革新以达到更好的境界，那么这个模型也就是库恩的革命模型的基础。实际上，大量关于现代主义的文章和艺术作品依据的是这个模型在20世纪60年代的版本，基于格林伯格奠定的狭窄地基，后来又通过他，被卡维尔、库恩和维特根斯坦修正。[1]

一般人相信现代主义是一场艺术上的普遍性的运动，其实这个看法大多数都是来自于20世纪中叶这几年的工作。而且，历史上的先锋派、现代主义，以及被文学批评家彼得·比格尔批评的新先锋派，他们之间的关系依然得用这个时代的概念来理解。[2]这样，格林伯格和弗里德的基本位置，尤其是涉及艺术在现代社会的地位与其自主性，几乎也会令人感觉到似曾相识的麻烦。[3]然而，在新事物的传统的角度上重新阅读这些材料，重温解决创新问题的历史，这样从一个不同方式来理解现代主义理论家和新先锋派艺术家之间的争论，这仍然是可能的。把20世纪60年代看作创新历史中的一个主要阶段，看作这样一个时期：当关于艺术地位的问题有了协调一致的思想，从而使新的解决方案重新变成了疑惑，这些疑惑从有机思想出现的那一天起就存在着，这应该也是容易的。

---

[1] 关于这种关系的一个讨论，见 Stephen W. Melville, *Philosophy beside Itself: On Deconstruction and Modernism* (Minneapolis: University of Minnesota Press, 1986), 3-33.

[2] 杰姆逊指出，现代主义的概念的使用直到20世纪60年代都不常见（*Singular Modernity*, 100）。关于比格尔论先锋派，见他的 *Theory of the Avant-Garde*, trans. Michael Shaw (Minneapolis: University of Minnesota Press, 1984), 58-63.

[3] 这场争论的头几十年的好的例子，有条件的广泛地讨论自主性和政治行为的问题， 见 Francis Frascina, ed., *Pollock and After: The Critical Debate*, 2nd ed. (London: Routeledge, 2000).

格林伯格和艺术革命的结构

克莱门特·格林伯格的影响虽然快要消失了，但仍然能够获得批评家和学者们的尊重，因为他为当时的新艺术创造了一个令人信服的实例。在某种程度上，他解释和证明了“他所赞美的那些在战后艺术中被看作是新事物的特征”，尤其是杰克逊·波洛克著名的滴画创作所代表的“满地花纹”的特点。[1]这似乎也很清楚，格林伯格赞美这样的技法，就是因为这些技法是新的。他也始终如一地通过他的行为，坚持认为艺术在任何时代的重要性在于“赢得了人类存在的新经验”，[2]认为任何时代的最好的艺术是新的艺术，它之所以是最好的，是因为它以某种方式做了之前的艺术没有做的事情。[3]但格林伯格在这方面的标准是很高的，和其他批评家相比也是这样，他发现，很容易区分真正的新事物和被他频繁地诅咒为仅仅是“伪造的新”（novelty）的东西。[4]

实际上，在一个致力于制造区别的事业中，“新”（new）和“伪造的新”（novelty）的区别成为最重要的区别之一。这个差别一开始在格林伯格对先锋派和媚俗的区分之中就显示出来了，这

[1] Rosalind Krauss, “1960b,” in *Art since 1900*, ed. Hal Foster et al. 2nd ed. (New York: Thames and Hudson, 2011), 2: 477.

[2] Clement Greenberg, *The Collected Essays and Criticism*, ed. John, O’Brien (Chicago: University of Chicago Press: 1986-93), 1: 133.

[3] “最好的新艺术总是在某些方面让你吃惊；如果不能，它就不是新的，也不是最好的。” Clement Greenberg, *Homemade Esthetics: Observations on Art and Taste* (Oxford: Oxford University Press, 1999), 39.

[4] Greenberg, *Collected Essays and Criticism*, 4: 208.

个区分也就是在“真正的新”和“假冒的新”之间的区别。[1]在格林伯格的晚年，这也成为一种固定观念，这时他攻击“新艺术”，把它作为对他不喜欢的当代艺术的一种全面拒绝。从某种意义上说，新艺术是一种自觉的、其目的是为了创新而创新的艺术，在另一种意义上说，新艺术比它所受到的欢迎存活得更为长久，有着变革冲动的艺术已经退化成了时尚。[2]换言之，伪造的新事物曾经是新的事物，后来成为了常规的、习惯的、旧的事物，对格林伯格来说，伪造的新事物曾经的幻影所代表的问题就是被罗森伯格和特里林指出的同一个问题：正因为新事物和旧事物有差别，艺术在时间中才能得以延续。格林伯格像庞德一样，把现代主义界定为新的事物，它是持续的新，这样，他就必须指出要如何将持续着的新事物怎样和事物的简单存活相区别。

在格林伯格看来，界定重要艺术成果的创新才是真正的创新，他为这种真正创新所设计的模型和库恩著名的模型很相似，但也并不是受库恩影响的结果，它也不仅仅是偶然的巧合。格林伯格关于艺术创造的基本设想和库恩对科学研究的想法高度相似，这个事实解释了很多事情。对格林伯格来说，在完美的自由中，通过纯粹自发的方法创造的艺术是不存在的。[3]艺术“不可能没有观察的标准和习惯”，[4]对库恩来说，没有范式的科学也是不可想象的。但是，按照格林伯格的用法，标准和习惯首先是形式的，

---

[1] Ibid., 1: 14.

[2] See Thierry de Duve, *Clement Greenberg between the Lines*, trans. Brian Holmes (Paris: Editions Dis Voir, n. d.), 81.

[3] Greenberg, *Collected Essays and Criticism*, 3: 11.

[4] Ibid., 4: 109

其基础在于对特殊媒介的物理需求。习惯是严格的、确定的，但仅仅是因为在更为基本的层次上，它们是建构性的：颜料和平面的组合决定了人们对绘画活动的看法。

如果标准和习惯不仅仅是社会性的或心理学上的严格性，同时也是逻辑上的确定性，那么就很难看到这么多的创新是如何适应这些要求的。格林伯格对这个难题的回应是，假定一种艺术就像库恩的常规科学，它几乎可以被叫做“常规绘画”。特定种类的艺术的范式已经建立起来，在这个范式下工作的人继续处理不那么重要的、未曾解决的枝节问题。例如，印象派和后期印象派“留下许多线头准备打结，给后来的艺术家提供一些任务，要完成这些任务，需要的不只是没有冒险精神的重复”。[1]格林伯格不顾这些暗藏讥讽的话，他真心地把它当成创造性的工作。甚至马蒂斯也使高更暗地里留下的东西变得更清楚、更完美了。[2]按照格林伯格的说法，立体主义的成功，在某种意义上是因为塞尚提供了“新发现的所有源泉，而不需要把更多的努力花费在发现的过程上”。[3]

这种解决问题的艺术是创造性的，但只有用特殊的方法时才是如此。在“常规绘画”时代，创新性的实现经常作为总体被发现——并非个体的努力，而是一个学派或者一个运动的联合的成功。[4]格林伯格不喜欢实验艺术的概念，也许是因为它听起来太过于像试错法，但他感到，在一个健康范式之下的有力的、有趣的艺

[1] Ibid., 3: 82.
[2] Ibid., 3: 83.
[3] Ibid., 3: 90.
[4] Ibid., 1: 80, 133.

术生产几乎就是自主性的。[1] 艺术家使用伟大前辈留给他们的生机勃勃的传统，传达出他们要表达的内涵，他们以一种稳定的、渐进的、不引入注目的方式创造新的艺术作品。实际上，这种“常规绘画”的特征正如库恩的常规科学的特征一样，拒绝基本的革新。根据格林伯格的说法，甚至像毕加索和马蒂斯这样的画家都是“不情愿的革新者，尊敬那些他们自己感觉到要强行反对的传统”。[2]

艺术家不得不去发明、去打破那些迄今为止界定艺术活动的传统，这是怎么发生的？在库恩的模型里，反常事物的积累最终颠覆了范式，虽然反常事物似乎不大可能生存在艺术世界之中，但某些相似的事物还是会发生在格林伯格的世界之中，因为他把艺术家当作不断在重要传统和不必要的或者虚假的传统之间作出区分的人。[3] 在传统之中，不管是什么无关紧要的、无用的东西都被抛弃了，所以艺术能在新的、经过验证的范式的边界之中得以延续。这就是格林伯格的美学革新模型之中的革命性要素。

对格林伯格来说，在马克思主义艺术和社会理论的粗糙版本之中，革命曾经有一个字面上的重要性，对他来说，和许多艺术家一样，革命的功能从那以后就作为有用的、令人印象深刻的修辞学的比喻。在几年之内，他探讨了由印象派、塞尚和巴黎画派发起的革命。[4] 但是在他的晚年，他对整体的革命性艺术的观点有些动摇，

---

[1] Ibid., 2: 319.

[2] Greenberg, *Homemade Esthetics*, 54. 在这场“争论”中相似的陈述见 de Duve, *Clement Greenberg between the Lines*, 125-126.

[3] J. M. Bernstein, *Against Voluptuous Bodies: Late Modernism and the Meaning of Painting* (Stanford, CA: Stanford University Press, 2006), 203.

[4] Greenberg, *Collected Essays and Criticism*, 2: 48, 143; 4: 5, 10.

他抱怨把任何新的转变都加以神圣化，他指出作为“和过去决裂的革命”的荒谬性。[1]但这不可能像看上去那样的坚持，因为甚至当格林伯格自己把各种运动都神化为革命的时候，他都不认为这些运动是和过去的决裂。他静静地重建了革命的原初意义和更加字面上的意义，因此它意味着戏剧性地回归到最初的状态，或者是像基督教模式那样，回归到这个状态的更完美版本。[2]

在艺术的革命要素之中，艺术不是真正地和过去决裂，像它看上去那样，而是在一种“重新发现”或“重新估价”的意义上的回归。[3]革命的目的是“建立新秩序，而不是无政府主义”，[4]或者像艺术理论家和批评家梯也里·德·迪弗所说，是“在破裂的条约上面又签订一个新条约”。[5]正是在这个意义上，格林伯格能够做出明显荒谬可笑的声明：现代主义“保留着过去的延续”。[6]正如他在名为《抽象艺术问题》的著名论文中说，抽象艺术证实了“不再颠覆传统”，[7]当他把现代艺术思考为真正革命的时候，他也不仅仅勇敢面对《周六晚邮报》的读者，或面对向过去妥协的信念。因为正如格林伯格看到的，革命的目标是证实传统，它实际上比它曾经所是的东西更有道理，现在先锋派从传统习俗之中净化出来，这些习俗是有错误的，或者是无关紧要的。

---

［1］ Ibid., 4: 143.

［2］ 一个简短的关于格林伯格和艺术史中的“历史性回归”的关系的讨论，见 Foster, *Return of the Real*, 10.

［3］ Greenberg, *Collected Essays and Criticism*, 2: 255.

［4］ Ibid., 3:83.

［5］ de Duve, *Clement Greenberg between the Lines*, 66.

［6］ Greenberg, *Collected Essays and Criticism*, 2: 248.

［7］ Ibid., 4: 83.

实际上，对格林伯格来说，有时候仿佛革命时代反转了。在他的晚年，作为一个批评家，他开始喜欢退化（devolution）这个词，他用这个词来描述从马奈上溯到委拉斯开兹这一段历史的弧线，通过一系列的阶段，蒙德里安最后达到了“回到文艺复兴开始的地方”。[1]相反地，这段历史在形式上的对应物是一个严格的下降过程，每一个无关紧要的事物都是逐渐地脱离绘画，直到艺术家终于找到他们不能抛弃的东西：那支持自身的空白。根据格林伯格的说法，这花掉了很长时间，因为绘画有着如此多的无关紧要的习惯要消除——这可能就是艺术史存在的全部原因。[2]

格林伯格对艺术革新的形式的理解就这样和库恩的科学理论在几个重要的方法上区别开来：他是目的论的，而库恩不是；目的论的过程通过历史而导向过去，而在库恩看来，科学则不会倒退。虽然如此，格林伯格和库恩最相似的地方是他所领会到的在“常规的”解决问题的艺术和它的革命的对立面之间奇异的共生关系。在这两种情况下，革命的目的都是重建那些滋养和维持了“常规”作品的范式。当格林伯格在晚年对整个循环过程进行简洁的解释之时，陈词滥调就是不可避免的：“艺术传统通过或多或少的持续革新而保持了自身的活力”。[3]然而在这个俗套之后隐藏的是某些更令人惊奇的概念，即创新的效果维护了传统，至少使人们更难以看出创新一开始是从何而来的。

格林伯格在1961年的论文集《艺术和文化》之中零零碎碎地

[1] Ibid., 3: 34.

[2] Ibid., 3: 217.

[3] Greenberg, *Homemade Esthetics*, 52.

提出的艺术革新模型，就这样以一些令人感兴趣的方式和库恩在1962年连贯地表述的科学发现模型类似——虽然这两个人显然没有实际的接触。这两种解释的一些重叠之处也许会被怀有嫉妒的格林伯格解释成科学的严格性，以及他对于“视觉艺术的新形式和现代物理科学之间的亲和力”的信念。[1]一些评论家也认为格林伯格在理智上也得益于从库恩以来的逻辑实证主义，他会从中感觉到挑战。[2]然而，这两个人更远的背景是进化论，它肯定是把“循环重现”和“重新组合”结合为一个循环系统的所有模型的主模板，格林伯格也用偶然的和直接的方式指出了这一事实。[3]但是“历史是创造性的，总是在自身之外逐步形成创新”[4]这个观念的指向要比达尔文还要广泛和普遍，因为旧事物之外产生新事物的循环发展是创新问题的解决方案之一，这个问题足够古老，它已经成为了传统自身的一部分。

在艺术世界之中，格林伯格自己的语境之中，尤其是在《艺术和文化》的第一版之中，格林伯格的新事物模型应该是有吸引力的，因为它提出的正是罗森伯格和特里林确定的难题。根据格林伯格的分析，体制化的现代主义不仅仅在语词上无矛盾，而且也是艺术革新目的在逻辑上的完成。与此同时，也展示了如下事物是如何调和一致的：一些现代艺术家的革命修辞和其他人的纯粹技术的重组、由20世纪前半叶活跃着的不同的艺术家组织中所包含的、产

---

[1] Krauss, “1960b,” 2: 479; Greenberg, *Collected Essays and Criticism*, 2: 325.

[2] Caroline A. Jones, *Eyesight Alone: Clement Greeberg's Modernism and the Bureaucratization of the Senses* (Chicago: University of Chicago Press, 2005), 108-12.

[3] Greenberg, *Collected Essays and Criticism*, 3: 82, 142.

[4] Ibid., 2: 15.

生各种新事物的雄心壮志，以及由此组成的或多或少连贯在一起的一大堆东西。简单地说，格林伯格通过编纂整理现代主义一个最重要的特征，有助于建立促成了现代主义范畴的建立。

卡维尔的现代主义

虽然格林伯格和库恩出版各自最杰出的著作仅仅相隔一年，虽然 20 世纪 60 年代早期的许多读者都能偶然地注意到这些有影响的书，但他们似乎还没有引起广泛的讨论，可能只有一两次讨论和他们发生了偶然的联系。但是在 20 世纪 60 年代早期，斯坦利·卡维尔把他的思想转向现代艺术的时候，部分地回应了格林伯格，他的批评已经"被分配给"迈克尔·弗里德去阅读了。[1] 早在 1967 年，卡维尔出版的著作中就已经有了或多或少对格林伯格带有尊敬意味的引用，[2] 虽然他在 40 多年后说自己一开始对格林伯格的意见并不满意。[3] 出于许多理由，他可能对库恩有更多的共鸣，实际上，他和库恩在 20 世纪 50 年代晚期是合作者，当时他们都是伯克利的年轻教授。[4] 卡维尔信任库恩，后者使他重新撰写了具有影响力的论

---

[1] Stanley Cavell, *The World Viewed: Reflections on the Ontology of Film*, enlarged ed. (Cambridge, MA: Harvard University Press, 1979), 25.

[2] Stanley Cavell, *Must We Mean What We Say*? updated ed. (Cambridge: Cambridge University Press, 2002), 184.

[3] Stanley Cavell, "Crossing Paths," in *Action, Art, History: Engagements with Arthur C. Danto*, ed. Daniel Herwitz and Michael Kelly (New York: Columbia University Press, 2007), 25.

[4] Cavell, *Must We Mean What We Say*? , 14.

文《我们一定得心口一致吗？》。[1]库恩在《科学革命的结构》一书的前言之中动情地称赞了卡维尔，他称卡维尔为“他是唯一能从我不完整的句子中就能揣摸我思想的人”。[2]

他们一起探索的思想之一就是范式，库恩已经在维特根斯坦的著作中发现了范式概念，这个概念因为两个不同的原因困扰着他：一个是因为它似乎通过在特殊的语境中对思想进行约束，从而限制了思想的自由；一个是因为它似乎通过把所有语境都放在同一个基础上，从而削弱了科学的客观性，在这两者之间，没有独立的方法来决定。[3]卡维尔将晚年大量工作放在哲学上，以此来解释库恩的思想，并阐明维特根斯坦的晚期哲学是如何解决这些问题的。按照卡维尔的解释，维特根斯坦认为范式不仅仅是社会意义上的传统习俗，意味着对行为的限制和控制。它们更像是语法规则，或者用于判断人类行为是否适当的标准，“我依赖的形式是有意义的”。[4]如果把注意力集中在它们阻止的东西之上，会错过更大的事实：它们使什么成为可能，仿佛垒球的跑垒道限制在 90 英尺长是对运动员自由的限制一样。这当然是真的，如果运动员没有被限制的话，他

[1] Ibid., 42.

[2] Thomas Kuhn, *The Structure of Scientific Revolutions* 4th ed. (Chicago: University of Chicago Press, 2012), 14.（《科学革命的结构》序言第 7 页。北京大学出版社）关于他们的关系，见 Jones, “Modernist Paradigm,” 508, and Vasso Kindi, “Novelty and Revolution in Art and Science: The Connection between Kuhn and Cavell,” *Perspectives on Science* 18 (2010): 284-286.

[3] Stanley Cavell, Little Did I Know (Stanford, CA: Stanford University Press, 2010), 354-355. 对这些问题的评论，见 Cavell, *Must We Mean What We Say*?, 53.

[4] Stanley Cavell, *The Claim of Reason: Wittgenstein, Skepticism, Morality, and Tragedy* (New York: Oxford University Press, 1979), 25. See also Sandra Laugier, “Introduction to the French Edition of *Must We Mean What We Say*?,” *Critical Inquiry* 37 (2010): 639.

就会无限制地跑到外场，但是正因为他受到了这样的限制，才能有效地实现目标，因此比赛才有意义。

这些规则决定了什么可以做，什么不可以做，什么可以想，什么不可以想，因而它们不仅仅是约束性的，而且也是建设性的、积极的。它们是“人类的生活形式，并为我们的表达提供了一致性”。[1]卡维尔所用的“生活形式”这个概念直接来自于维特根斯坦的《哲学研究》，书中的例子是来自于语言，是维特根斯坦从日常语言表达中费力梳理出来的隐藏的语法。[2]既然语法是在实践中运用的，它就是变化的、开放的。构建“生活形式”的标准必须建立在某种一致的基础之上，虽然这种基础是隐藏着的、随意的，因而可能会经常遭到异议、甚至被否定。[3]确切地说，这一切是如何发生的——构成特定实践的一种规则或标准是如何从实践中演变而来的——在卡维尔和维特根斯坦那里，都有一点神秘性。《哲学研究》中许多提供语法规则、引发大量关注的工作就是这样，让有目的的变化变得似乎非常艰难。当然，在库恩对科学的解释之中，这样的变化是稀有的，也是痛苦的，但却足以保证革命的发生。

无论如何，卡维尔对维特根斯坦晚期哲学的改造为 20 世纪中

---

[1] Cavell, *Must We Mean What We Say*? , 61.

[2] Ludwig Wittgenstein, *Philosophical Investigations*, trans. G. E. M. Anscombe, P. M. S. Hacker, and Joachim Schule (Chichester: Wiley-Blackwell, 2009). 例子见 94 页。另一个例子见 Cavell, *The Claim of Reason*, 184.

[3] Stephen Mulhall, Stanley Cavell: Philosophy's Recounting of the Ordinary (Oxford: Oxford University Press, 1994), 103. See also Diarmuid Costello, "On the Very Idea of a 'Specific' Medium: Michael Fried and Stanley Cavell on Painting and Photography as Arts," *Critical Inquiry* 34 (2008): 290-291.

叶关于现代主义和现代艺术的讨论带来了一种有显著差异的创新模型。当格林伯格描述“常规”绘画的解决问题的工作之时，他经常使它听起来似乎仅仅是对预先存在部分的重新排列。他在讨论印象派的逻辑的时候，甚至使用了“原子单位”这样的表述。[1]在这里几乎可以肯定，他不知道他已经回溯到了《泰阿泰德篇》中首次提出的模型，即以字母表为例的组合式创新模型。正如维特根斯坦看到的那样，这个模型也是《逻辑哲学论》之中的逻辑原子主义的先驱，它相信思想可以被还原为少量的“基本要素”。[2]在《哲学研究》中，维特根斯坦严厉地拒绝了这种想法，“经验肯定不会为我们显示这些要素”。[3]语言不能从一开始就仅仅通过元素的重新排列来延展自己，他在机器的形式中把一种情况用符号进行表达，这种情况已经包含在它所造成的运动之内了。[4]然而，语言延伸了范式，包含了新的情况，从同样的旧词汇中产生了全新的意义。

这里有一点明显很神秘，维特根斯坦也为此困惑了相当长的时间，因为一个词的未来用法以某种方式存在于这个词之中，它们是无法预期的、难以捉摸的。[5]他用过的类比显然影响了库恩在科学研究中对同一个问题的讨论——用一种新的方法来分析鸭兔图这样的图形：“如果有人在一个确定的图形（称为图形 1）中寻找另一个图形（称为图形 2），而且找到了，那么他就是用一种新的方法看待图形 1。他不仅给出了一种新的描述方法，同时也注意到了第

[1] Greenberg, *Collected Essays and Criticism*, 3:84.
[2] Wittgenstein, *Philosophical Investigations*, 25.
[3] Ibid., 33.
[4] Ibid., 83-84.
[5] See Ibid., 86.

二幅图形是一种新的视觉经验”。[1]维特根斯坦没有关注鸭兔图带来的认识论局限性，即不可能在同一时间看到两种动物的事实，他关注的是它所带来的可能性，一幅新的画面突然出现在旧画面的空间之中，库恩称之为革命的时刻，觉醒的时刻。但是这个视觉的例子主要是一个类比，用来解释这种从旧的词汇之中产生新意义的方法，它摆在我们的面前，因而成为一种创新模型，这种模型比简单元素的重新组合的模型更为开放、更加灵活。

卡维尔在《理性的要求》一书中说，语言提供了“可能性的无止境的领域”，因为它拥有“无数的例子和投射方向”。[2]语言的延伸不是随意的，因为它们受规则的约束，语言的规则决定了在特定情境下，什么是有意义的；但是这些语言在原则上仍然是不受限制的。因而可能对卡维尔来说，把大量的人类生活作为在范式之内的工作，不需要仅仅把它看作是大量的使用纸张。对于这些语言规则的测试，寻找特定语言游戏允许的界限，对他来说便成为一种和其他人类相互交流的活动（他们的生活建构了特定的规则）同样这也是一种发现自我的活动。在范式之内的活动可以被其他人承认，在某种意义上，这是一种服从；但是这也是一个在范式限度之内成长的过程，可以基于这个范式提出要求，但这种限度从来不是固定的。

实际上，似乎由于一个范式是灵活的，因而不需要革命，这使卡维尔可以避免库恩对科学的解释中的某些令人困扰的内容。

[1] Ibid., 209.
[2] Cavell, *Claim of Reason*, 185, 189. See Mulhall, *Stanley Cavell*, 83.

但是在卡维尔的著作中，就像格林伯格和库恩一样，革命仍然扮演了一个重要的角色。首先，在卡维尔看来，范式不会一直足够灵活到能够在不破裂的情况下加以改变的程度。20 世纪经历了太多关于特定传统的争论，以至于整个传统的概念都成了一个危机。现代就是“历史和传统都不再被认真对待”的时代，[1] 此时“作为整体”的传统被视为“不是来自过去的牢固的遗产，而是面对我们不再理解的那些问题的一个持续不断的即兴表演”。[2] 理解它的另一种方法是把现代当成一种传统，这种传统仅仅是迄今为止不被注意、不成问题的意义语境。[3]

现代性作为在规范上和传统上的信任危机的意义，本身就是足够传统的，实际上，这也出现在格林伯格同样的用语之中。[4] 就此而言，可能真的是这样说：现代性是在这样的时代，反常事物成为规范和革命，从而成为固定的情况。在这种情况下，卡维尔关于革命角色的说法在某种意义上甚至比格林伯格或库恩更为极端，因为他把革命净化了，把它仅仅变成了回归。革命一词本身在卡维尔的著作中并不扮演非常大的角色，但是他说，他把自身看作是生活在哲学革命之中的人，维特根斯坦在哲学中提出了革命性的思想，但是他自己并不是太多地用这个词。[5] 维特根斯坦为卡维尔提供了一个模型，要进入“新的生活形式，新的世界”得通过一种回归，一

[1] Cavell, *Must We Mean What We Say?*, 36.

[2] Ibid., 201.

[3] See Cavell, *The World Viewed*, 106, and *Claim of Reason*, 96; Mulhall, *Stanley Cavell*, 70; and Bernstein, *Against Voluptuous Bodies*, 92.

[4] Greenberg, *Collected Essays and Criticism*, 1: 6.

[5] Stanley Cavell, “Impressions of Revolution,” Musical Quarterly 85 (2001): 267, 272.

种重新的概念化，卡维尔称之为“一种特殊意义的革命”。[1] 他心目中的“特殊意义”明显地被汉娜·阿伦特发展了，在后者看来，革命有着更古老、更传统的意义，即完全的循环。[2] 他在《现代哲学的美学问题》中说，更常用、更具有当代性的“革命的意义”会带来一种“逃离过去、解决我们的问题”的感觉，[3] 但这是一种幻觉，因为真正的革命会让我们回到过去，带我们返回“一个失去的世界”。[4]

因此现代主义对卡维尔来说是一个革命过程，当现代性对一切规范和传统都表示怀疑的时候，艺术带我们回归失去的世界。他在《混乱的音乐》中说，现代主义的目的就是使“总是真实艺术”的东西变得明显而直接。[5] 每一件艺术作品都在寻找“它自身常规做法的限度和本质”，[6]“确切地追问它是否能生存，在什么条件下可以生存”，[7] 由此来达成这个目标。这种自我探索的目的是再次找到那些随着时间推移而逐渐模糊的东西，重新发现传统的原始力量和纯洁性。那么，创新的目标就不是打败传统，而是使传统复原：“艺术现代性的前所未闻的呈现，不是打破传统的努力，而是对传

[1] Mulhall, *Stanley Cavell*, 166. Cavell, *Must We Mean What We Say*? , 84, 86.
[2] Cavell, “Impressions of Revolution,” 264-265.
[3] Cavell, *Must We Mean What We Say*? , 73.
[4] Cavell, *The World Viewed*, 110. Kindi, “Novelty and Revolution in Art and Science,” 287, 291, 293. 肯迪在 290 页讨论了这种回归传统的意义在库恩那里是缺席的，但是这里的论证的确让卡维尔的模型和库恩的模型显得非常相似。
[5] Cavell, *Must We Mean What We Say*? , 189.
[6] Ibid., 219.
[7] Cavell, *The World Viewed*, 72. See Mulhall, *Stanley Cavell*, 31, and Bernstein, *Against Voluptuous Bodies*, 93.

统忠于信仰的努力”。[1]

如果这种说法听起来非常像格林伯格关于创新即是强化传统的观点，这可能不是完全的巧合，因为卡维尔在《我们一定得心口一致吗？》一书中撰写了关于现代主义的重要论文，这时他与弗里德进行了亲密会谈，后者使他充满了早年间对格林伯格的批评的热情。[2]当卡维尔听起来最不喜欢他自己的这些早期论文的时候，他最喜欢的是更加刻薄好斗的格林伯格，这个时候，他成为一个“推进现代化的人”，因为他“在每个能理解的、新的和安全的、离奇的或者有吸引力的东西之中，为美学寻找新的基础，为艺术寻找新的未来”。[3]“新的”这个词成为一种抽打谷物的连枷，格林伯格有时候也这么用。但是在卡维尔晚年的著作中也坚持使用，它显示出，不管什么时候遇到的“推进现代化的人”，都不像一个真正的现代主义者，他们“仅仅是对传统的力量视而不见，蔑视传统的锁链”。[4]他和格林伯格一起把现代主义的定义传递给下一代，这基本已经意味着新事物的失败和否定。

范式的持续

格林伯格现在很享受一种颠倒过来的，通常为那些被废黜的

[1] Cavell, *Must We Mean What We Say*? , 206.

[2] Ibid., 203.

[3] Ibid., 222.

[4] Cavell, *The World Viewed*, 15. 马尔霍尔指出了，卡维尔版本的现代主义是保守的，见在 *Stanley Cavell*，163-164.

独裁者保存的热爱。他逃避被杀的办法是在文体上把他自己重复地描写为罗莎林德·克劳斯在《视觉的无意识》中提到的阴暗的摩洛神。[1]他的想法已经存活在一些形式之中，这些形式不同于恐惧症的形式，因而这些想法依然非常大地决定了现代主义这个术语意味的东西，从某种意义上来说是因为这些想法在卡维尔的影响之下缓慢渗透的方式。[2]弗里德在《艺术和客体》的开头介绍他的早期作品时，就把它弄清楚了。在这里，他把对格林伯格的批评和维特根斯坦和卡维尔的影响联系起来。[3]格林伯格已经有了早期的影响，[4]他和卡维尔分享的是兴趣和激动。[5]但正是卡维尔指导他走近了维特根斯坦的思想，向他介绍了库恩的工作。[6]

弗里德就这样带着比格林伯格更少一点字面意义的传统定义开始工作。例如，安东尼·卡洛在雕塑中探索的传统不仅仅是过去雕塑的物质实践，如对基座的需要，而且也是对人生的深入感受和经验的连续性，这种人生感受要服从维特根斯坦式的详细审查。[7]弗里德论述艺术家朱尔斯·奥列斯基的早期论文也开始于维特根斯坦的引语，他区分了“只是传统”和一种表达深入感受的人类需求的

---

[1] Krauss, *Optical Unconscious*, 248, 309.

[2] Costello, “On the Very Idea of a ‘Specific’ Medium,” 290-291; Jones, “Modernist Paradigm,” 523.

[3] Fried, *Art and Objecthood*, 33.

[4] Ibid., 15.

[5] Cavell, *Must We Mean What We Say*? , 15, 203, 217, 220.

[6] Jones, “Modernist Paradigm,” 488, 510, 512. 也见弗里德对此文的回应，“Response to Caroline A. Jones,” *Critical Inquiry* 27 (2001): 703-5.

[7] Fried, *Art and Objecthood*, 30-31.

实践。[1]在许多情况下，这种明显的从社会传统，或者从传统艺术实践向更类似于库恩的范式或者维特根斯坦的生活形式的转变，直接来自卡维尔。在弗里德第一次出版的论文《现代主义绘画和形式批评》中，他根据维特根斯坦的语言思想，重新论述艺术媒介的标准观念，两次引用了卡维尔，[2]论述奥列斯基的论文也同样引用了他。[3]在思考传统的时候，越是不把它看作是一系列严格的约束规则或重复的实践，就越是把它当作生成性的语法，弗里德把这个习惯和卡维尔直接联系在一起。[4]

正常地说，在弗里德看来，艺术就是在一个隐藏着语法的灵活的界限之中来工作的，就如同常规科学之于库恩，新作品中表达的形式是由范式所决定的。例如，抽象画家肯尼斯·诺兰的作品"在说出新事物的兴趣之中表示了相关的句法转换"。[5]革命仍然在艺术中出现，这时一些艺术家已经感到，范式伸展得太狭窄了，"解决基本问题的办法"已经明显地被耗尽了。[6]库恩在这种特别的"范式耗尽"的例子上集中精力，但是对于弗里德、卡维尔和格林伯格来说，现代性出现的时刻就是传统即将被耗尽的时刻。也许这就是为什么他们3个人都感到，应该把美学回应提升到另一个层次上去，即"不断的激烈批评"，[7]这将使现代艺术屈

[1] Ibid., 132.
[2] Ibid., 262, 264.
[3] Ibid., 147.
[4] Ibid., 61. See also Michael Fried, "How Modernism Works: A Response to T. J. Clark," *Critical Inquiry* 9 (1982): 223, 231.
[5] Fried, *Art and Objecthood*, 258.
[6] Ibid., 149.
[7] Ibid., 234.

服于它自身的传统，这种批评是在更广的社会意义上对传统的询问。[8]无论如何，被弗里德描述为“不断的激烈批评”的办法像是库恩的科学革命和维特根斯坦实践的哲学变革的交叉。

弗里德在他早期著作的导言中说，“不断地激烈批评”的另一种表达方式是“不断革命”。[9]在1964年第一次出版的文章《现代主义绘画和形式批评》之中，弗里德把“不断革命”定义为“绘画能够改变、变形和自身再生的原则”。[10]如同库恩、格林伯格和卡维尔同意的那样，任何革命都有再生的力量，因为革命会按照循环的模式回到失去的原始出发点。但是不断革命提供了这个模式的潜在的版本，因为它把革命变为传统。在弗里德的不断革命模型之中，激烈的自我审查是现代主义艺术本身所固有的，这就成为它的确定的实践，这个模型在“新事物的传统”的红字之下回应了这个争论的问题。他经常和卡维尔一起说，现代艺术导向传统，重建传统——但是在某种意义上，这不是必然的，现代主义艺术制造了自我质问和回归到传统的实践。但是在库恩那里，在更完美的、更明显的办法之中，范式和对范式的破坏彼此冲撞，变为同一个东西。[11]

[8] 在对弗里德的许多回应之中，在这个语境下最有用的是 Stephen Mulhall, “Crimes and Deeds of Glory: Michael Fried’s Modernism,” *British Journal of Aesthetics* 41 (2001): 1-23.

[9] Fried, *Art and Objecthood*, 17, 34.

[10] Ibid., 218.

[11] See Kindi, “Novelty and Revolution in Art and Science,” 因为许多重要的内容：“不断革命”这个词的历史可以拓展到蒲鲁东，以及库恩对这个观点的反对（295页）。在《现代主义绘画和形式批评》发表3年之后的《混乱的音乐》之中，卡维尔使用了更为传统的词语：“永久革命” (*Must We Mean What We Say*?, 205). 也见 Melville, *Philosophy beside Itself*, 31.

在50多年前，弗里德把这个现代艺术中的新事物法则完美化了，但它依然是有影响力的，不仅仅是因为弗里德自己继续坚持它。例如，在罗莎林德·克劳斯最近的作品中，格林伯格的“粗野的实证主义”因为提到卡维尔而变得文明了，相对有限的艺术媒介观念也同样被扩展了，直到它意味着一个逻辑或者范式。[1]范式这个词因为围绕着库恩的几十年论争而变得非常熟悉，对克劳斯来说，它拥有所有的含义，尤其是变化和再生的含义，质询了现代艺术范式的艺术家们也在其中创造了新的范式。[2]对一切循环观念的解释都和克劳斯无关，但是艺术批评家和艺术史家赫尔·福斯特很明显地重复了他在格林伯格和弗里德的思想中发现的历史重复理论，他只使用回归的概念分析20世纪60年代和70年代的新先锋派，而不是他的老师所喜欢的后期现代主义的先锋派。但他的先锋派也是“转向过去的范式，能打开现在的各种可能性”，需从专心检查旧的东西之中，提取新的东西。[3]这个明显灵活的范式概念取代了一种在格林伯格那里出现的过分特殊的字面的媒介定义，他专心致志于一种特殊媒介的还原式的自我定义，这种专心成为更为基础的、对艺术的一般性的自我批评，并且超越了对传统本身的批评。但是范式（或者该叫传统）和循环式革命（或者该叫新事物）

[1] See Kindi, “Novelty and Revolution in Art and Science,” 因为许多重要的内容：“不断革命”这个词的历史，可以拓展到蒲鲁东，以及库恩对这个观点的反对（295页）。《现代主义绘画和形式批评》发表3年之后的《混乱的音乐》之中，卡维尔使用了更为传统的词语：“永久革命” (*Must We Mean What We Say*?, 205). 也见 Melville, *Philosophy beside Itself*, 31.

[2] Ibid., 99.

[3] Foster, *Return of the Real*, 10.

的幸福始礼并不能真正地解决一些根本问题。

范式的问题总是成为一种方法，它似乎能够解释一切东西。思考或者实践那些仅仅被禁止的东西相对容易，而更困难、更令人气馁的是——思考或实践那些界定这样的思考实践的条件之外的事情。这个问题的世俗版本可以在对格林伯格的批评之中找到，批评格林伯格的那些人的鉴赏力是难以改变的，既不能被证实，也不能被怀疑。这个问题更大的版本可以在20世纪后半叶的批评中找到，这就是解释学循环，哲学家乔吉奥·阿甘本说，它是真正的“范式循环”。[1]如果一个部分从在与范式的参照中得到意义，那么任何部分都能违反范式吗？或者实质地改变范式吗？这就是文学理论家罗兰·巴特的晚期演讲“论中立者”的主题，他苦口婆心半开玩笑式地尝试建立一个东西来平衡范式的暴政。[2]

库恩、格林伯格、卡维尔和弗里德共同发展的模型的另一半，即革命重新确认传统，似乎在表面上就是有问题的。如果一个活动是一个整体，如艺术创作，它不断地重建自身以保持自身的整体性，那么，在新事物奇迹般的出现和马上被整体吸收之间的一瞬间，要看到新事物的重要性是有点难度的。它能解决在新事物的传统背后的这个被称为持续革命的悖论吗？或者它仅仅是重建了这个悖论？在格林伯格、卡维尔和弗里德对他们时代的最新艺术所抱有的强烈敌意之中，这个抽象的问题接受了实践的表达，

[1] Giorgio Agamben, *The Signature of All Things: On Method*, trans. Luca D'Isanto (New York: Zone Books, 2009), 27.

[2] Roland Barthes, *The Neutral*, trans. Rosalind E. Klauss and Denis Hollier (New York: Columbia University Press, 2005), 27, 42.

它设法超出革命和回归的循环之外。为什么现代主义艺术的范式不会足够灵活地拥抱波普艺术、极简主义或者概念艺术呢？整个范式概念难道仅仅是一条全面拒绝、而不是逐渐拒绝新先锋派作品的道路吗？[1]

"新艺术"

与此同时，格林伯格和卡维尔建立和捍卫了他们对现代主义的自我更新的创新概念的定义，他们也给一系列当代艺术形式加上了罪名，因为它们的创新完全是在错误的道路上。波普艺术、极简主义和概念艺术开始刺激艺术界，此时现代主义正在被格林伯格形式化，所有人都感到他把这些艺术形式放在一边不予理睬，扣上了一个叫做"新艺术"的谴责性的大帽子。[2]在这些运动背后的艺术家们的原罪之一就是，他们"渴望"革新，虽然现代主义者都是"不情愿的革命者"。[3]格林伯格已经感到了真诚坦率的艺术家们正奋斗着，他们是为了尽可能停留在传统之中，只有在革新绝对不可避免的时候，他们才服从革新；[4]当他老去的时候，他激烈地说了很多次，认为大的现代主义者都是"不情愿的革新者，他们爱戴那些他们自己被迫去反对的传统"。[5]他叫作"早

[1] See Jones, "Modernist Paradigm," 489, 498.
[2] Greenberg, *Collected Essays and Criticism*, 4: 262, 302.
[3] 见关于格林伯格的论战，de Duve, *Clement Greenberg between the Lines*, 125-126.
[4] Greenberg, *Collected Essays and Criticism*, 1: 102.
[5] Ibid., 54. See Bernstein, *Against Voluptuous Bodies*, 232.

产的革新”的东西，就是为实验而实验的人的作品，[1]或者更差，为了反叛而反叛，没有什么“比为了反叛而反叛的人更为堕落的了”。[2]在这里，他和卡维尔想法一样，后者也把艺术家贬低为“仅仅沉迷于新事物”。[3]

格林伯格关于艺术创作的第一个、也是最有影响的术语是媚俗，这个词是描述“新事物因为那些新的‘怪癖’而被抢劫”，[4]但是他喜欢“新艺术”（几乎总是用大写字母来增加羞辱感），是在一个非常特殊的语境下来对艺术加以定位的术语。当他在 1968 年有意识地界定这个术语的时候，他说这个词的意思是，“按照旧式的意义，创新（novelties）就是指在杂货店里出售的新东西”。[5]换言之，他的意思是把波普艺术、极简主义和概念艺术放在同一个尘封的架子上，和放屁坐垫、欢乐蜂鸣器和滴水杯子放在一起。他感觉到，似乎他的腿被拖住了，他不喜欢这种感觉。当卡维尔把波普艺术和“弹球游戏、恶作剧和小星星”相比较的时候，显然，他也有同样的感觉。[6]

在讨论 20 世纪 60 年代的新先锋派时，格林伯格和卡维尔同意“创新”一词的最近的——也是最天真、最堕落的——意义：根

[1] Greenberg, *Collected Essays and Criticism*, 1: 101.

[2] Ibid., 2: 145. See de Duve, *Clement Greenberg between the Lines*, 81.

[3] Cavell, *Must We Mean What We Say?* , 36. See Mulhall, *Stanley Cavell*, 11.

[4] Greenberg, *Collected Essays and Criticism*, 1:12.

[5] Ibid., 4: 288. See Arthur Danto, *After the End of Art* (Princeton, NJ: Princeton University Press, 1997), 104-105.

[6] Cavell, *Must We Mean What We Say?* , 221-222. See Gordon C. F. Bearn, "Staging Authenticity: A Critique of Cavell's Modernism," *Philosophy and Literature* 24 (2000): 304.

据《牛津英语词典》的定义，“经常是无用的或平庸的，但有装饰性的、逗乐的物体，特指依靠设计的新颖而产生吸引力的东西。又特指小的、便宜的玩具或小装饰品。”作为一个形容词，《牛津英语词典》指出，创新的这种含义出现在“新奇商品”（novelty item）这个复合词里：“之前从来没见过的某物（含义就是很快会消失）；特指无聊的东西，只有逗乐价值，但总是小而受欢迎。”另外的复合词包括新节目（novelty act）或新歌（novelty song），这两个词都分享了新奇商品的不令人赞同的、转瞬即逝的、琐碎平常的含义，这些意思似乎是之前的时代保留下来的，在古代，新的事物是可疑的。这个无意识的诅咒，曾经用于大的、重要的科学革新和宗教革新之上，现在似乎被限制在特定的领域，如戏剧舞台、广播和低俗文学。

创新（novelty）一词的这个特定用法在英语使用中承受了附加的侮辱，这本来是来自法语的，更坏的是，它来自商业语境。《牛津英语词典》的 novelty 一词用于这个意义的早期例子实际上是译自法语，出现在 1874 年 4 月的《阿普顿杂志》：“大的新品商店，来自法文的‘新百货’（magasins de nouveautés），是巴黎最近开业的商店。”很明显，自从许多世纪以前诺曼底人第一次来到英国之后，通过这个侧面，创新一词得到了这个附加的意义。在 19 世纪 40 年代的原初形式之中，新百货主要卖的是干货（dry goods）：纺织品、缝纫用品、围巾和女性内衣之类的成衣、雨伞这样的日用百货。换句话说，新的存货是常规物品。虽然在人们看来，这些物品带了一点新奇性和休闲性。在英语中，这些货物的混杂特性保存在“杂货”(sundries) 一词之中，其休闲性和可能是琐碎的特质被“杂物”（notions）一词代表。“新百货”的革新特性实际上使得这个松散的不确定的随意购买的集合体变成了一个范畴，把在分散的商店中制造和售卖的小东西集中在一个地方。[1] 如果新货商店不像它们假装的那样新，但它仍然宣称自己卖的是新事物，它们想要显得新，刺激顾客不知足的追求新事物的欲望，这种欲望从来不会出现在精品店和专卖店之中，后者是新货商店逐渐要挤掉的生意，正如学者蕾切尔·鲍尔比所说，大百货商店最重要的革新是“较少出售那些新事物……更多地出售自身具有‘新’价值的东西”。[2]

对于这种新颖性的特别的要求更为明显地存在于广告用语之中，明显地出现在杂货、杂物、小玩意、便宜货这上，从它们开始被集中冠以新事物的名称时就开始了：“没有两样东西是相同的”。Novelty 这个词最早出现在《牛津英语词典》的真实意义就是表示平庸或无用的人工制品，它来自于 1901 年，加拿大的不列颠哥伦比亚省首府维多利亚的《殖民地日报》的一则平面广告：“纯银新品。英国厂商制造：没有两件相同。粉扑盒、牙刷盒、花瓶、香烟盒、火柴盒、餐巾环。”类似粉扑盒和餐巾环这种无用的、不必要的东西只有通过组合方法才能成为新货品，它们彼此的不同替代了它们完全华而不实的在时间上的独特性。这就是 novelty 这种用法的原因，正如《牛津英语词典》所说：

---

[1] Michael B. Miller, *The Bon Marché: Bourgeois Culture and the Department Store, 1869-1920* (Princeton, NJ: Princeton University Press, 1981), 25.

[2] Rachel Bowlby, *Just looking: Consumer Culture in Dreiser, Gissing and Zola* (New York: Methuen, 1985), 67.

“经常用于复数”，因为这种新颖性本来就是多样的。在这个意义上，新事物的独特性存在于它和它的多样化和标准化的紧张而明显的悖论之中。

部分地说，把20世纪60年代出现的新的艺术运动叫做“新艺术”，其背后的修辞策略是把它们令人反感地和最低档次的商业产品联系起来，从而把它们贬低为初级的商业动机。这就是格林伯格和卡维尔对艺术的商品化形态的漫长战斗的第一次扫射，被他们所蔑视的许多艺术家带着混杂有反讽的心态去拥抱艺术的商业化。但是这也是另一场关于创新的本质和地位的争论的首次交锋，尤其是当所有其他性质，诸如原创性、自主性、独特性都没有的时候，创新是否存在。如果一个新事物是复制品，那么它是新的吗？如果是，那这种创新性存在于和早期艺术根本不同的方法之中吗？最后，既然这种创新只存在于多样性的系列之中，它就会和库恩、格林伯格、卡维尔、弗里德发展的模型呈现出完全的对照关系。简短地说，革命不会回归到常规艺术和常规科学的系列产品，整个系统也就不会获得统一性和循环的目的。新艺术的创新是开放的、无止境的——因而是非历史的，这正是亚瑟·丹托所坚持的，因为无止境的替代过程只是一个事物对另一个事物的诅咒，这不是历史。通过这些不同的方法，20世纪60年代关于艺术的争论就是关于“创新性如何被描述，它意味着什么等等困难的问题”。[1]

[1] Anne M. Wagner, “Reading *Minimal Art*,” in *Minimal Art: A Critical Anthology*, ed. Gregory Battcock (1968; reprint, Berkeley: University of California Press, 1995), 10.

“新艺术”的反击

在“新艺术”的标签之下包含的指控明显地触及了人们的神经，因为艺术家们直到1975年还在退缩，当时概念艺术家约瑟夫·科苏斯抱怨“格林伯格团伙”和他们对“我们这些并非碰巧符合他们指定的历史统一体的‘新’艺术家”的敌意。[1]当然，这些年一直存在着大量的反对格林伯格的批评意见的回击，但科苏斯不是唯一一个特别纠缠于“新艺术”标签的艺术批评家。查尔斯·哈里森也指责说：“格林伯格关于新艺术运动的概念……扮演的角色似乎是艺术语境中的一个混乱的概念，它是在格林伯格的‘现代主义’概念之外”。[2]换句话说，这个标签被视为一个计谋，它提前限制了真正的新事物，控制了未来可以被接受的艺术种类。

对格林伯格的修辞术的这个特别过分的例子的这些反应，也聚焦了很多关于创新的讨论，他的批评似乎是必要的。对待格林伯格的指控的一种方式是鄙视这样的新事物，一些年轻的艺术家在这个时候发誓“放弃不计代价寻找新的形式的做法”，这很难说是偶然的。[3]概念艺术家和极简主义艺术家索尔·勒维特延伸了对“发明新形式的需求”的批评，寻找“新材料”的驱动也在被批评之

---

[1] Joseph Kosuth, “1975,” in *Conceptual Art: A Critical Anthology*, ed. Alexander Alberro and Blake Stimson (Cambridge, MA: MIT Press, 1999), 336.

[2] Charles Harrison, “Note toward Art Work,” in Alberro and Stimson, *Conceptual Art*, 205.

[3] Daniel Buren, quoted in Max Kozloff, “The Trouble with Art-as-Idea,” in Alberro and Stimson, *Conceptual Art*, 274.

列。[1]还有一些艺术家，包括道格拉斯·许布勒，发誓停止为这个世界的仓库增加新对象。[2]当然，这种反对“公开贪求创新”（艺术批评家露西·利帕德的用语）的反应之中，很大一部分被艺术运动本身快速的接连发生激励，对他们来说，这些艺术运动像新的生产线一样令人不安。[3]对一些艺术家来说，拒绝玩这个创新游戏就是拒绝“市场为了自己的利益把创新活动资本化”，防止艺术作品变为另一个商品。[4]

另一种对待格林伯格的指控的方法是把它当作一种游戏，讽刺旧事物和新事物的差异，罗伯特·史密森坚持说：“没有什么东西是新的，也没有什么东西是旧的”。[5]对于自己面对新事物无动于衷的态度，史密森仍然有一点紧张，但是沃霍尔对此却非常的厌倦；然而有时候他也似乎真正地去致力于新事物。他经常谈论他自己的行为，仿佛他是按照最传统的方式从一个革新到另一个革新：“我知道我必须从绘画向前走……我知道我必须找到新的不同的东西”。[6]沃霍尔从绘画转到电影，后来又

---

[1] Sol LeWitt, “Paragraphs on Conceptual Art,” in Alberro and Stimson, *Conceptual Art*, 15, and quoted in Anne Rorimer, *New Art in the 60s and 70s, Redefining Reality* (London: Thames & Hudson, 2001), 158.

[2] Rorimer, *New Art in the 60s and 70s*, 135. See also Alberro and Stimson, *Conceptual Art*, 184. Mel Bochner 也有相似的说法，见 Rorimer, *New Art in the 60s and 70s*, 182.

[3] Lucy Lippard, *Six Years: The Dematerialization of the Art Object* (New York: Praeger, 1973), 263.

[4] Ian Burn, “The Art Market: Affluence and Degradation,” in Alberro and Stimson, *Conceptual Art*, 324.

[5] From *The Writings of Robert Smithson*, ed. Nancy Holt (New York: New York University Press, 1979), 51.

[6] Quoted in Arthur C. Danto, *Andy Warhol* (New Haven, CT: Yale University Press, 2009), 81.

转移到了电视，后者之所以有吸引力是因为“它的一切都是新的，这说的不再是书或者电影，而是电视”。[1]在某种程度上，这种对无止境创新的追求是一个想要和完全的当代性相一致的人的姿态，不管这个当代性是什么；在某种程度上，这是一种真正反感旧事物的表达方式。用正面的话说，这就是把自身表达为一种看起来感觉“现代”的幻想。[2]用反面的话说，这表达了一种对自己变得老旧过时的牢骚式的恐惧：“我不能面对我的旧作品……它是旧的”。[3]

另一方面，同一个人坚定地宣称“我喜欢的是每时每刻都不同的事物”，也坚持认为“我不想要基本上相同的东西——我所要的确实是同一个东西。因为你看同一个东西越多，意义就消失得越多，你的感觉越好，就越空洞”。[4]这个想要转移到新的不同的事物上去的艺术家也抱怨说：“我们是如此地为这个思想编制程序，导致你必须向前走、向上走，去寻找新事物，更高级的事物。这的确令人烦恼，所以你想要的是做某些旧的东西”。[5]但是甚至这个决心如此明显地像一个有原则的人的天然想法，对沃霍尔来说，这个决心太大了，因而无法坚持。他对于整个问题的中立态度的最好

---

[1] Andy Warhol, quoted in ibid., 84.

[2] Tony Scherman and David Dalton, *Pop: The Genius of Andy Warhol* (New York: Harper, 2009), 109, 155.

[3] Andy Warhol, quoted in Wayne Koestenbaum, *Andy Warhol* (London: Weidenfeld &Nicolson, 2001), 139.

[4] Andy Warhol, *The Philosophy of Andy Warhol: From A to B and Back Again* (New York: Harcourt Brace Jovanovich, 1975), 82; quoted in Foster, *Return of the Real*, 72.

[5] Andy Warhol, quoted in Charles F. Stuckey, “Warhol: Backwards and Forwards,” *Flash Art* 101 (January/Febrary 1981): 142.

表达是这个令人沮丧的说法：“哦，我喜欢所有的绘画；你知道，这令人惊异的地方是它在继续前进。按照这种方式，新事物出现并且充满了世界”。[1]

这样，沃霍尔把反讽和真诚之间的差异也讽刺了，他关于创新的意见，正和他在其他主题上的意见一样。但是甚至这种关于新事物的不可捉摸的无动于衷也能被看作是反对创新的反应的一部分，沃霍尔的中立性的反讽表明了他和本真性、原创性、自主性这些经常伴随着创新一起出现的特征的距离。创造性和个性总是互相帮助、彼此支持的，因而像沃霍尔或极简主义者这样的艺术家想要“清除令人厌烦的个性”，[2]也会不可避免地清除了明显的、新的、有创造性的事物。这样，极简主义艺术被决定的匿名性，它的“空白的、中性的、技术化的非人格性”（用了艺术史学者和批评家芭芭拉·罗丝的早期描写），看来也像是缺乏原创性，而且存在着关于艺术家的诽谤性的故事，说他们实际上没有进行创作，而是简单地用电话指挥别人去制造作品。[3]在其他概念艺术家中，丹尼尔·布伦明显地面对着这些故事后面的期望，有目的地混淆他的工作和合作者的工作，不断重复某些基本的形状，就这么从一个作品到另一个作品，做任何他能做的事，以取消“凭借和共同性有关的差异而持续下来的同一性”。[4]对这些艺术

[1] From Benjamin H. D. Buchloh, “An Interview with Andy Warhol,” in *Andy Warhol*, ed. Annette Michelson (Cambridge, MA: MIT Press, 2001), 124.

[2] E. C. Goossen, “Two Exhibitions,” in Battcock, *Minimal Art*, 168.

[3] Barbara Rose, “ABC Art,” in Battcock, *Minimal Art*, 274. 关于艺术家通过电话工作的传闻，见 Michael Benedikt, “Sculpture as Architecture,” in ibid., 88.

[4] Daniel Buren, “Beware, ” in Alberro and Stimson, *Conceptual Art*, 153.

家来说，创新实际上仅仅像是连带效应和时间上的差异，随着在个性、风格、媒介上的更基本的差异而被清除了。再举一个例子，对于波普艺术家詹姆斯·罗森奎斯特来说，决心为他的工作选择一个日常对象“要足够普通，以至于不受人注意，足够旧，旧到被人遗忘”，要把普通性放在第一位，旧的东西重新出现，就会成为一个必然的结果。[1]

无论如何，新事物到处遭到包围、驱赶，不断被要求回到其自身，这导致了甚至形式革新这样明显的基本的美学特性都成了问题。在这个时期，包括公民权利和学生运动在内，特别突出的东西就是在艺术中反对革命概念。艺术家卡尔·安德烈、罗伯特·巴里、劳伦斯·维纳记录了在不平凡的1968年里的一场讨论，他们决定“革命绝不处理任何新的事物”，在同一年里，布伦在巴黎写道：“关于艺术，艺术家是改革者，不是革命者”。[2]当然，布伦经常说相反的话，这个时候只有很少的艺术家这么做。[3]似乎需要一些解释的是怀疑主义，它有时候在艺术上附和革命的主张，当革命看上去是时尚的，并且计划报废，或者当革命和格林伯格及其跟随者一致的时候，怀疑主义就会出现。这样一来，概念艺术家伊安·伯恩挑战“‘永久革命’的流行观念”，把它作为一种躲避办法，以诱使艺术家落入“一套空的手势，根本不能威胁市场需求，而且结束了对新的个性的完全的颂扬”。[4]因而，

[1] James Rosenquist, quoted in Foster et al., *Art since 1900*, 2: 485.

[2] Carl Andre, Robert Barry, Lawrence Weiner, discussion; Daniel Buren, “Is Teaching Art Necessary,” *Galerie des Artes* (September 1968), quoted in Lippard, *Six Years*, 40, 52.

[3] Foster, *Return of the Real*, 25.

[4] Burn, “The Art Market,” 324.

在伪造的形式之中的新事物伴随着弗里德和把现代主义界定为永久革命的定义，在“新艺术”这个词汇之后的反商业偏见也因此转回来针对它自身。

一旦在这方面涉及新事物，20世纪60年代就不仅仅成了争论的时代，也是困惑的时代。这个时代是新艺术运动非常显著地连续涌现和不断累积的时代，全面的美学革命似乎每个月都在发生。这个以波普艺术知名的运动，在一个短暂的时期内被贴上了新现实主义的标签，伴随着它的作品在这个标签下频繁出现，但是其醒目的红字标题是“新艺术”（The New Art）。[1]这种做法和常规的商业修辞术是相似的，这种相似性明显地体现在沃霍尔1963年为《哈珀斯芭莎》杂志所写的文章之中：“艺术中的新面孔、新力量、新名字”，他起到了设计者和主体的作用。极简主义也在短时间以“新雕塑”的名字为人所知。[2]热情的艺术家和批评家格利高里·白特考克在几年之内就出版了几本选集，名为《新艺术》、《新美国电影》、《新艺术录像》和《艺术教育新理念》。[3]把抗拒那些看上去单调而无止境的革新当作自己工作的艺术家们发现，他们被宣传、被欣赏，仿佛他们只能靠鼓吹完全的创新来获得名望。为了创新而创新在各方面都被格林伯格和他的反对者否定，看上去创新仍然界定着艺术，决定着艺术经历时间冲洗而发展的方式。

这个悖论的一些最恰当的例子出现在沃霍尔和他的作品中。沃霍尔的基本技法——借用已经存在的形象、连续的重复、像丝网印

[1] Scherman and Dalton, *Pop*, 197.
[2] Toby Mussman, “Literalness and the Infinite,” in Battcock, *Minimal Art*, 237.
[3] Wagner, “Reading *Minimal Art*, ” 3.

刷这样的复制过程——完全归功于把艺术形象当作产品，把艺术家当作机器。沃霍尔明显不把他的多种多样的建制看作工厂（这个名字制造了知名度），但是他的确把他自己称为“工厂”，正如他把连续不断的雄心当作机器。[1]通过这些说法，他的意思肯定是鼓励一种冷漠的反对，这在一些论文中有所体现，如批评家保罗·伯金首次发表于1967年的《安迪·沃霍尔：作为机器的艺术家》。[2]通过坚持艺术是一个自动化的过程，意在于挑战艺术世界追求创新的传统：“你知道，我做艺术的方式是和我的技术连在一起的，我真的认为我一天能做4 000个作品。它们都是杰作，因为它们都是同一幅画”。[3]机械复制毁坏了艺术杰作独一无二的气氛的想法已经完全翻转过来了，因而艺术作品的特性要建立在同一的基础之上。

关于沃霍尔作品中的重复不是真正的重复，这个观点仍然被频繁地提出讨论，出现了不同的观点；它超出了它自身，在另一方面又成为新的、独特的了。艺术批评家和博物馆馆长亨利·杰尔德扎赫勒很早就论述了沃霍尔的借用方式会让他的主题“直接鲜活起来”，因而使平庸的、公式化的形象“重新获得活力”。[4]最近，丹托也评论了沃霍尔作品中的重复，认为它实际上是“意义的标志”，为平凡日常的东西赋予了意义。[5]甚至罗莎林德·克劳斯也为了先锋派的连续性带着很大的信心撰写文章，把沃霍尔

---

[1] Scherman and Dalton, *Pop*, 197.

[2] *The Critical Response to Andy Warhol*, ed. Alan R. Pratt (Westport, CT: Greenwood Press, 1997), 28-34.

[3] Warhol, *Philosophy*, 148.

[4] Henry Geldzahler, “Andy Warhol,” *Art International* 8 (April 1964): 3.

[5] Danto, *Andy Warhol*, 143.

的重复看作是“无止境的坚持着同一事物内部的差异性”的一部分。[1]创新、新鲜、活力和差异，这些特质似乎都是沃霍尔的作品讽刺的东西，它们变成了被保存，甚至被提升到一个新的意义水平上的东西。根据哲学家和文化理论家休·西尔弗曼的说法，沃霍尔作为艺术家的目的就是揭露美学现代主义的骄傲，这个标志被认为是“产生某些新事物，打破传统，带来了新的表达、新的风格或新的对象”。[2]他的作品“布里洛盒子”第一次展出就构成了令人激动的革新，丹托宣告它是“艺术作品的新种类的发现”，这需要批评家和学者们提出新的艺术理论。[3]从那时以来，丹托的著作中，布里洛盒子在纽约马厩画廊的出现被概括为一次“概念革命”，一次“价值的重新评估”，它的意义是如此深远，已经导向了艺术史本身的终结，至少欧洲世界已经意识到了。[4]丹托认为现在已经达到了一个里程碑，创新在欧洲艺术中第一次被否认了。解开这个悖论的最明显的方法戏剧性地和格林伯格、卡维尔的分析相矛盾，后者相信欧洲艺术已经把创新自身确立为艺术必须尊敬的唯一的规范。

---

[1] Rosalind E. Krauss, “Carnal Knowledge, ” in Michelson *Andy Warhol*, 117.

[2] Hugh J. Silverman, “Andy Warhol: Chiasmatic Visibility,” in *Impossible Presence: Surface and Screen in the Photogenic Era*, ed. Terry Smith (Chicago: University of Chicago Press, 2001), 197.

[3] Arthur C. Danto, “The Artword,” *Journal of Philosophy* 61 (October 15, 1964): 572.

[4] Danto, “Artword,” 573, and *Andy Warhol*, 28. 关于丹托观点的另外的阐述，见 Arthur C. Danto, *Beyond the Brillo Box: The Visual Arts in Post-Historical Perspective* (New York: Farrar Straus Giroux, 1992), 312. 关于在哲学上或政治语境下对沃霍尔作品的解释的一般趋向（不包括他的视觉形象）的批评，见 Paul Mattick, “The Andy Warhol of Philosophy and the Philosophy of Andy Warhol,” *Critical Inquiry* 24 (Summer 1998): 965-987.

新事物的语言

科苏斯在第一轮反驳格林伯格的文章中设想了走出这个僵局的另一条路："被形式主义者叫做'新艺术'的东西，会经常尝试着寻找新的语言"。[1] 如果隐喻性地说，这是一个相当平凡的陈述，但是整个新先锋派都能听到它的回响，科苏斯自己有时也给"艺术的'语言'"加上双引号以示维护。[2] 但他也相信，"一件艺术作品是一种命题，作为一个艺术评论而呈现在艺术的边界之内"，而且"艺术的材料的确与'创造'新命题有着很大关系"。[3] 在科苏斯在概念艺术运动中的同盟者中间，艺术作品是一种命题的想法是很普通的，即便关于具体哪一种命题，他们存在着很多的分歧。对一些人来说，作品被嵌入到语言陈述之中，因而在特定的语言环境之外就会变得不可理解，但另外一些人使得艺术越出了语言材料之外。[4] 但是这种含糊性并没有在双引号中可见的东西重要，后者也就是科苏斯加上去的非常重要的词："创造"。科苏斯在这里认为，概念艺术制造了新事物，这和语言制造新事物的方式相同——如果我们真的了解语言如何自我更新的话，这个例子是很有助于理解的。在格林伯格和新先锋派之争的语境下，这仍然是一个有用的陈述，因为它承认，新艺术的目标是创新，但是还有附带条件：它的目标也是以语言为模型，重新界定创新一词在艺术中的内涵。

---

[1] Kosuth, "1975," 166.

[2] Ibid., 164.

[3] Ibid., 164-165.

[4] 前一些人的情况，见 Burn, "The Art Market," 189. 后一些人的情况见艺术和语言组织的宣言，出处同上。

有一个特点总是被标记在20世纪60年代主要的艺术运动（波普艺术、极简主义、概念艺术）之上，这就是它们共同的连续工作的特点。这种连续工作在抽象的表现主义那里就很熟悉，但是克劳斯认为，表现主义在形式上还是加强了个体作品的地位。她说，艾德·莱茵哈特的编了号的接近单色画的作品创造了“每一个‘终极的’纯粹绘画，或者是这种作品的最后一幅，一个最终的、达到顶点的作品，或者是作为这个逻辑的特殊延伸的另一种作品，是完全新型的、被载入史册的艺术风格的第一个作品”。[1]相比之下，跟随莱茵哈特的艺术家们至少清楚地意识到这个系列是对创新进行了认证，不仅伴随着独一无二的个体，而且代替了另外一种消失的新事物，即来自于这个系列的多样性。

在很多情况下，这意味着艺术家们拥抱且利用了新货商店的逻辑，这种形式恰恰是格林伯格抨击的。当雕刻家克拉斯·欧登伯格拿出一个令人吃惊的例子，他在1961年年末开始创立工作室“射线枪制造公司”，并在纽约一个充满廉价商店的地方设立了总部，他有意识地复制的不仅是它们的存货，还有它们让存货看起来很新的特别的方法。[2]这就是“新百货”的新品的翻版，带有混乱和多样性的事物，带来的是接近无限的选择权。沃霍尔也许和欧登伯格想法相同，他按照相同的方式，在费鲁斯画廊第一次展示了他的金宝汤罐头，一共画了32个罐头，按照约翰·克莱因的说法，这种排列是“19世纪百货商店的市场实践”。克莱

[1] Rosalind Krauss, “1957b,” in Foster et al. *Art since 1900*, 2: 436.
[2] 例如 Yves Alain Bois, “1961,” in Foster et al. *Art since 1900*, 2: 493.

因坚持认为，重要的事情是看见所有32个罐头在一起的画，它们是首次展出的。在商店里，或者在墙上，“拥有在你面前的它们——罐头或者画——促成了要拥有一个罐头的欲望的产生”。[1]只要这种展览技术来自于“新百货”的事实不为人所知，那么一幅画的影响力可以被许多同样的其他事物增加，而不是减少，这似乎就是一个悖论。

在一个不同的语境下，罗伯特·史密森赞美城市的扩张，尤其是云集在高速公路附近的“打折中心”和“折扣商店”。在许多地方，他找到了“迷宫一样的柜台，成堆的整齐码放的商品；一排一排的商品让消费者迷失。内部令人悲哀的复杂性给艺术带来了新的对枯燥乏味的意识。但是这种枯燥乏味的特性刺激了很多有天赋的艺术家”。[2]在这种狂想曲之中，史密森不仅把这种令人精疲力竭的场景浪漫化了。他在折扣商店的箱子里也找到了一种独立的美学原则，一种混乱的多样性，对他来说，这是一种可以生长的潜能，就好像一种语言的词汇和语法一样。新品商店的这种暗中恢复是对于这种被发现的新颖性的争论，这场争论的影响是，不仅仅把已经存在的事物进行重新排列，而且也增加了某些更多的东西，增加了有力量创造“新命题”的事物。

像梅尔·波切内尔这样的概念艺术家，在清楚地表达了语法这样的系统的重新定义方面，是最具有自我意识的。例如波切内尔的论文《连续的倾向》，是从其他艺术家得来的陈述的拼贴，也是波

[1] John Klein, “The Dispersal of the Modernist Series,” *Oxford Art Journal* 21 (1998): 132.

[2] Krauss, *Originality of the Avant-Garde*, 253. See also LeWitt’s “Paragraphs on Conceptual Art,” 13.

切内尔自己关于作为艺术模板的语言力量的纲领性宣言："语言通常被认为是由未被分配意义的元素组成的系统（不可解释的系统）。这样的系统完全是可变换的，有语法规则而没有语义规则。既然没有规则就没有体系，这相当于把语言当作一套可能性来处理"。[1]换言之，语言的使用是靠把一些标准的单位进行重新排列，但是既然这些单位的操作只能根据可能性，而不是根据确定性，那么这个系统就能产生真正的可能性。这也是科苏斯坚持认为艺术能产生新的命题的理由。

这样一来，通过对语言的参照，常规的连续性的重复就变成了一些能够产生真实的创造性的东西。在克劳斯论索尔·勒维特的论文里，她在数学系列的确定性和语言系列的随机性、含混性之间做出了区分，她把后者的连续性和延伸性称为"如此等等（etcetera）的概念"。[2]她头脑里想的应该是类似维特根斯坦在《哲学研究》一书中对"作为省略记号的'如此等等'和不是省略记号的'如此等等'"的区分。为了让这个区分更清楚，维特根斯坦说："所教的东西不是应用于任何事物，而是应用于给定的例子，这样的教学不同于那些'超出给定例子'的教学"。[3]换句话说，语言规则中蕴含着一种延伸，"如此等等"的尺寸总是不可预测地比我们写下的任何系列语言要大一些。这个延伸是确定的、受规则限制的，但是它仍然不能被预先指定，或者被预

[1] Mel Bochner, "The Serial Attitude," in Alberro and Stimson, *Conceptual Art*, 25.

[2] Krauss, *Originality of the Avant-Garde*, 253. See also LeWitt's "Paragraphs on Conceptual Art," 13.

[3] Wittgenstein, *Philosophical Investigations*, 89.

先耗尽。

在波普艺术、极简主义和概念艺术之中，很多人是把赌注押在这样的观念上：单位不是词汇，它们可以被发现和编排成一个连续的序列，可以展示这种无限的延伸性。例如概念艺术家约翰·巴尔德萨里，把一串词汇和一系列照片架相匹配，当作一种相当于产生意义的方法。就这样，用少数照片表现出来的开放的可能性可以提供“一个人所需要赋予生命的一切意义”。[1]因而概念艺术家道格拉斯·休伯勒想要避免用更多的新事物胡乱地填满这个世界，通过聚集照片来工作，每个作品都“代表着无穷数量的偶然时间之一”。[2]最后，休伯勒专心于“活着的每个人”系列，文档选择的寓意是“每个活着的人的生存”。[3]这样的计划的可能性显然存在于随机性之中，存在于这样的观念之中：尽可能随机地选择会使得结果尽可能地有生动的说服力。新品商店完全未经整理的多样性，又恢复成了在世界中隐藏着的无限创新的信号。

但是，这种系列作品的另一个寓意是，为了更新自身，使自身得以延续，它不需要革命的危机。在维特根斯坦关于传统习俗的基本语言学模型之中隐藏的是这样的观念：新的用法不仅穿破传统的界限，而且拓展它们，在拓展之中，实际上建立了新的传统。这个过程的美学版本经常在卡维尔的著作中被突出显示：“新的可能性

[1] John Baldssari, *John Baldssari: Works 1966-81* (Eindhoven, Netherlands: Stedelijk Van Abbemuseum, 1981), 49; quoted in Rorimer, *New Art in the 60s and 70s*, 134.

[2] Rorimer, *New Art in the 60s and 70s,* 139.

[3] Douglas Huebler, *Variable Piece No. 70 (in process)—Global* (1971); quoted in ibid., 140.

的发现，也就是新媒介的发现”。[1]对卡维尔来说，所有媒介一般都存在于艺术的轨道上，因而新媒介的创造不是改变，而是进一步确认了美学自身的外部边界。他说，这是“现代绘画和雕塑中的系列作品”的意义，在他看来，这多多少少类似于“电影中的循环”，类似于寻找个体性的“爵士乐和摇滚乐中的‘声音’”。[2]换言之，新媒介从不真正地改变一种艺术，因为艺术的本性已经被决定了。既然卡维尔和格林伯格一起强调这种渐进的界定办法，前卫艺术总是用这种办法来确认艺术的界限，那么新媒介必须确实地通过每年接近艺术边界的办法来帮助促进一般的进步过程。在这个模型之中，美学的进步有奇异的效果，它会在艺术的进程之中不断地减少空间。

另一方面，在某种意义上，如果一种新媒介就是一个新的传统，一个新的艺术形式，那么艺术就好像可以无限期地扩展自身，不需要阵发性地回归到基本原则。这多多少少是克劳斯在近期著作中的设想，她把卡维尔的新媒介观念放到一个相邻的层次上，通过寻找新媒介，似乎获得了新范式的地位。她在解释 20 世纪 60 年代以来的艺术时，提出了 8 个这样的例子，这个有着特定技术支持的探索已经走得足够远，成为了新的媒介，它伴随着一个新的范式，为未来艺术提供了一种逻辑支持。[3]为什么只有 8 个新媒介而不是更多，为什么是这些特定的艺术家而不是其他人，在他们的特殊风格之中建立新的规则系统，使之足够有力量构建新的媒介？要理解

[1] Cavell, *World Viewed*, 32.
[2] Ibid., 103.
[3] Krauss, *Under Blue Cup*, 19.

这些原因，有点小的难度。克劳斯在她所界定为媚俗的艺术（似乎主要是装置艺术）中“喊出‘假货’和‘骗子’”，在这一点上，她甚至比格林伯格还要严厉。[1]对她来说，新艺术的原罪和格林伯格的想法是一样的：试图抛开规则去创作，似乎这里没有墙，似乎艺术或任何人的行动，都不能离开范式而存在。

在罗伯特·史密森的一个最经典的艺术/批评作品中，他提出了一个论证，反对那种艺术必须依赖传统界限的想法，这也是特别针对弗里德和格林伯格的一个辩论。他在弗里德对莫里斯·路易斯的展览的评论中找到了一个恐惧症式的描述：“如果无数个艺术传统和实践生活的传统不把我们行为的后果限制在一个狭窄的范围内，深渊……就会打开”。他对这种意见回应道：“对于那些的确身处于物理‘深渊’之中的艺术家们来说，‘无数传统’并不存在”。[2]不管这个宣言的戏剧性如何，史密森实际上并不相信艺术家可以在完全无差别的充满物质的空间之中工作。像弗里德一样，他认为艺术能产生它自身能够在其中进行创作的“一系列条件”。[3]然而对他来说，正是在这些条件之中产生了更多的条件，新事物按照一种无法预测的方式扩展开来，因而艺术不需要无止境地用越来越细的线刻画自己边界的方式来占领自身。一系列根据这个模型构造新事物的组合，可以用真正无法预料的方式来加工自己，但永远不能触及那导致革命的界限。

在20世纪60年代关于创新本质、现代主义的新事物传统、

[1] Ibid., 69.
[2] Smithson, *Writings*, 84.
[3] Ibid., 85.

最新艺术的地位的争论中，革命的地位或许是最典型的悖论。“永久革命”的支持者是拒绝艺术领域最新发展的更为保守的批评家。这之所以有意义，仅仅是因为他们是第一个让革命自身回归到更古老的意义之上的人，因而这标志着一种重建。这样对他们来讲，现代主义持续地消除了现代性的异化，创新重新确认了传统的失落的权威。艺术如果不这么做，就会暴露出它自身仅仅是名义上的新事物，它只是在一个系列里沉闷地重复自己，永远不能取得任何成就，因为它永远不结束。这种革命的纯粹隐喻性版本和美学版本与20世纪60年代的现实政治无关，它有时候在这个时代的高级艺术中扮演角色。但是艺术家生产了它，他们可能被人期望着把革命作为他们修辞学的标准的一个部分，因为大多数部分并非如此。当然，这个时代的现实政治足够复杂，革命看起来也是例行公事，是对有计划的陈旧的经济和冗长的革新的确认。虽然在关于创新的争论之中，革命不见得是必须的，因为常规范式的生成的可能性是无止境的。无论如何，一旦革命被弗里德这样的批评家定义为一个永久的状态，那么抗拒革命实际上看起来就是进步的。这10年来，米尔勒·尤克里斯就是这样看待自己的“维系艺术”计划的，她自己把这个计划宣传为注意和照料“革命之后”所发生的事物。和发展、变化、革命、“新事物”的艺术相反，尤克里斯提出了维系的艺术，要保持“纯粹个人的创造不受灰尘污染”，维持新的事物。[1] 在这种故意避免魅力的做法之中，明显存在着一种政治，一个人可以把整个世界看

[1] Lippard, *Six Years*, 220.

作是远离围绕着沃霍尔的作品的令人兴奋的宣传。无论如何，这些工作把所有一切赌注都押在可重复系列的不断延伸之上，从中汲取新事物的意义，它们代表着这个时代的艺术中的真正不同的东西。

结　论

也许从这部新事物的历史中得到的最基本的结论是，它已经有了一个完全的历史——创新不仅仅是现代人关切的问题，也是一个永恒的问题。新事物如何来到世间，这是最古老的谜团之一，从人类开始思考的那一天起，就一直困扰着我们。多少个世纪过去了，问题背后的动机发生了变化。卢克莱修藐视对创新的需求，这和柏拉图一样，伊壁鸠鲁体系的目标不是宣扬革新甚至变化，而只是解释为什么这个世界不是一个静态的、无差异的连续体。这种解释明显的经验事实的欲望，面对着最初的确定性（物质和能量既不会被创造，也不会被毁灭），产生了对新事物如何设法进入这个世界的最初的、最基本的解释。既然远离那些早期的解决方案，就没有什么可说的了。

一边是现代性经常加给新事物过多的价值，一边是把它作为空洞的、无意义的概念来批判，这两者都依靠简化了的、“从虚无中创造”的创新概念，对这种创新概念的否认实际上成为哲学理解的第一步。事实上，现代人对新事物如此矛盾的态度可以上溯到创新概念内部的张力，不同种类的创新之间的冲突，通过传统传递到我们这里。虽然科学和技术的权威已经普遍地使我们相信：发明是散播的、逐渐增加的、突出的社会过程，和虚无中的创造相比，有更多的调节和重新组合，我们仍然倾向于需要它，我们需要革命模型的晴天霹雳似的变化的特性。现代社会的公共性特有的蠕动的节奏——失望的满足跟随着渴望的消费——或许是被这种关于新事物本质的困惑决定的，如果实际期望的是微小的逐渐增长，它就不会导致这样的情绪摇摆。另一方面，不管新观念或新发展何时变成陈旧的东西，都会产生挫折甚至背叛的感觉，如果许多新事物只有在革命的原初意义上才是革命性的，一旦这个观念被普遍接受，那么这种挫折和背叛感就不会使人感到严重的痛苦。

这样，在格林伯格和新先锋派之间的争论，看起来就是关于艺术革新是否可欲求的争论，这实际上是创新的两种不同模式之争：一个是渐进的、递增的；一个是革命的，回归到基本的经典意义的。控制论的急速的兴起和衰落，如同一般的科学革新，可以回溯到这两个模式的不确定的关系上，一旦噪声回归到系统之中，就像是开始了对革新的背叛，而不是它的另一个不同的阶段。库恩已经考虑到了危险的相对主义和压抑的传统主义，他不得不试图处理革新和传统之间的困难的平衡，但是也要考虑到他关于革新的思想本身具有的复杂性。甚至库恩致力于保持范式的常规科学，也带来了一种创新，就是科学革命会把新东西带回到常规科学的范围之内。虽然这些知识分子争论的热度来自于未经检验的感觉，即，新事物必须是简单的东西，实际上却被复杂化了，或者被背叛了，但是它们的内容仍然依赖新事物概念自身中的差异。

这些争论中最持久的争论之一，就是关于美学现代主义的争论，后者强调新事物作为反对旧制度的普遍的叛乱的一部分，这在现在经常被认为是一种恶作剧。杰出的批评家，像弗兰克·克默德、保罗·德·曼和弗雷德里克·杰姆逊，他们虽然都是有差异的，但都同意创新是艺术运动最无用的、最肤浅的装饰之一，但正是艺术运动提供了新颖性。[1]事实是如此清楚：如果不存在新事物，那么作家和艺术家们是如何把豪言壮语奠基在新事物上的？旧事物又是如何不可避免地出现，因而拆穿了这个假象的呢？既然新事物马上会变成旧事物，那么为什么作家和艺术家们又倾其所有，把赌注押到了新事物的存在之上，为了暂时的需要牺牲了艺术在未来的持久性呢？虽然现代主义作为运动和作品的集合，比要取代它的后现代主义更为持久，但“后”（post）这个前缀所标志的问题依然存在，即，作为特定时代风格的现代，与作为回归历史传统的现代之间的紧张关系依然存在。现代主义艺术特定的革新落后得很远，它们回到了过去，它们放弃了与当下纯粹时间里新颖性的同步，因而现代一词似乎成为了可笑的自我矛盾。

但是如果我们思考一下背景，就会看出，比起一部分对现代新事物的考察，美学现代主义并不像一个例外的、过分的事件。把创新变成公式的需求是一种律令，被现代的作家、艺术家和同时代的科学共同分享，他们分享大多数这些公式，是因为这些公式看上

---

[1] Frank Kermode, *The Sense of an Ending: Studies in the Theory of Fiction* (1966; reprint, Oxford: Oxford University Press, 2000); Paul de Man, *Blindness and Insight: Essays in the Rhetoric of Contemporary Criticism*, 2nd ed. (Minneapolis: University of Minnesota Press, 1983); Fredric Jameson, *A Sigular Modernity* (London: Verso, 2002).

去可能有用。经过完全严密的检验可以发现，现代主义者对新事物的兴趣也是明显复杂的，其实它和激进的“从虚无中创造”关系很小，但后者经常在批判之中被视为假想敌。“日日新”的一般用法是作为激进创新的口号，但它也是基于对这个表述的历史和意义的一种误解和误用。关于新事物的观念，在这个简单的口号之外，在现代的作家和艺术家之中，存在着令人吃惊的混乱，他们在渐进的重新组合与循环重现的革命之间来回摇摆。虽然在最纯粹、最抽象的状态中，这样的现代主义似乎和创新的需求难解难分地联系在一起，但许多的现代主义者把他们的尝试限制在相对的创新之中，许多人承认了——或者甚至是坚持了——看起来新的东西，但实际上这些东西只是旧事物的再次回归。阿伦特所说的“新事物的激情”，总是失望地追求完全新的开始，在 20 世纪开始的时候，其自身就是旧的，虽然这种感觉一直存在，在达尔文和现代物理学之后，关于创新的观念已经变得如此复杂，以至于甚至最真诚的需求都很难说是简单的、天真的。

实际上，这正是美学现代主义关于“新”这个象征的本质性的自我意识，也正是使它在新事物的一般现代性计划中具有独特性的东西，也是可以在这个计划中为美学现代主义赋予优先性的东西。关于创新的历史，最激动人心的东西之一就是：作为模板或模型的语言具有自我生长的力量。当然，在进化论的术语中，语言和意识一样是神奇的，它也被达尔文留下来，作为一个开始，它对于自然选择来说太过于重要而无法解释。另一方面，进化经常被理解为仿佛是一种语言，它在这个方面的有用性，正是语言不断经历时间而增长其声望，从而成为新事物的一般模型的理由之一。但是语言模型持续获得声望的真正理由是：它展示了变化和增长的能力，因而成为新事物本身。这个模型开始于前苏格拉底时代，那时只是作为简单的组合方式，在信息论的全盛时期也仅仅作为密码，在维特根斯坦晚期著作中则成为一种灵活而开放的系统，其力量足够强大到在许多的学科中促进对新事物的原创性的思考。所有差异都来自于社会的包容，因为语言的用法拥有产生新意义的力量，而字母表本身只能产生新的组合。

虽然它的意义是创新，它曾经和个体、原创性有着解不开的联系，也经常在和社会的紧张关系之中被界定，但实际看来它是更加可行的，像社会现象一样。如果达尔文是对的，如同后来的麦克斯韦到库恩这样的思想者，那么，变异只是在任何复杂系统中发展的自然结果之一。这样，卢曼就可以说，甚至原创性的天才也是社会的结果，是复杂社会的无数相互作用的结果，它会倾向于产生少量的史无前例的结果，同样也会使给定的事物得以再生。[1]

无论如何，我们很难避免庞大的社会系统在给我们新的东西的同时，却伴随着同样有着明显的效果的东西，只是由于它们太显而易见而使我们无法相信这些吗？的确，这是一件关于现代社会体制的信念的事情——他们理所当然地扔掉了反常事件。但是想到限制现代社会体制，就会忽视这样的事实：正如维特根斯坦看到的，社会性在语言中起作用就是它的时间性和空间性。他说，语言的规则总是包含着隐藏的“如此等等”，它的意思不是概括，而是扩展可

[1] Niklas Luhmann, *Art as a Social System*, trans. Eva M. Knodt (Stanford, CA: Stanford University Press, 2000), 223.

能陈述的集合。今天所说的内容肯定会限制未来所说的内容，但不是在绝对的意义上限制，因为生成语言的规则明显地是足够开放的，甚至能考虑到自己的变化。

任何真正具有生成性的传统，从DNA到语法规则，都必须装备着“如此等等”的一些版本。即使它在未来的延伸是自动化的，但它的发展也不会是自动化的。例如，在DNA的例子中，生物学家展示了未来的创新必须在发展和环境的背景下对遗传信息进行解释。语言的未来变化显然需要未来的说话者在没有先例的情况之下说话。但是只要这样的延伸不被预先阻止，那么创新的可能性就会存在——因此，我们最初拥有的信念要得到最终证实的那一天，也就会无限期地延后了。

致 谢

第五章和第六章的一些材料的早期版本在约翰·霍普金斯大学，以及于2010年在不列颠哥伦比亚省的维多利亚召开的现代主义研究学会会议中发表过。我要感谢参与和讨论这些论文的人。比如马克·塞尔泽和罗纳德·布什曾经就宣读过第五章和第六章的部分内容，我要感激他们的宽容和判断力。我也感谢芝加哥大学出版社的读者们，他们提出了很多有用的建议，没有这些，本书的最终版就不会那么令人满意。